工信学术出版基金
Industry and Information Technology Academic Publishing Fund

网络空间安全系列丛书

量子算法与量子密码导论

◆ 马 智 段乾恒 王 洪 主 编
◆ 费洋扬 王卫龙 江浩东 副主编

電子工業出版社
Publishing House of Electronics Industry
北京 · BEIJING

内 容 简 介

本书介绍了量子算法与量子密码的基础知识，对具有重要密码学应用的Shor算法、Grover算法等典型算法进行具体分析，帮助读者了解这两类量子算法在整数分解、离散对数、SAT、代数方程组等密码数学问题中的具体应用，在此基础上介绍具有理论可证明安全性的密码协议——量子密钥分发协议。

本书可作为密码学、信息安全、计算机等专业本科生、研究生的教材，也可作为对量子算法与量子密码感兴趣的计算机学者、数学学者及物理学者的参考书。

图书在版编目（CIP）数据

量子算法与量子密码导论 / 马智，段乾恒，王洪主编. —北京：电子工业出版社，2024.1

ISBN 978-7-121-47226-8

Ⅰ. ①量… Ⅱ. ①马… ②段… ③王… Ⅲ. ①量子－密码－研究 Ⅳ. ①TN918.1

中国国家版本馆 CIP 数据核字（2024）第 032753 号

责任编辑：戴晨辰
印　　刷：北京虎彩文化传播有限公司
装　　订：北京虎彩文化传播有限公司
出版发行：电子工业出版社
　　　　　北京市海淀区万寿路 173 信箱　　邮编：100036
开　　本：787×1092　1/16　印张：15.25　字数：334 千字
版　　次：2024 年 1 月第 1 版
印　　次：2024 年12月第 2 次印刷
定　　价：59.00 元

FOREWORD

丛书序

进入 21 世纪以来，信息技术的快速发展和深度应用使得虚拟世界与物理世界加速融合，网络资源与数据资源进一步集中，人与设备通过各种无线或有线手段接入整个网络，各种网络应用、设备、人逐渐融为一体，网络空间的概念逐渐形成。人们认为，网络空间是继海、陆、空、天之后的第五维空间，也可以理解为物理世界之外的虚拟世界，是人类生存的“第二类空间”。信息网络不仅渗透到人们日常生活的方方面面，同时也控制了国家的交通、能源、金融等各类基础设施，还是军事指挥的重要基础平台，承载了巨大的社会价值和国家利益。因此，无论是技术实力雄厚的黑客组织，还是技术发达的国家机构，都在试图通过对信息网络的渗透、控制和破坏，获取相应的价值。网络空间安全问题自然成为关乎百姓生命财产安全、关系战争输赢和国家安全的重大战略问题。

要解决网络空间安全问题，必须掌握其科学发展规律。但科学发展规律的掌握非一朝一夕之功，治水、训火、利用核能都曾经历了漫长的岁月。无数事实证明，人类是有能力发现规律和认识真理的。国内外学者已出版了大量网络空间安全方面的著作，当然，相关著作还在像雨后春笋一样不断涌现。我相信有了这些基础和积累，一定能够推出更高质量、更高水平的网络空间安全著作，以进一步推动网络空间安全创新发展和进步，促进网络空间安全高水平创新人才培养，展现网络空间安全最新创新研究成果。

“网络空间安全系列丛书”出版的目标是推出体系化的、独具特色的网络空间安全系列著作。丛书主要包括五大类：基础类、密码类、系统类、网络类、应用类。部署上可动态调整，坚持“宁缺毋滥，成熟一本，出版一本”的原则，希望每本书都能提升读者的认识水平，也希望每本书都能成为经典范本。

非常感谢电子工业出版社为我们搭建了这样一个高端平台，能够使英雄有用武之地，也特别感谢编委会和作者们的大力支持和鼎力相助。

限于作者的水平，本丛书难免存在不足之处，敬请读者批评指正。

2022 年 5 月于北京

PREFACE 前言

党的二十大报告指出："教育、科技、人才是全面建设社会主义现代化国家的基础性、战略性支撑。必须坚持科技是第一生产力、人才是第一资源、创新是第一动力，深入实施科教兴国战略、人才强国战略、创新驱动发展战略，开辟发展新领域新赛道，不断塑造发展新动能新优势。"

近年来，以量子计算、量子通信、量子精密测量为代表的量子科技浪潮，有望改变人们传统的信息获取、传输、处理的方式和能力，加速未来信息社会的演进和科技发展，日渐受到各国政府和企业的广泛关注。一方面，各种量子计算物理系统，尤其是超导、离子阱、光学等系统的快速进展，进一步催生了"量子优越性"的演示验证；另一方面，各国政府积极出台关于量子信息的系列发展规划，国内外知名大学与研究机构都参与其中并孵化了各类量子初创公司。为抢占量子信息科技制高点，各国政府之间、各大跨国公司之间已展开激烈技术竞争。

量子技术的进步对其他领域的影响逐渐凸显，其对网络安全领域的影响在于：一方面，量子计算机的出现会导致现有的 RSA、DH、ECC 等主流公钥密码方案出现安全隐患；另一方面，基于量子力学原理的量子密码可以作为一种抵抗量子计算机攻击的备选密码方案。本书旨在针对以上两个方面，为密码学、网络安全专业读者提供量子算法和量子密码的实用知识，为读者进一步学习、研究量子计算和量子密码奠定基础。

本书第 1 章从宏观角度介绍了古典密码学、现代密码学，以及量子计算的出现对现代密码学的影响及对策；第 2 章简要概述了量子力学创立和发展过程中的关键思想和代表人物，重点从线性代数的视角讲解了量子力学的数学基础和量子力学的基本假设，并介绍了量子力学的奇特现象，本章的学习对后续理解量子线路模型、量子算法、量子密码等知识至关重要，已经具备相关知识的读者可以直接开始后续章节的阅读；第 3 章介绍了学习、理解量子线路模型所需的基础知识，如单比特量子门、两比特量子门及通用量子门组等，在此基础上介绍了几种典型的量子算法，如 Deutsch-Jozsa 算法、BV 算法、量子傅里叶变换、Simon 算法及量子相位估计算法，读者学习、理解这些算法后，可以无障碍地进入基于这些量子算法的密码分析研究中；第 4 章介绍了针对整数分解问题、离散对数问题的经典算法及量子（Shor）算法，着重分析了 Shor 算法中模幂运算的量子实现线路，该部分内容可以为读者理解 Shor 算法及开展量子资源估计研究奠定基础；第 5 章介绍了 Grover 算法及其在可满足性问题、求解线性方程组、搜索 AES 密钥中的应用；第 6 章介绍了理解量子密码及其安全性所需的知识，如量子冯•诺依曼熵、典型量子噪声信道模型、QKD 协议及其理论、实际安全性分析等；后记针对近几年量子计算硬件、量子算法、量子密码的新进展进行了简要介绍，有助于感兴趣的读者在相关方向做进一步的研究和探索。

本书包含配套教学资源，读者可登录华信教育资源网（www.hxedu.com.cn）下载。

在本书编写过程中，课题组闫宝、张军琪两位老师对公式的推导、前后知识之间的逻辑关系提出了宝贵建议，在此表示感谢。在本书校对过程中，刘建美、王娅如、杜超、李元昊、吕礼慧、刘依婷、石文浩、马群龙、刘凤生、梁小旺等同学提出了多处修改意见，对他们的辛勤工作一并表示感谢。

从接到编写任务到成书，经历了近一年半时间，时间算起来不短，但是由于每位老师都有不同的教学、科研、工程任务，因此仍然感觉时间紧张。尽管编写组对稿件进行了多次校对，但是受时间、能力限制，难免会有一些笔误或表述不当引起的误解，敬请读者批评指正。

最后，感谢电子工业出版社各位编辑的辛勤劳动，感谢信息工程大学网络空间安全学院在本书写作过程中提供的资助，学院各级领导不时的关注对本书的尽快出版起到了极大的推动作用。

编　者

2023 年 6 月　于郑州

CONTENTS

目录

第 1 章　绪论

提起密码，很多人可能会想起电影中能让“白纸显字”的神奇药水，或者红色特工在滴滴答答的电报声中不停地翻阅某部线装古书，或者大战来临前不停在电台和指挥部来回穿梭的情报参谋人员。总之，很多人想起密码，总会不由自主地将其与战争联系起来，密码在很多人的眼里往往蒙着一层神秘面纱。

在《辞海》(第 7 版) 中，密码一词释意为按特定法则编成、用以对通信双方的信息进行明文、密文变换的符号。换而言之，密码可以看作一种数学变换，其将标准的信息编码变换为仅有通信双方能够理解的信息编码。通俗地讲，一些影视剧中农村村口的钟声就可以看作一种典型的密码，其中的信息编码过程为：

（1）钟声响 3 下编码为“敌军来袭”;

（2）钟声响 5 下编码为“警报解除”。

在这里，钟声响的不同次数编码成了不同的信息，这些信息只有本村人员才知晓，外人并不了解具体意思。因此，密码的一个基本目的就是通过信息编码使得除通信双方外，第三方无法得知具体通信内容，即使第三方能够完整地接收公开信道中的通信信号。

当第三方获得通信双方的信号时，其总是想方设法要搞清楚这些信号代表的通信内容，这就引出了密码学中的一个研究方向——密码分析学。因此，密码学是一门研究密码编码和密码分析的学科，前者主要研究密码算法设计，后者则关注密码算法分析，两者如同矛与盾，相辅相成，互相推动密码学研究的发展。一方面，密码分析技术的进步会促进新密码算法或协议的设计；另一方面，密码算法设计的进步会进一步促进新密码分析技术的发明和提升。

根据密码学不同时期的特点，可以将密码学发展历史简单地分为古典密码学时期和现代密码学时期。在古典密码学时期及现代密码学时期的前几年，密码学的应用与研究主要集中在各国的军事、外交部门，即所谓的“黑屋”“魔术”研究。随着互联网的诞生，尤其是各种新型通信手段的不断发展，密码技术突飞猛进。现代密码学除用于数据加密外，也开始应用于数字信息签名、安全认证等。密码技术不再局限于军事、外交斗争领域，也广泛应用在社会和经济活动中。例如，将密码技术应用于网络通信，保护通信内容的机密性；将密码技术应用于金融服务，对交易双方的身份进行识别，确保交易内容的不可篡改等。可以说，现代密码学与数学、计算机、网络空间安全、信息论等学科的发展密切相关[1]。

目前，密码已成为一个国家的重要战略资源，直接关系到国家的政治安全、经济安全、国防安全和信息安全。基于密码工作的重要性，2019 年 10 月 26 日，第十三届全国人民代表大会常务委员会第 14 次会议通过了中国第一部密码法——《中华人民共和国密码法》，该法已于 2020 年 1 月 1 日开始施行。

1.1 古典密码学

古典密码学通常指 20 世纪 80 年代以前的密码学，其设计与分析相对简单，更多地依赖于从业人员的经验。因此，这个时期的密码研究工作也被称为密码研究艺术。

古典密码学算法设计主要有两大基本方法，分别为置换和代换。置换是指明文字母保持不变，但顺序被打乱。典型的置换密码是移位密码，将原文中的所有明文字母都在字母表上向后（或向前）按照一个固定数量进行偏移后得出密文。恺撒密码就是典型的移位密码。代换是指明文字母被替换，但顺序保持不变。代换密码可进一步分为单表代换密码（一个明文字母对应唯一的密文字母）、多表代换密码（一个明文字母可以对应多个密文字母）和多字母代换密码（用密钥字母和其他字母构造一个密钥表矩阵，加密时采用代换规则）。典型的代换密码包括维吉尼亚密码、普莱费尔密码等。

古典密码的优点是设计简单，缺点是容易被频率分析法破译。以恺撒密码为例，当偏移量（密钥）是 3 的时候，明文字母表中每个字母都向后移动 3 个位置，具体如下：

明文字母表：ABCDEFGHIJKLMNOPQRSTUVWXYZ；

密文字母表：DEFGHIJKLMNOPQRSTUVWXYZABC。

在具体加密过程中，对于待加密消息中的每个字母，加密方查找明文字母表中的每一个字母所在位置，将明文消息中该字母替换为密文字母表中对应位置的字母。解密方则根据事先已知的密钥反过来操作，即可得到原来的明文。例如：

明文：begin the attack now；

密文：EHJLQ WKH DWWDFN QRZ。

英文字母在英文自然语言中的分布是非均匀的，每个字母出现的频率如图 1.1 所示。

由于恺撒密码并未改变字母的分布特性，因此攻击者可以收集大量密文，统计出现最多的字母，比对该字母与英文自然语言中出现频率最高的字母E，计算其偏移量，即可恢复出密钥。

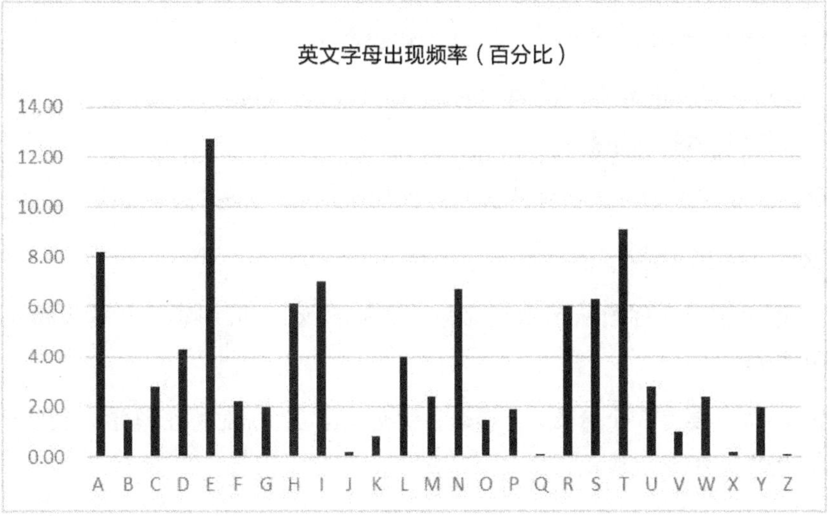

图 1.1　英文字母出现频率

频率分析法能够奏效的关键在于密文分布泄露了明文的信息。是否存在一种密码体制，使得密文不会泄露明文的任何信息？具体地，给定明文空间 $\mathcal{M}$，密钥空间 $\mathcal{K}$，密文空间 $\mathcal{C}$，如果对于 $\mathcal{M}$ 上任意的概率分布，任意的明文 $m\in\mathcal{M}$、任意的密文 $c\in\mathcal{C}$ 且 $\Pr[C=c]>0$，满足

$$\Pr[M=m|C=c]=\Pr[M=m]$$

换言之，明文和密文的分布是独立的，那么满足该条件的加密系统称为（克劳德·香农）完善保密系统，也被认为是绝对安全的密码系统。

一次一密加密系统满足上述条件，即对于每一个明文消息 m，都利用一个均匀随机的密钥 $k\in\mathcal{K}$ 实现加密

$$c=m\oplus k$$

对于加密算法 E 和 $c=E(m,k)$，只能找到唯一的密钥 k，可以将 m 映射到 c。于是，对于任意的明文 $m\in\mathcal{M}$ 和密文 $c\in\mathcal{C}$，都有

$$\Pr[E(m,k)=c]=1/|\mathcal{K}|$$

式中，$|\mathcal{K}|$ 是密钥空间中密钥的个数。因此，一次一密加密系统是理想的完善保密系统。然而，一次一密加密系统并不实用，因为一次一密加密系统需要密钥与明文具有相同长度，并且不能重复使用。

1.2 现代密码学

现代密码学始于 20 世纪 80 年代，3 个代表性事件分别是：

（1）Diffie 和 Hellman 在《密码学的新方向》（*New Directions in Cryptography*）一文中提出了公钥密码体制的思想；

（2）美国国家标准与技术研究院颁布数据加密标准（Data Encryption Standard，DES）；

（3）RSA 公钥密码算法的提出。

自此，密码学研究逐渐从艺术走向科学（Science），应用领域从军事和外交进一步拓展至民用领域。

现代密码学主要有 3 个分支，分别是私钥密码学（也称对称密码学）、公钥密码学（也称非对称密码学）和安全协议。

1.2.1 私钥密码学

私钥密码学假设通信双方共享了相同的对称密钥。私钥密码学根据具体的密码学功能可分为对称加密算法、消息认证码（Message Authentication Code，MAC）算法、认证加密算法，以及杂凑函数算法等。

对称加密算法主要有两类：序列密码算法（也称流密码算法）和分组密码算法。序列密码算法本质上是一次一密算法的变体，其加密流程如图 1.2 所示，通信双方将预先共享的对称密钥作为种子密钥，通过伪随机数生成器导出密钥序列，与明文消息进行比特异或实现加解密操作。序列密码算法具有速度快、便于硬件实现等优点，通常应用于卫星通信、手机移动通信等。典型的序列密码算法有 Trivium 算法、Grain 算法、ZUC 算法等。其中 ZUC 算法即祖冲之算法，是中国自主设计的序列密码算法，作为 ISO/IEC 国际密码标准，已应用于我国 4G 移动通信加密中。

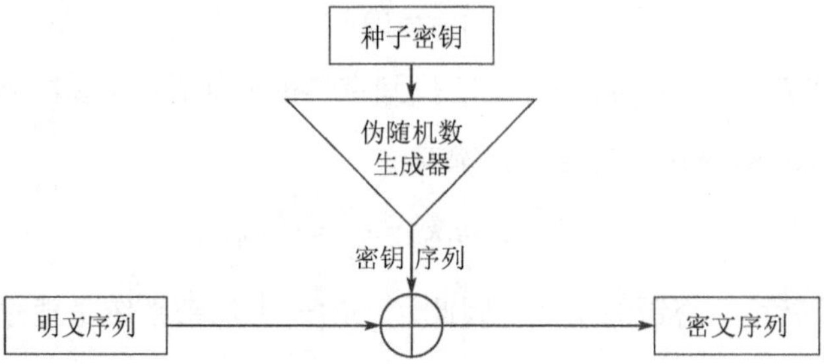

图 1.2　序列密码算法加密流程

分组密码算法是一种确定型算法，对固定长度的明文块进行加密操作。在加密过程中，分组密码算法通常需要将明文消息划分成固定长度的块，然后按照需求，使用不同的加密模式（如 ECB、CBC、CTR 等）。分组密码算法的现代设计主要基于迭代乘积密码的概念。在 1949 年的开创性出版物《保密系统的通信理论》中，克劳德·香农分析了乘积密码，并建议将混淆和扩散作为提高安全性的一种手段。混淆是为了将密文和密钥之间的统计关系尽可能复杂化，扩散是为了让明文中的每个比特尽可能影响密文中更多的比特。迭代密码算法在多轮迭代中执行加密，每轮使用从原始密钥派生的不同子密钥，其加密流程如图 1.3 所示。分组密码算法在设计结构上主要分为 3 种：以 AES 为代表的 SP 网络结构、以 DES 为代表的 Feistel 结构和以 IDEA 为代表的 Lai-Massey 结构。基于 SP 网络结构的算法扩散快，迭代轮数一般较少，但加解密流程往往不一致。基于 Feistel 结构的算法加解密流程一致，节省资源，但是扩散较慢，需要更多的迭代轮数。基于 Lai-Massey 结构的算法加解密流程一致，但轮函数相对复杂，整体结构相对难以分析。由于分组密码算法具有良好的扩展性、较强的适用性，因此适合作为加密标准，如 AES、SM4 等。

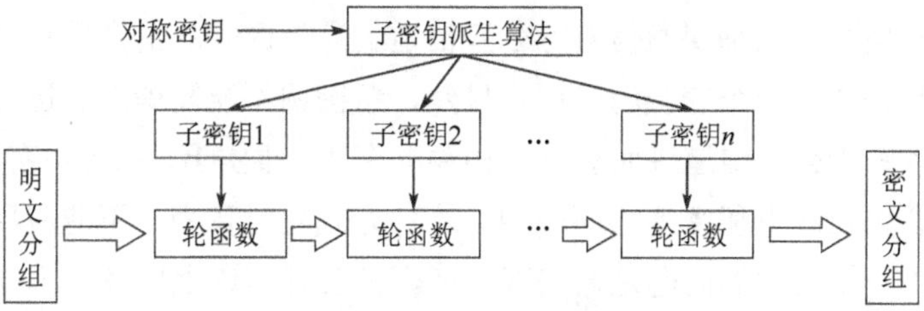

图 1.3　迭代密码算法加密流程

杂凑函数也称哈希函数，是一个压缩函数，通常将一个任意长度的输入消息通过变换得到固定（或任意）长度的摘要输出。杂凑函数有着广泛的应用，包括数字签名、口令管理、文件校验、语音识别等。通常而言，好的杂凑函数 H 需要满足：

（1）单向性：给定摘要输出 h，寻找 x 使得 $H(x)=h$ 在计算上是不可行的；

（2）抗碰撞性：寻找 (x,y) 使得 $H(x)=H(y)$ 在计算上是不可行的；

（3）第二原像抗碰撞性：对于任意给定的 x，寻找 y（$y \neq x$）使得 $H(x)=H(y)$ 在计算上是不可行的。

杂凑函数设计主要有两类，一是 MD（Message Digest）类，包括 MD2、MD4、MD5 和 MD6。MD5 广泛应用于软件领域，以确保传输文件的完整性。2004 年，MD5 被证实存在碰撞攻击。二是 SHA（Secure Hash Function）类，包括 SHA-0、SHA-1、SHA-2 和 SHA-3。最初的版本是 SHA-0，其是一种摘要长度为 160 比特的杂凑函数，由美国国家标准与技术研究院（National Institute of Standards and Technology，NIST）于 1993 年发布。SHA-0 存在一些弱点，因此并没有被大规模应用。1995 年，SHA-1 被提出，其旨在改进 SHA-0 的弱点。SHA-1 作为现有 SHA 杂凑函数中使用最广泛的算法，存在于多种广泛部署的应用程序和协议中，包括 SSL（Secure Socket Layer）协议。2005 年，SHA-1 被证实通过 2^{69} 次杂凑操作可以找出碰撞。由于各种密码分析结果的存在，NIST 于 2011 年正式弃用 SHA-1 标准。第一个真实 SHA-1 碰撞于 2017 年被找到。SHA-2 系列有 4 种 SHA 变体，分别为 SHA-224、SHA-256、SHA-384 和 SHA-512，具体取决于其摘要输出的比特数。目前尚未报告对 SHA-2 杂凑函数的成功攻击。虽然 SHA-2 是一个强大的杂凑函数，但其基本设计仍然遵循 SHA-1 的设计。因此，NIST 开启了新的杂凑函数征集工作。2012 年 10 月，NIST 选择 Keccak 算法作为新的 SHA-3 标准。Keccak 算法提供了许多好处，如高效的性能和良好的抗攻击能力等。

消息认证码（MAC）对传输消息的完整性进行认证。典型的 MAC 算法包括 HMAC、NMAC 等。认证加密（Authenticated Encryption）算法是一种融合了加密和认证的对称密码算法，典型的认证加密算法包括 GCM 等。

1.2.2 公钥密码学

尽管私钥密码学可以确保通信双方公开信道上通信内容的机密性和完整性，然而它需要通信双方预先共享一个安全的密钥。显然，该密钥不能简单地通过公开信道发送，因为攻击者可以窃听公开信道进而观察到传输的密钥。事实上，在公钥密码学提出之前，通信双方主要通过在线下秘密地协商密钥。这种方式耗时费力，不能应用于大规模的开放系统。那么，一个自然的问题是通信双方能否在公开信道上协商一个安全的密钥？

1976 年，Diffie 和 Hellman 发表了一篇名为《密码学的新方向》的论文。他们观察到现实世界往往是不对称的，有些行为很容易执行，但不容易逆转。例如，挂锁不用钥匙即可锁定（轻松锁定），但没有钥匙很难打开。Diffie 和 Hellman 意识到这种现象可用于设计安全的密钥交换协议，允许通信双方通过公开信道共享一个密钥，各方执行他们可以逆转的操作，但攻击者不能。在此之前人们普遍认为如果没有预先通过一些私密方式共享一些秘密信息，那么安全通信是无法实现的。Diffie 和 Hellman 的论文的影响是巨大的，它给出了一种看待密码学的全新方式，为密码学开辟了一个全新的方向——公钥密码学。

公钥密码学不需要通信双方预先共享相同的密钥，每个用户拥有自己的公私钥对，分别为公开的公钥和不公开的私钥。公钥密码学主要包含 3 类基础密码算法，分别是公钥加密算法、密钥建立协议和数字签名算法。

公钥加密算法通过公钥对明文数据加密、私钥对密文数据解密，从而实现数据的保密传输。对于公钥加密算法，选择密文攻击下不可区分（Indistinguishability Under Chosen Ciphertext Attack，IND-CCA）是一种标准的安全概念。粗略来讲，给定密文 c，敌手不能区分 c 是来源于消息 m_0 的加密，还是消息 m_1 的加密，即使敌手具有访问解密预言机的能力。如果敌手没有访问解密预言机的能力，则称公钥加密算法满足 IND-CPA

安全性。对于公钥加密算法，实现 IND-CCA 安全性主要通过两种技术，一是 Padding 技术，加密算法先对消息进行一种公开的可逆变换（称为 Padding），再进行单向陷门置换操作，典型的 Padding 技术包括 OAEP（Optimal Asymmetric Encryption Padding）及其变体，典型的公钥加密算法有 RSA-OAEP（国际标准 PKCS#1）；二是 Fujisaki-Okamoto 范式，其可以将一个满足 IND-CPA 安全性的公钥加密算法转换为更强的满足 IND-CCA 安全性的算法。

密钥建立协议是一类交互式密码协议，基于此协议，通信双方能够在公开信道上建立一对共享的会话密钥。密钥建立协议主要分为两类，分别是密钥交换协议和密钥封装机制。对于密钥交换协议，最基本的安全性要求是密钥的伪随机性，即协议共享的会话密钥与真的随机会话密钥在计算上是不可区分的。第一个密钥交换协议是著名的 Diffie-Hellman（DH）协议。DH 协议设计简洁优雅，但是 DH 协议存在中间人攻击，敌手可以冒充用户与其他用户进行密钥交换。因此，对于密钥交换协议，除密钥的伪随机性外，有时我们也增加认证性，即协议中的一方可以确认协议参与中另一方的身份，这类密钥交换协议称为认证密钥交换协议。对于密钥封装机制，其安全性概念与公钥加密算法类似，分为 IND-CPA 安全性和 IND-CCA 安全性。IND-CPA 安全性和 IND-CCA 安全性均要求会话密钥的伪随机性，即封装算法生成的会话密钥与真的随机会话密钥是计算不可区分的。不同之处在于，IND-CCA 安全性的敌手拥有额外的访问解封装预言机的能力。密钥封装机制可以由满足 IND-CPA 安全性的公钥加密算法经过通用变换直接构造，详见参考文献[2,3]。

数字签名算法是一种用于认证数字消息或文档真实性的密码算法。数字签名算法不仅可以对消息的来源进行确认（身份认证），并且可以确保消息在传输过程中没有被篡改（完整性）。数字签名算法广泛应用于软件发布、金融交易、合同管理，以及其他需要检测伪造的情况。好的数字签名算法需要满足选择消息攻击下存在不可伪造（Existential Unforgeability under Chosen Message Attack，EUF-CMA）安全性。满足 EUF-CMA 安全性的数字签名方案构造主要有 3 种途径，一是 Hash-and-Sign 范式，将仅支持固定长度消息的签名方案转换为支持任意长度消息的签名方案，典型的方案包括 RSA-FDH、RSA PKCS #1 等；二是 Fiat-Shamir 变换，将一个身份认证方案转换为签名方案，典型的方案包括 Schnorr 签名方案；三是链式签名，基于杂凑函数构造签名，典型的方案包括 Merkle 签名方案。

当前广泛部署的公钥密码系统，包括公钥加密算法、密钥建立协议、数字签名算法，主要基于 DH 密钥交换协议、RSA 密码系统和椭圆曲线密码系统，其安全性依赖于特定的数论难题，即大整数因子分解难题或离散对数求解难题。换言之，如果敌手能高效地求解大整数因子分解难题和离散对数求解难题，那么现在广泛部署的公钥密码系统将不再安全。

1.2.3　安全协议

安全协议是建立在密码算法基础之上的高互通协议，为计算机网络和通信系统的安全需求提供直接的解决方案，是构建安全信息系统的基本要素，也是信息与网络安全的关键技术。常用的安全协议包括 TLS、IKE、SSH 等。关于安全协议的理论与实践，详见参考文献[4]。

1.3　量子计算对现代密码学的影响

量子计算是一种遵循量子力学规律的新型计算模型。从可计算的问题来看，量子计算机只能解决传统计算机所能解决的问题，但是在计算的效率上，由于量子力学叠加性的存在，量子计算机在处理某些问题时速度可能会快于传统的通用计算机。本书第 2 章将重点介绍量子力学相关基础知识，第 3 章将介绍量子计算领域广泛应用的线路模型。

正如前面所述，对于当前广泛部署的公钥密码系统，其安全性依赖于大整数因子分解难题和离散对数求解难题。1994 年，贝尔实验室的 Peter W Shor[5]提出了一种新型算法，在量子计算机上可以在多项式时间内求解上述类型难题。截至目前，求解此类难题最快的经典算法是数域筛法，该算法的复杂度是亚指数时间。因此，如果存在大规模可扩展的量子计算机，那么当前基于大整数因子分解难题和离散对数求解难题的公钥密码体制均不再安全。本书第 4 章将详细介绍 Shor 算法的工作机理及复杂度。

量子计算对私钥密码学的影响主要来源于 Grover 算法及其变体[6]。针对一般的无结构数据库搜索问题，相比于经典的搜索算法，Grover 算法可以实现二次加速。以数据库条目为N，目标条目为 1 的搜索问题为例，Grover 算法可以将该问题的查询复杂度从经典的$O(N)$降到$O\left(N^{1/2}\right)$。当采用 Grover 算法对私钥密码算法进行密钥穷举攻击时，其效果相当于将分组密码的密钥长度降低一半。对于杂凑函数，BHT 算法及变体算法[7]（本质上是 Grover 算法的扩展）的存在使得杂凑函数的摘要长度需要进一步加长。表 1.1 总结了量子计算对现代密码学的影响。本书第 5 章将介绍 Grover 算法及其在密码分析中的应用。

表 1.1　量子计算对现代密码学的影响

密码算法	类型	功能	量子计算的影响
AES	私钥密码学	加密	更长的密钥
SHA-2、SHA-3	私钥密码学	杂凑函数	更长的摘要输出
RSA	公钥密码学	签名 密钥建立	不再安全

续表

密码算法	类型	功能	量子计算的影响
ECDSA、ECDH （椭圆曲线密码学）	公钥密码学	签名 密钥建立	不再安全
DSA （有限域密码学）	公钥密码学	签名 密钥建立	不再安全

1.4 后量子时代密码学

为应对量子计算对现代密码学的安全威胁，目前有两种途径实现抗量子密码算法，一是基于量子力学基本原理的量子密码技术，二是基于数学难题的后量子密码技术。

基于量子力学基本原理的量子密码技术主要包括量子密钥分发（如 BB84[8]，E91[9]等）、量子同态加密[10-13]、量子公钥加密[14-17]、量子数字签名[18,19]等。其中，量子密钥分发（Quantum Key Distribution，QKD）最为成熟，目前正在走向标准化和产业化阶段。基于量子力学基本原理的密码学具有先天的优势，在理论上可以将密码方案的安全性归约到底层量子力学基本假设，然而在实际应用中，由于设备缺陷、物理噪声等因素，还存在许多安全问题，需要从理论和实践上去解决。本书第 6 章将重点介绍 QKD 及安全性分析。

后量子密码系统是在经典计算机上运行的经典密码系统，但是能够抵抗量子计算攻击。典型的后量子密码学包括格密码学、基于纠错码的密码学、多变量密码学、基于杂凑函数的密码学及其他类型的密码学等。

格密码学：格密码学是基于格上困难问题的一类密码体制。格密码具有引人注目的特性，如抗量子特性（目前尚没有针对格上困难问题的多项式时间量子算法）、设计简单高效且高度可并行化，以及丰富的新密码应用（如完全同态加密、代码混淆和基于属性的加密等）。此外，一些格密码方案的安全性能够归约到最坏情形下的困难假设，而非平均情形下的困难假设。当前，精确估计格密码方案的安全性是格密码分析领域的一个重要挑战。

基于纠错码的密码学：基于纠错码的密码学主要集中在公钥加密算法设计上。McEliece 密码系统自 1978 年被首次提出以来，一直没有被破解。从那时起，基于纠错码的其他密码系统陆续被提出。虽然速度非常快，但大多数基于纠错码的密码方案都具有非常大的密钥尺寸。较新的变体在码字中引入了更多结构试图减小密钥尺寸，但是新添加的结构可能会导致新的有效攻击。

多变量密码学：多变量密码学主要集中在签名方案设计上，这些方案的安全性主要依赖于有限域上的多变元方程组求解问题。在过去的几十年中，尽管许多多变量密码方案被提出，但是很多已经被破解。

基于杂凑函数的密码学：基于杂凑函数的密码学主要集中在签名方案设计上。基于杂凑函数的签名方案的安全性主要依赖于底层杂凑函数的安全性。许多高效的基于杂凑函数的签名方案都有一个缺点，即签名者必须保留先前签名消息的确切数量记录，并且该记录中的任何错误都会导致不安全。

其他类型的密码学：存在一些基于其他假设的后量子密码学，如基于分组密码组件的签名方案，具体可见参考文献[20]。

为确保当前广泛部署的公钥密码基础设施能够安全地迁移至后量子时代，NIST 于 2016 年 12 月开始征集抗量子公钥密码算法，具体包括公钥加密算法、密钥封装机制和数字签名算法，并将抵抗量子计算机攻击作为其候选算法的基本要求。2018 年 12 月，在中国国家密码管理局的指导下，中国密码学会面向全国开展密码算法设计竞赛，鼓励设计抗量子计算机攻击的密码算法。随着 NIST 抗量子公钥密码算法标准化工作和我国密码算法设计竞赛的逐步推进，后量子密码算法的设计和分析已成为当前学术界和产业界的研究热点。后量子密码算法设计入选中国科学技术协会发布的 2018 年重大科学问题和工程技术难题之一。关于后量子密码学的相关知识，详见参考文献[21]。

第 2 章　量子力学基础

2.1　量子力学革命

什么是量子力学（Quantum Mechanics）？

量子是和原子、分子、中子一样的基本粒子吗？

量子并不是基本粒子，量子力学也不是描述某一种基本粒子的理论。

量子力学是 19 世纪末 20 世纪初由马克斯·普朗克（Max Planck）、阿尔伯特·爱因斯坦（Albert Einstein）、尼尔斯·玻尔（Niels Bohr）、路易·德布罗意（Louis De Broglie）、埃尔温·薛定谔（Erwin Schrödinger）、沃纳·海森堡（Werner Heisenberg）、马克斯·玻恩（Max Born）等一大批物理学家创立的一套描述微观粒子运动的理论，该理论主要研究原子、分子、电子、中子等微观粒子的运动规律。量子力学与相对论一起构成了现代物理学的理论基础，许多物理学理论和科学（如原子物理学、固体物理学、核物理学和粒子物理学，以及其他相关的科学）都是在量子力学的基础上创立并发展起来的。

初次接触量子力学时人们总是对量子力学是什么感到困惑，其实，不仅仅是量子力学初学者会困惑，即使是量子力学的开创者也对量子力学的许多现象感到困惑。美国物理学家理查德·费曼（Richard Feynman）就曾说过：没有人懂得量子力学。

量子力学之所以让人困惑、难以理解，是因为量子力学描述的物理图像与人们的日常生活经验严重不符，有时甚至是冲突的，如量子叠加现象、量子纠缠现象、测不准原理等。人们很难理解微观粒子同时处于两个不同的位置，更难以理解当对两个纠缠粒子中的一个进行测量时，另一个粒子无论相距多远都会瞬间塌缩到某个态的“超距”相互作用。这些量子力学现象造成了包括爱因斯坦在内的众多科学家的困惑。

尽管量子力学在创立和发展过程中遇到了许多质疑和阻力，但截至目前，所有的物理实验结论都支持量子力学理论。量子力学除在激光、电子显微镜、原子钟等物理学领域有广泛应用外，其也在化学等学科和许多近代技术中得到了广泛应用。20 世纪 80 年代初期，费曼在思考用计算机模拟量子物理系统时提出了量子模拟概念，从此开启了量子计算的研究。目前，由量子力学、计算机、信息理论等理论交叉融合形成了新的学科——量子信息科学。

量子力学的创立和发展充满了传奇色彩，很多值得娓娓道来的传奇人物迸发出了令人惊叹的思想火花，实现了物理学史上重要的理论突破，下面简要介绍量子力学创立过程中的几个关键思想。

2.1.1 黑体辐射与量子思想

普朗克（见图 2.1）于 1900 年建立了黑体辐射定律的公式（发表于 1901 年），其目的是改进由威廉·维恩提出的描述黑体辐射的维恩公式（瑞利和金斯提出了另一种描述黑体辐射的公式，即瑞利-金斯公式，其建立时间要稍晚于普朗克定律公式）。维恩公式在短波范围内和实验结果相当符合，但在长波范围内偏差较大；瑞利-金斯公式则正好相反。普朗克得到的公式则在全波段范围内都和实验结果符合得相当好。

图 2.1 普朗克

在黑体辐射定律公式的推导过程中，普朗克考虑将电磁场的能量按照物质中带电振子的不同振动模式进行分布。他很快发现在推导维恩公式的过程中只要稍稍改变一个熵的表达式，就可以得到一个新的黑体辐射公式，即

$$u(\nu)=\frac{8\pi h\nu^3}{c^3}\frac{1}{e^{h\nu/kT}-1} \tag{2-1}$$

式中，ν 为辐射的频率；k 为玻尔兹曼常数；T 为系统温度。这个公式的前提假设是处于辐射场中的电偶极振子的能量是一份一份的，每份的大小正比于辐射的频率，即可以把每份能量写成 $h\nu$，这里 h 是一个常数，即人们现在熟知的普朗克常数，其数值为 $h=6.62607015\times10^{-34}\,\mathrm{J\cdot s}$。

以上即普朗克的能量量子化假说，这一假说的提出比爱因斯坦为解释光电效应而提出的光子概念至少早 5 年。然而普朗克并没有像爱因斯坦那样假设电磁波本身是具有分立能量的量子化的波束，他认为这种量子化只不过是对于处在封闭区域所形成的腔（也就是构成物质的原子）内的微小振子而言的，用半经典的语言来说就是束缚态必然导出量子化。普朗克没能为这一量子化假说给出更多的物理解释，他只是相信这是一种数学上的推导手段，从而能够使理论和经验上的实验数据在全波段范围内符合。不过最终普朗克的量子化假说和爱因斯坦的光子假说都成为量子力学的基石。

2.1.2 波粒二象性

尽管越来越多的实验证实了普朗克的黑体辐射定律公式的正确性，但其能量是一份一份的假设，并没有引起特别多的关注。直到爱因斯坦（见图 2.2）参透了这个公式所隐藏的最深奥义，普朗克公式在量子力学发展历史中的重要作用才得以充分体现。

图 2.2 爱因斯坦

受普朗克公式的启发，爱因斯坦于 1905 年对光电效应给出了具有划时代意义的解释。所谓光电效应，是指光束照射于金属表面会使其发射出电子的效应，发射出的电子称为光电子。爱因斯坦将光束描述为一群离散的量子，现称为“光子”，而不是连续性的波动。从普朗克黑体辐射定律出发，爱因斯坦推论，组成光束的每一个光子所拥有的能量等于频率乘以一个常数，即普朗克常数。爱因斯坦提出了“爱因斯坦光电效应方程”，其具体描述为：若光子的频率大于金属物质的极限频率，则该光子拥有足够能量来克服逸出功，记为 W_0，使得一个电子逃逸，造成光电效应。出射的光电子的动能 E_k 由如下的光电效应方程给出：

$$E_k = h\upsilon - W_0 \tag{2-2}$$

例如，照射辐照度很微弱的蓝光束于金属表面，只要频率大于金属的极限频率，就能使其发射出光电子，但是无论照射辐照度多么强的红光束，一旦频率小于金属的极限频率，就无法使其发射出光电子。根据经典的光波动理论，光束的辐照度或波幅对应于所携带的能量，因而辐照度很强的光束一定能提供更多能量将电子逐出。然而事实与经典理论预期恰巧相反。事实是，当照射到金属表面的光子和金属中的电子相互碰撞时，这些光子要么全部被吸收，要么完全不被吸收。爱因斯坦的论述解释了为什么光电子的能量只与频率有关，而与辐照度无关。

1905 年被称为物理学的奇迹年，因为在这一年里爱因斯坦发表了 5 篇意义非凡且影响深远的论文，其中包括著名的狭义相对论。为了纪念这一奇迹年，100 年后的 2005 年被定为国际物理年。1921 年，爱因斯坦因为光电效应的工作获得了人生中第一次也是唯一一次的诺贝尔物理学奖，其获奖并不是因大众知名度更高的狭义相对论和广义相对论，由此可见，给出光电效应解释在量子力学乃至物理学发展史中的重要意义。

尽管爱因斯坦的理论完美诠释了光电效应，但是麦克斯韦方程和大量的实验都证明光是波，物理学家对光子（光是粒子）的观点仍半信半疑。1916 年，美国物理学家罗伯特·密立根做实验证实了爱因斯坦关于光电效应的理论，至此人们不得不接受除波动性外，光也具有粒子性这一真理。随之而来的是物理学家的一个新的疑问：同一种物质怎么可能既具有波动性又具有粒子性呢？

在光具有波粒二象性的启发下，德布罗意（见图 2.3）在其博士论文中提出一个假说，指出波粒二象性不只是光子才有，一切微观粒子，包括电子、质子和中子，都具有波粒二象性。他把光子的动量与波长的关系式 $p=h/\lambda$ 推广到一切微观粒子上，指出：具有质量 m 和速度 v 的运动粒子也具有波动性，这种波的波长等于普朗克常量 h 与粒子动量 mv 的比，即

$$\lambda=\frac{h}{mv} \tag{2-3}$$

图 2.3　德布罗意

这个关系式后来就叫作德布罗意公式。德布罗意预言电子同样具有波粒二象性且在后来得到了实验的证实，他因此于 1929 年获得诺贝尔物理学奖。

值得注意的是，波粒二象性不仅仅存在于微观粒子中，一切物质都具有波粒二象性。之所以在日常生活中观察不到物体的波动性，是因为它们的质量太大，导致特征波长比可观察的限度要小很多，因此可能发生波动性质的尺度在日常生活经验范围之外，这是为什么经典力学能够令人满意地解释自然现象的原因。反之，对于基本粒子来说，它们的质量和尺度决定了它们的行为主要是由量子力学描述的，因而与人们所习惯的认知相差甚远。

2.1.3 氢原子

1913 年，量子理论有了一个里程碑式的突破，玻尔（见图 2.4）提出了氢原子的量子理论。玻尔在博士期间主要研究金属的电子理论，并于毕业后开展阴极射线研究，受卢瑟福原子模型启发，玻尔开始思索如何通过嵌入电子得到稳定的原子模型。他认为为了让原子稳定，必须引入量子的概念。1913 年，玻尔的原子理论正式问世，该理论有如下两个要点。

图 2.4　玻尔

（1）原子核外的电子只能处于一些分立的稳态上，这些稳态具有分立的能级 E_1、E_2、E_3……

（2）如果电子要从能量较低的稳态跃迁到能量较高的稳态，它必须吸收一个光子；如果电子要从高能态跃迁到低能态，它必须释放一个光子。吸收或释放的光子的能量等于两个稳态间的能量差，即

$$h\nu = \left| E_j - E_i \right| \tag{2-4}$$

式中，E_i 和 E_j 为电子的两个不同的能级；ν 为吸收或释放的光子的频率。玻尔的原子理

论不仅与彼时所有已知的氢原子谱线相符合，还在紫外光区域预言了新的谱线，一年以后被实验证实。

2.1.4 矩阵力学

1925 年，年仅 24 岁的海森堡（见图 2.5）在深入研究氢原子谱线强度公式的过程中产生了一个具有历史意义的新思想：应该抛弃观察那些迄今不可观察的量（如电子的位置、周期等）的希望，承认旧量子规则能和实验结果部分符合不过是偶然的。而更合理的是建立一个类似于经典力学的量子论(其中仅出现可观察量的关系)。海森堡于 1925 年完成了被称为“从黑暗通向新物理学之光道路上的转折点”的著名论文《关于运动学和动力学关系的量子论的重新解释》。

图 2.5　海森堡

从海森堡的论文中，玻恩认识到了海森堡物理思想的重要意义，同时敏锐地察觉出“其方法在教学方面仍处于初始阶段，其假设仅用了简单例子，而未能充分发展成为普遍理论。”于是，玻恩与数学家约当一起继续进行研究，并于 1925 年 9 月发表了他们的研究成果——《关于量子力学》。在这篇文章中，玻恩和约当采用海森堡的方式，把坐标和动量全部用矩阵加以表示。

矩阵力学由海森堡在 1925 年首先提出，经过玻恩、约当、狄拉克等的工作方才最后完成。这个被海森堡称为“新力学”的量子理论，最先解释了原子领域的一系列新问题，其中包括氢光谱的经验公式、光谱在电场磁场中的分裂、光的散射等，对二十世纪物理学的迅速发展起了巨大的推动作用。

2.1.5 波动方程

受德布罗意的波粒二象性论述的启发，薛定谔（见图 2.6）想到，既然粒子是波，那么就应该有一个相应的波动方程。薛定谔通过德布罗意论文的相对论性理论，推导出一个相对论性波动方程，他将这个方程应用于氢原子，计算出束缚电子的波函数。因为薛定谔没有将电子的自旋纳入考量，所以从该方程推导出的精细结构公式不符合索末菲模型。他只好将该方程加以修改，除去相对论性部分，用剩下的非相对论性方程来计算氢原子的谱线。解析求解这个微分方程的工作相当困难，在其好朋友数学家赫尔曼·外尔的鼎力相助下，薛定谔得出了与玻尔模型完全相同的答案。薛定谔给出的波动方程，即薛定谔方程，能够正确地描述波函数的量子行为，其一般形式为

$$i\hbar\frac{d|\phi\rangle}{dt}=\hat{\boldsymbol{H}}|\phi\rangle \tag{2-5}$$

式中，i 是虚数单位；t 是时间；$\hat{\boldsymbol{H}}$ 是系统的哈密顿量；$|\phi\rangle$ 是系统的波函数；$\hbar=h/(2\pi)$ 是约化普朗克常数。

图 2.6　薛定谔

彼时，物理学家尚不清楚如何诠释波函数，薛定谔试图以电荷密度来诠释波函数的绝对值平方，可并不成功。1926 年，玻恩提出概率幅的概念，成功地诠释了波函数的物理意义。

以上介绍了在量子力学的发展过程中几个具有重要意义的里程碑，在整个量子力学的发展史上，还有许多杰出的物理学家做出了不可磨灭的贡献。图 2.7 是号称“史上最强朋友圈”的合照，这张合照拍摄于 1927 年比利时布鲁塞尔召开的第 5 届索尔维会议上，发轫于爱因斯坦与玻尔两人的大辩论，这届索尔维会议被冠之以“最著名”的称号，出现在这张合照的 29 人中有 17 人获得过诺贝尔奖。

图 2.7　1927 年第 5 届索尔维会议合照

2.2　量子力学数学基础

相对于经典力学和旧量子理论，由海森堡和薛定谔等建立的新量子理论不但在概念上有颠覆性的变化，而且其理论框架利用了线性代数知识。本节主要介绍量子力学中所需的线性代数基础知识[22]，为后面介绍量子力学做好数学准备。

2.2.1　线性空间

在线性代数中，线性空间（或向量空间）的基域都是数域，是无限域。数学中通常用 $\mathbb{Z}$ 表示整数集合，用 $\mathbb{N}$ 表示自然数集合，用 $\mathbb{Q}$ 表示有理数集合，用 $\mathbb{R}$ 表示实数集合，用 $\mathbb{C}$ 表示复数集合。在相应的集合上定义有加法、乘法等二元运算。

组成线性空间的基本元素是向量，通常一个 n 维列向量用 $\begin{pmatrix} a_1 \\ a_2 \\ \vdots \\ a_n \end{pmatrix}$ 表示，其中 a_i 属于某类数的集合。例如，若 $a_i \in \mathbb{C}$，则上述向量就是复数域上的向量。

所谓线性空间，指的是定义了向量加法

$$\begin{pmatrix} a_1 \\ a_2 \\ \vdots \\ a_n \end{pmatrix} + \begin{pmatrix} b_1 \\ b_2 \\ \vdots \\ b_n \end{pmatrix} = \begin{pmatrix} a_1 + b_1 \\ a_2 + b_2 \\ \vdots \\ a_n + b_n \end{pmatrix} \tag{2-6}$$

和标量乘法

$$c\begin{pmatrix}a_1\\a_2\\\vdots\\a_n\end{pmatrix}=\begin{pmatrix}ca_1\\ca_2\\\vdots\\ca_n\end{pmatrix} \tag{2-7}$$

两种二元运算且满足相应性质的代数系统。具体的定义如下。

定义 2.1 若集合 V 满足如下性质：

（1）向量加法封闭：$\forall\vec{u},\vec{v}\in V$，有 $\vec{u}+\vec{v}\in V$；

（2）向量加法满足结合律：$\forall\vec{u},\vec{v},\vec{w}\in V$，有 $(\vec{u}+\vec{v})+\vec{w}=\vec{u}+(\vec{v}+\vec{w})$；

（3）向量加法满足交换律：$\forall\vec{u},\vec{v}\in V$，有 $\vec{u}+\vec{v}=\vec{v}+\vec{u}$；

（4）存在零向量 $\vec{0}\in V$：$\forall\vec{u}\in V$，有 $\vec{u}+\vec{0}=\vec{0}+\vec{u}=\vec{u}$；

（5）存在逆向量：对于 $\forall\vec{u}\in V$，$\exists\vec{v}\in V$，使得 $\vec{u}+\vec{v}=\vec{v}+\vec{u}=\vec{0}$，记 $\vec{v}=-\vec{u}$；

（6）标量乘法封闭：$\forall\vec{u}\in V$，$c\in K$ 有 $c\vec{u}\in V$；

（7）标量乘法对向量加法满足分配律 1：$\forall\vec{u},\vec{v}\in V$，$c\in K$，$c(\vec{u}+\vec{v})=c\vec{u}+c\vec{v}$；

（8）标量乘法对向量加法满足分配律 2：$\forall\vec{u}\in V$，$c,d\in K$，$(c+d)\vec{u}=c\vec{u}+d\vec{u}$；

（9）$\forall\vec{u}\in V$，$c,d\in K$，$(cd)\vec{u}=c(d\vec{u})$；

（10）记域 K 中的单位元为 1，则 $\forall\vec{u}\in V$，$1\vec{u}=\vec{u}$。

则称 V 是域 K 上的线性空间。

例如，V 为三维几何空间中全体向量构成的集合，则 V 关于向量加法和数与向量的乘法构成实数域 $\mathbb{R}$ 上的线性空间。

定义 2.2 设 V 是域 K 上的线性空间，若 V 中的任意一对向量 $\vec{u}$ 和 $\vec{v}$，都与域 K 上的一个元素有唯一的对应关系，记为 $(\vec{u},\vec{v})$，且满足以下条件：

（1）$\lambda\in K$，$(\lambda\vec{u},\vec{v})=\lambda^*(\vec{u},\vec{v})$，$(\vec{u},\lambda\vec{v})=\lambda(\vec{u},\vec{v})$；

（2）$\forall\vec{w}\in V$，$(\vec{u}+\vec{v},\vec{w})=(\vec{u},\vec{w})+(\vec{v},\vec{w})$；

（3）$(\vec{u},\vec{u})\geqslant 0$，当且仅当 $\vec{u}=\vec{0}$ 时，“=”成立。

则称 $(\vec{u},\vec{v})$ 为向量 $\vec{u}$ 和 $\vec{v}$ 的内积，其中*表示复数的共轭。

设 V 是域 K 上的线性空间，$\vec{u}_1,\vec{u}_2,\cdots,\vec{u}_n$ 为线性空间 V 中的向量，则称形如

$$\vec{w}=c_1\vec{u}_1+c_2\vec{u}_2+\cdots+c_n\vec{u}_n,\quad c_i\in K,\quad i=1,2,\cdots,n$$

的向量 $\vec{w}$ 为向量 $\vec{u}_1,\vec{u}_2,\cdots,\vec{u}_n$ 的线性组合。

若当且仅当对于所有 i 都有 $c_i=0$ 时 $\vec{w}=0$，$i=1,2,\cdots,n$，则称向量 $\vec{u}_1,\vec{u}_2,\cdots,\vec{u}_n$ 是线性独立的，否则称其是线性相关的。

根据以上定义，以下命题是显然的：

（1）若 $\vec{u}_1,\vec{u}_2,\cdots,\vec{u}_n$ 中含有零向量，则 $\vec{u}_1,\vec{u}_2,\cdots,\vec{u}_n$ 是线性相关的；

（2）若 $\vec{u}_1,\vec{u}_2,\cdots,\vec{u}_n$ 中含有相同向量，则 $\vec{u}_1,\vec{u}_2,\cdots,\vec{u}_n$ 是线性相关的；

（3）若 $\vec{u}_1,\vec{u}_2,\cdots,\vec{u}_n$ 是线性独立的，则任意改变向量 $\vec{u}_1,\vec{u}_2,\cdots,\vec{u}_n$ 的先后顺序，其仍然是线性独立的；同理，若 $\vec{u}_1,\vec{u}_2,\cdots,\vec{u}_n$ 是线性相关的，则任意改变向量 $\vec{u}_1,\vec{u}_2,\cdots,\vec{u}_n$ 的先后顺序，其仍然是线性相关的；

（4）非零向量 $\vec{u}_1$ 是线性独立的；

（5）两个向量 $\vec{u}_1$、$\vec{u}_2$ 线性相关当且仅当其中一个向量为零向量或 $\vec{u}_1$ 是 $\vec{u}_2$ 的倍数。

例 2.1　$\vec{u}_1$、$\vec{u}_2$、$\vec{u}_3$ 是实数域 $\mathbb{R}$ 上线性空间 V 中的向量，分别为

$$\vec{u}_1=\begin{pmatrix}1\\1\\1\end{pmatrix},\quad \vec{u}_2=\begin{pmatrix}1\\0\\1\end{pmatrix},\quad \vec{u}_3=\begin{pmatrix}1\\-1\\-1\end{pmatrix}$$

证明 $\vec{u}_1$、$\vec{u}_2$、$\vec{u}_3$ 是线性独立的。

证明：

利用反证法，假设 $\vec{u}_1$、$\vec{u}_2$、$\vec{u}_3$ 是线性相关的，则存在 $c_1,c_2,c_3\in\mathbb{R}$，且 c_1,c_2,c_3 不全为 0，使得

$$c_1\vec{u}_1+c_2\vec{u}_2+c_3\vec{u}_3=\begin{pmatrix}0\\0\\0\end{pmatrix}$$

则有

$$\begin{pmatrix}c_1+c_2+c_3\\c_1-c_3\\c_1+c_2-c_3\end{pmatrix}=\begin{pmatrix}0\\0\\0\end{pmatrix}$$

通过求解线性方程组可得唯一一组解，即 $c_1=c_2=c_3=0$。因此假设不成立，即 $\vec{u}_1$、$\vec{u}_2$、$\vec{u}_3$ 是线性独立的。

例 2.2　向量 $\vec{\beta}$ 由向量组 $\vec{\alpha}_1,\vec{\alpha}_2,\cdots,\vec{\alpha}_n$ 线性表示，则表示法唯一的充要条件是 $\vec{\alpha}_1,\vec{\alpha}_2,\cdots,\vec{\alpha}_n$ 线性独立。

证明：

必要性

设存在$\lambda_1,\lambda_2,\cdots,\lambda_n \in \mathbb{R}$ 使得

$$\lambda_1\vec{\alpha}_1+\lambda_2\vec{\alpha}_2+\cdots+\lambda_n\vec{\alpha}_n=0 \tag{2-8}$$

因为$\vec{\beta}$能由$\vec{\alpha}_1,\vec{\alpha}_2,\cdots,\vec{\alpha}_n$ 线性表示，所以存在$k_1,k_2,\cdots,k_n$，使得

$$k_1\vec{\alpha}_1+k_2\vec{\alpha}_2+\cdots+k_n\vec{\alpha}_n=\vec{\beta} \tag{2-9}$$

将式（2-9）与式（2-8）相减可得

$$(k_1-\lambda_1)\vec{\alpha}_1+(k_2-\lambda_2)\vec{\alpha}_2+\cdots+(k_n-\lambda_n)\vec{\alpha}_n=\vec{\beta} \tag{2-10}$$

由表示法的唯一性可知

$$k_1=k_1-\lambda_1, k_2=k_2-\lambda_2,\ \cdots,\ k_n=k_n-\lambda_n \tag{2-11}$$

即

$$\lambda_1=\lambda_2=\lambda_n=0 \tag{2-12}$$

故$\vec{\alpha}_1,\vec{\alpha}_2,\cdots,\vec{\alpha}_n$线性独立。

充分性

反证法：假设向量$\vec{\beta}$由向量组$\vec{\alpha}_1,\vec{\alpha}_2,\cdots,\vec{\alpha}_n$线性表示的方法不唯一，则至少存在两种表示法

$$k_1\vec{\alpha}_1+k_2\vec{\alpha}_2+\cdots+k_n\vec{\alpha}_n=\vec{\beta} \tag{2-13}$$

和

$$k_1'\vec{\alpha}_1+k_2'\vec{\alpha}_2+\cdots+k_n'\vec{\alpha}_n=\vec{\beta} \tag{2-14}$$

即对于所有$i\in\{1,2,\cdots,n\}$，$k_i=k_i'$不同时成立。

将式（2-13）和式（2-14）相减可得

$$(k_1-k_1')\vec{\alpha}_1+(k_2-k_2')\vec{\alpha}_2+\cdots+(k_n-k_n')\vec{\alpha}_n=0 \tag{2-15}$$

因为$\vec{\alpha}_1,\vec{\alpha}_2,\cdots,\vec{\alpha}_n$ 线性独立，所以

$$k_1-k_1'=0, k_2-k_2'=0,\ \cdots,\ k_n-k_n'=0 \tag{2-16}$$

故假设不成立，即向量$\vec{\beta}$由向量组 $\vec{\alpha}_1,\vec{\alpha}_2,\cdots,\vec{\alpha}_n$线性表示的方法是唯一的。

将向量集合记为$W=\{\vec{u}_1,\vec{u}_2,\cdots,\vec{u}_n\}$，向量$\vec{u}_1,\vec{u}_2,\cdots,\vec{u}_n$的所有线性组合记为

$$A=\{\vec{w}\,|\,\vec{w}=c_1\vec{u}_1+c_2\vec{u}_2+\cdots+c_n\vec{u}_n,\ \ c_i\in K,\ \ i=1,2,\cdots,n\} \tag{2-17}$$

集合A是域K上的线性空间，称A是由向量集合W张成的线性空间，记为$A=\mathrm{Span}W$。若$\vec{u}_1,\vec{u}_2,\cdots,\vec{u}_n$是线性独立的，则称$\vec{u}_1,\vec{u}_2,\cdots,\vec{u}_n$是线性空间$A$的一组基，常用记号$B$表示

一组基，称 n 为线性空间 A 的维数，记为 $n=\dim A$。

定理 2.1 集合 $W=\{\vec{u}_1,\vec{u}_2,\cdots,\vec{u}_n\}$ 是线性空间 A 的一组基的充要条件是当且仅当 A 中每个向量 $\vec{w}$ 都能用式（2-17）中的形式唯一表示。

证明：

若集合 $W=\{\vec{u}_1,\vec{u}_2,\cdots,\vec{u}_n\}$ 是线性空间 A 的一组基，则 A 中的任意向量 $\vec{w}$ 可用式（2-17）中的形式唯一表示。否则，若 $\vec{w}$ 有两种表示法，不失一般性，可分别表示为

$$\vec{w}=c_1\vec{u}_1+c_2\vec{u}_2+\cdots+c_n\vec{u}_n$$

$$\vec{w}=c_1'\vec{u}_1+c_2'\vec{u}_2+\cdots+c_n'\vec{u}_n$$

因此有

$$\vec{0}=\left(c_1-c_1'\right)\vec{u}_1+\left(c_2-c_2'\right)\vec{u}_2+\cdots+\left(c_n-c_n'\right)\vec{u}_n$$

由于 $W=\{\vec{u}_1,\vec{u}_2,\cdots,\vec{u}_n\}$ 是线性空间 A 的一组基，即 $\vec{u}_1,\vec{u}_2,\cdots,\vec{u}_n$ 是线性独立的，因此 $c_i=c_i'$，$i=1,2,\cdots,n$，即表示法只可能有一种。

反过来，若 A 中每个向量 $\vec{w}$ 都能用式（2-17）中的形式唯一表示，则 $A=\mathrm{Span}W$。此外，线性空间 A 中含有零向量。因此，零向量的表示法也是唯一的，显然

$$\vec{0}=0\cdot\vec{u}_1+0\cdot\vec{u}_2+\cdots+0\cdot\vec{u}_n$$

可得 $\vec{u}_1,\vec{u}_2,\cdots,\vec{u}_n$ 是线性独立的。故集合 $W=\{\vec{u}_1,\vec{u}_2,\cdots,\vec{u}_n\}$ 是线性空间 A 的一组基。

定义了内积的线性空间称为内积空间，完备的内积空间称为希尔伯特空间。

为了简单起见，首先考虑二维希尔伯特空间，空间中的任意一个向量可记作

$$|\psi\rangle=\begin{pmatrix}a\\b\end{pmatrix} \tag{2-18}$$

式中，a 和 b 都是复数；符号 $|\ \rangle$ 为狄拉克符号，读作 ket。这里用狄拉克符号表示希尔伯特空间中的向量（实际上也就是量子态），这样可以和后面量子力学的符号自然衔接。

向量 $|\psi\rangle$ 和一个复常数 c 的乘积为

$$c|\psi\rangle=c\begin{pmatrix}a\\b\end{pmatrix}=\begin{pmatrix}ca\\cb\end{pmatrix} \tag{2-19}$$

对于任意两个向量 $|\psi_1\rangle=\begin{pmatrix}a_1\\b_1\end{pmatrix}$ 和 $|\psi_2\rangle=\begin{pmatrix}a_2\\b_2\end{pmatrix}$，它们的和为

$$|\psi_1\rangle+|\psi_2\rangle=\begin{pmatrix}a_1\\b_1\end{pmatrix}+\begin{pmatrix}a_2\\b_2\end{pmatrix}=\begin{pmatrix}a_1+a_2\\b_1+b_2\end{pmatrix} \tag{2-20}$$

用狄拉克符号表示的向量是一个列向量，对应地，在复数域希尔伯特空间中有其相应的共轭行向量。

对于列向量$|\psi\rangle = \begin{pmatrix} a \\ b \end{pmatrix}$，其共轭行向量为

$$\langle\psi| = \begin{pmatrix} a^* & b^* \end{pmatrix} \tag{2-21}$$

式中，符号$\langle\ |$读作 bra[①]；a^*和b^*分别为与a和b共轭的复数。

在量子力学中，对于向量$|\psi_1\rangle$和$|\psi_2\rangle$，它们的内积记为如下形式：

$$(|\psi_1\rangle, |\psi_2\rangle) = \langle\psi_1|\psi_2\rangle = \begin{pmatrix} a_1^* & b_1^* \end{pmatrix}\begin{pmatrix} a_2 \\ b_2 \end{pmatrix} = a_1^* a_2 + b_1^* b_2 \tag{2-22}$$

其结果是一个复数$a_1^* a_2 + b_1^* b_2$。

注意，还有一种情况是

$$\langle\psi_2|\psi_1\rangle = \begin{pmatrix} a_2^* & b_2^* \end{pmatrix}\begin{pmatrix} a_1 \\ b_1 \end{pmatrix} = a_2^* a_1 + b_2^* b_1 = \langle\psi_1|\psi_2\rangle^* \tag{2-23}$$

当两个向量的内积是一个实数时，有

$$\langle\psi_1|\psi_2\rangle = \langle\psi_2|\psi_1\rangle \tag{2-24}$$

如果$\langle\psi_1|\psi_2\rangle = 0$，则称向量$|\psi_1\rangle$和$|\psi_2\rangle$正交。

向量$|\psi\rangle$与它自身的内积为

$$\langle\psi|\psi\rangle = \begin{pmatrix} a^* & b^* \end{pmatrix}\begin{pmatrix} a \\ b \end{pmatrix} = |a|^2 + |b|^2 \tag{2-25}$$

其结果的平方根

$$\sqrt{\langle\psi|\psi\rangle} = \sqrt{|a|^2 + |b|^2} \tag{2-26}$$

称为向量$|\psi\rangle$的模。

一个内积空间的正交基（Orthogonal Basis）指的是元素两两正交的基，称基中的元素为基向量。假如一组正交基的基向量的模都是单位长度 1，则称这组正交基为标准正交基。

一组标准正交基可看作线性空间的一个“直角坐标系”，空间中的任意向量都可以用这组标准正交基唯一地线性表示。以二维希尔伯特空间为例，定义一组标准正交基，包含两个向量$\{|e_1\rangle,\ |e_2\rangle\}$：

① 〈 | 和 | 〉来自英文单词 bracket，即括号。

$$|e_1\rangle=\begin{pmatrix}1\\0\end{pmatrix},\quad |e_2\rangle=\begin{pmatrix}0\\1\end{pmatrix} \tag{2-27}$$

可验证

$$\langle e_1|e_1\rangle=\langle e_2|e_2\rangle=1,\quad \langle e_1|e_2\rangle=\langle e_2|e_1\rangle=0 \tag{2-28}$$

则前述向量$|\psi\rangle=\begin{pmatrix}a\\b\end{pmatrix}$可写作

$$|\psi\rangle=a|e_1\rangle+b|e_2\rangle \tag{2-29}$$

正如直角坐标系不是唯一的，线性空间中的标准正交基同样不是唯一的。在二维希尔伯空间中，任意两个单位长度且相互正交的向量都可构成一组标准正交基，如

$$|e_1'\rangle=\frac{1}{\sqrt{2}}\begin{pmatrix}1\\1\end{pmatrix},\quad |e_2'\rangle=\frac{1}{\sqrt{2}}\begin{pmatrix}1\\-1\end{pmatrix} \tag{2-30}$$

可验证

$$\langle e_1'|e_1'\rangle=\langle e_2'|e_2'\rangle=1,\quad \langle e_1'|e_2'\rangle=\langle e_2'|e_1'\rangle=0 \tag{2-31}$$

即$\{|e_1'\rangle,\ |e_2'\rangle\}$也是一组标准正交基。

事实上，标准正交基$\{|e_1'\rangle,\ |e_2'\rangle\}$可看作$\{|e_1\rangle,\ |e_2\rangle\}$旋转得到的，如图 2.8 所示。

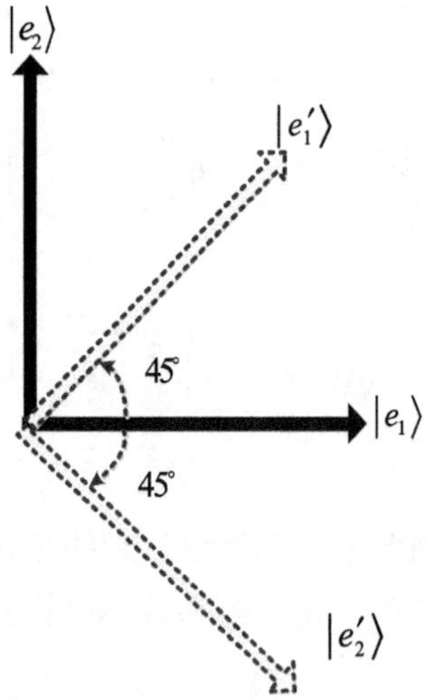

图 2.8　两组标准正交基几何关系示意图

在本书后续章节可看到，这两组标准正交基在量子密码协议中有重要的应用。

上面以二维空间为例讲述了希尔伯特空间及标准正交基的知识，上述结果可直接推广到 n 维空间。假设 n 维希尔伯特空间中的两个向量

$$|\psi_1\rangle=\begin{pmatrix}a_1\\a_2\\a_3\\\vdots\\a_n\end{pmatrix},\quad |\psi_2\rangle=\begin{pmatrix}b_1\\b_2\\b_3\\\vdots\\b_n\end{pmatrix} \tag{2-32}$$

向量$|\psi_1\rangle$和数c的乘积为

$$c|\psi_1\rangle=c\begin{pmatrix}a_1\\a_2\\a_3\\\vdots\\a_n\end{pmatrix}=\begin{pmatrix}ca_1\\ca_2\\ca_3\\\vdots\\ca_n\end{pmatrix} \tag{2-33}$$

向量$|\psi_1\rangle$的共轭向量为

$$\langle\psi_1|=\begin{pmatrix}a_1^* & a_2^* & a_3^* & \cdots & a_n^*\end{pmatrix} \tag{2-34}$$

两个向量相加的和为

$$|\psi_1\rangle+|\psi_2\rangle=\begin{pmatrix}a_1\\a_2\\a_3\\\vdots\\a_n\end{pmatrix}+\begin{pmatrix}b_1\\b_2\\b_3\\\vdots\\b_n\end{pmatrix}=\begin{pmatrix}a_1+b_1\\a_2+b_2\\a_3+b_3\\\vdots\\a_n+b_n\end{pmatrix} \tag{2-35}$$

两个向量的内积为

$$\begin{aligned}\langle\psi_1|\psi_2\rangle&=\begin{pmatrix}a_1^* & a_2^* & a_3^* & \cdots & a_n^*\end{pmatrix}\begin{pmatrix}b_1\\b_2\\b_3\\\vdots\\b_n\end{pmatrix}\\&=a_1^*b_1+a_2^*b_2+a_3^*b_3+\cdots+a_n^*b_n\end{aligned} \tag{2-36}$$

n 维希尔伯特空间的一组标准正交基包含 n 个向量，简单起见且不失一般性，取由下列 n 个向量构成的一组标准正交基：

$$|e_1\rangle=\begin{pmatrix}1\\0\\0\\\vdots\\0\end{pmatrix},\quad |e_2\rangle=\begin{pmatrix}0\\1\\0\\\vdots\\0\end{pmatrix},\quad |e_3\rangle=\begin{pmatrix}0\\0\\1\\\vdots\\0\end{pmatrix},\quad \cdots,\quad |e_n\rangle=\begin{pmatrix}0\\\vdots\\0\\0\\1\end{pmatrix} \tag{2-37}$$

向量$|\psi_1\rangle$和$|\psi_2\rangle$可用标准正交基$\{|e_1\rangle, |e_2\rangle, |e_3\rangle, \cdots, |e_n\rangle\}$进行如下线性表示：

$$
\begin{aligned}
|\psi_1\rangle &= a_1|e_1\rangle + a_2|e_2\rangle + a_3|e_3\rangle + \cdots + a_n|e_n\rangle = \sum_{j=1}^{n} a_j|e_j\rangle \\
|\psi_2\rangle &= b_1|e_1\rangle + b_2|e_2\rangle + b_3|e_3\rangle + \cdots + b_n|e_n\rangle = \sum_{k=1}^{n} b_k|e_k\rangle
\end{aligned}
\tag{2-38}
$$

这两个向量的内积为

$$
\langle\psi_1|\psi_2\rangle = \left(\sum_{j=1}^{n} a_j^*\langle e_j|\right)\left(\sum_{k=1}^{n} b_k|e_k\rangle\right) = \sum_{i=1}^{n} a_i^* b_i \tag{2-39}
$$

在上式中用到了如下关系式

$$
\langle e_j|e_j\rangle = 1, \quad \langle e_j|e_k\rangle = 0 \quad (j \neq k) \tag{2-40}
$$

若给定了线性空间V中的一组基$\{\vec{u}_1, \vec{u}_2, \cdots, \vec{u}_n\}$，则可以通过 Gram-Schmidt 正交化得到一组标准正交基。Gram-Schmidt 正交化方法具体如下。

（1）定义新向量$\vec{e}_1$，其中$\vec{e}_1 = \dfrac{\vec{u}_1}{\sqrt{(\vec{u}_1, \vec{u}_1)}}$。显然，$(\vec{e}_1, \vec{e}_1) = 1$。

（2）定义新向量$\vec{e}_2 = \dfrac{\vec{w}_2}{\sqrt{(\vec{w}_2, \vec{w}_2)}}$，其中$\vec{w}_2 = \vec{u}_2 - (\vec{e}_1, \vec{u}_2)\vec{e}_1$。容易验证，$(\vec{e}_1, \vec{e}_2) = (\vec{e}_2, \vec{e}_1) = 0$；$(\vec{e}_2, \vec{e}_2) = 1$。因此，新定义的向量$\vec{e}_2$和$\vec{e}_1$是正交的。

（3）从$j = 3$开始，总可以定义新向量$\vec{e}_j = \dfrac{\vec{w}_j}{\sqrt{(\vec{w}_j, \vec{w}_j)}}$，其中$\vec{w}_j = \vec{u}_j - \sum_{i=1}^{j-1}(\vec{e}_i, \vec{u}_j)\vec{e}_i$。容易验证，$(\vec{e}_j, \vec{e}_i) = (\vec{e}_i, \vec{e}_j) = 0$，$i = 1, 2, \cdots, j-1$；$(\vec{e}_j, \vec{e}_j) = 1$。

通过上述过程，总可以得到n维线性空间V中的一组标准正交基$\{\vec{e}_1, \vec{e}_2, \cdots, \vec{e}_n\}$。

例 2.3 已知$\mathbb{R}^3$的一组基$\{\vec{\alpha}_1, \vec{\alpha}_2, \vec{\alpha}_3\}$，$\vec{\alpha}_1 = \begin{pmatrix} 1 \\ 0 \\ -1 \end{pmatrix}, \vec{\alpha}_2 = \begin{pmatrix} 0 \\ 1 \\ -1 \end{pmatrix}, \vec{\alpha}_3 = \begin{pmatrix} 1 \\ 1 \\ 1 \end{pmatrix}$，把$\{\vec{\alpha}_1, \vec{\alpha}_2, \vec{\alpha}_3\}$化成$\mathbb{R}^3$的一组标准正交基。

解：

根据 Gram-Schmidt 正交化方法，得

$$
\vec{e}_1 = \frac{\vec{\alpha}_1}{\sqrt{(\vec{\alpha}_1, \vec{\alpha}_1)}} = \frac{1}{\sqrt{2}}\begin{pmatrix} 1 \\ 0 \\ -1 \end{pmatrix}
$$

$$\vec{\beta}_2=\vec{\alpha}_2-(\vec{e}_1,\vec{\alpha}_2)\vec{e}_1=\begin{pmatrix}0\\1\\-1\end{pmatrix}-\frac{1}{\sqrt{2}}\cdot\frac{1}{\sqrt{2}}\begin{pmatrix}1\\0\\-1\end{pmatrix}=\begin{pmatrix}0\\1\\-1\end{pmatrix}-\frac{1}{2}\begin{pmatrix}1\\0\\-1\end{pmatrix}=\begin{pmatrix}-\frac{1}{2}\\1\\-\frac{1}{2}\end{pmatrix}$$

$$\vec{e}_2=\frac{\vec{\beta}_2}{\sqrt{(\vec{\beta}_2,\vec{\beta}_2)}}=\frac{2}{\sqrt{6}}\begin{pmatrix}-\frac{1}{2}\\1\\-\frac{1}{2}\end{pmatrix}=\frac{1}{\sqrt{6}}\begin{pmatrix}-1\\2\\-1\end{pmatrix}$$

$$\vec{\beta}_3=\vec{\alpha}_3-\left[(\vec{e}_1,\vec{\alpha}_3)\vec{e}_1+(\vec{e}_2,\vec{\alpha}_3)\vec{e}_2\right]=\begin{pmatrix}1\\1\\1\end{pmatrix}-[0+0]=\begin{pmatrix}1\\1\\1\end{pmatrix}$$

$$\vec{e}_3=\frac{\vec{\beta}_3}{\sqrt{(\vec{\beta}_3,\vec{\beta}_3)}}=\frac{1}{\sqrt{3}}\begin{pmatrix}1\\1\\1\end{pmatrix}$$

验证可得$\{\vec{e}_1,\vec{e}_2,\vec{e}_3\}$为$\mathbb{R}^3$的一组标准正交基。

2.2.2 线性算子

定义 2.3 若映射$\boldsymbol{A}:V\to V$保持加法运算和标量乘法运算，即对于$\vec{u},\vec{v}\in V$，$x,y\in K$，有

$$\boldsymbol{A}(x\vec{u}+y\vec{v})=x\boldsymbol{A}\vec{u}+y\boldsymbol{A}\vec{v} \tag{2-41}$$

则称$\boldsymbol{A}$为线性空间V上的线性算子。

线性空间中一种常见的线性算子是单位算子$\boldsymbol{I}$，其作用是对于$\forall\vec{v}\in V$，$\boldsymbol{I}\vec{v}=\vec{v}$。

令$\boldsymbol{A}$为n维线性空间V上的线性算子，$\{\vec{e}_1,\vec{e}_2,\cdots,\vec{e}_n\}$为$V$的一组正交基，对于$\forall\vec{v}\in V$，$\vec{v}=x_1\vec{e}_1+x_2\vec{e}_2+\cdots+x_n\vec{e}_n$，则

$$\boldsymbol{A}\vec{v}=x_1\boldsymbol{A}\vec{e}_1+x_2\boldsymbol{A}\vec{e}_2+\cdots+x_n\boldsymbol{A}\vec{e}_n \tag{2-42}$$

由于$\boldsymbol{A}\vec{e}_i\in V$，$i=1,2,\cdots,n$，因此$\boldsymbol{A}\vec{e}_i$可以用$\{\vec{e}_1,\vec{e}_2,\cdots,\vec{e}_n\}$线性表示，即

$$\boldsymbol{A}\vec{e}_i=\sum_{j=1}^{n}A_{ji}\vec{e}_j \tag{2-43}$$

用$\vec{e}_j$对式（2-43）做内积，即$(\vec{e}_j,\boldsymbol{A}\vec{e}_i)$，可得

$$A_{ji}=(\vec{e}_j,\boldsymbol{A}\vec{e}_i) \tag{2-44}$$

因此，n维线性空间V上的线性算子$\boldsymbol{A}$可以表示成一个$n\times n$的矩阵，$\boldsymbol{A}$的矩阵元如

式（2-44）所示。线性算子 $\boldsymbol{A}$ 对任意向量 $\vec{v}$ 的作用可以简单地理解为：

$\boldsymbol{A}$ 对应的 $n\times n$ 矩阵 $\left(A_{ji}\right)_{n\times n}$ 对列向量 $\vec{v}$ 在正交基 $\{\vec{e}_1,\vec{e}_2,\cdots,\vec{e}_n\}$ 下的作用，即

$$\boldsymbol{A}\vec{v}=\left(A_{ji}\right)_{n\times n}\begin{pmatrix}x_1\\x_2\\\vdots\\x_n\end{pmatrix} \tag{2-45}$$

例如，对于 V 中的任意两个向量 $\vec{u}$ 和 $\vec{v}$，其在正交基 $\{\vec{e}_1,\vec{e}_2,\cdots,\vec{e}_n\}$ 下的列向量分别为

$$\vec{u}=\begin{pmatrix}u_1\\u_2\\\vdots\\u_n\end{pmatrix},\quad \vec{v}=\begin{pmatrix}v_1\\v_2\\\vdots\\v_n\end{pmatrix}$$

则

$$\begin{aligned}\boldsymbol{A}\left(x\vec{u}+y\vec{v}\right)&=\left(A_{ji}\right)_{n\times n}\left\{x\begin{pmatrix}u_1\\u_2\\\vdots\\u_n\end{pmatrix}+y\begin{pmatrix}v_1\\v_2\\\vdots\\v_n\end{pmatrix}\right\}\\&=x\left(A_{ji}\right)_{n\times n}\begin{pmatrix}u_1\\u_2\\\vdots\\u_n\end{pmatrix}+y\left(A_{ji}\right)_{n\times n}\begin{pmatrix}v_1\\v_2\\\vdots\\v_n\end{pmatrix}=x\boldsymbol{A}\vec{u}+y\boldsymbol{A}\vec{v}\end{aligned} \tag{2-46}$$

很明显，n 维向量空间 V 上的单位算子 $\boldsymbol{I}$ 为 $n\times n$ 的单位矩阵。

例 2.4 设 $\boldsymbol{A}$ 是二维希尔伯特空间上的线性算子，且有 $\boldsymbol{A}|0\rangle=|1\rangle, \boldsymbol{A}|1\rangle=|0\rangle$，给出 $\boldsymbol{A}$ 对基矢 $\{|0\rangle,|1\rangle\}$ 的矩阵表示。

解：

已知 $|0\rangle=\begin{pmatrix}1\\0\end{pmatrix},|1\rangle=\begin{pmatrix}0\\1\end{pmatrix}$，设 $\boldsymbol{A}=\begin{pmatrix}a_{11}&a_{12}\\a_{21}&a_{22}\end{pmatrix}$，根据题意有

$$\boldsymbol{A}|0\rangle=\begin{pmatrix}a_{11}&a_{12}\\a_{21}&a_{22}\end{pmatrix}\begin{pmatrix}1\\0\end{pmatrix}=|1\rangle=\begin{pmatrix}0\\1\end{pmatrix}$$

$$\boldsymbol{A}|1\rangle=\begin{pmatrix}a_{11}&a_{12}\\a_{21}&a_{22}\end{pmatrix}\begin{pmatrix}0\\1\end{pmatrix}=|0\rangle=\begin{pmatrix}1\\0\end{pmatrix}$$

解上述方程得

$$\begin{cases} a_{11}=0 \\ a_{12}=1 \\ a_{21}=1 \\ a_{22}=0 \end{cases}$$

即，线性算子 $\boldsymbol{A}=\begin{pmatrix} 0 & 1 \\ 1 & 0 \end{pmatrix}$。

定义 2.4 两个 $n\times n$ 矩阵 $\boldsymbol{A}$ 和 $\boldsymbol{B}$ 的对易子定义为 $[\boldsymbol{A},\boldsymbol{B}]=\boldsymbol{AB}-\boldsymbol{BA}$。

若 $[\boldsymbol{A},\boldsymbol{B}]=0$，则称 $\boldsymbol{A}$ 和 $\boldsymbol{B}$ 对易。

定义 2.5 两个 $n\times n$ 矩阵 $\boldsymbol{A}$ 和 $\boldsymbol{B}$ 的反对易子定义为 $\{\boldsymbol{A},\boldsymbol{B}\}=\boldsymbol{AB}+\boldsymbol{BA}$。

若 $\{\boldsymbol{A},\boldsymbol{B}\}=0$，则称 $\boldsymbol{A}$ 和 $\boldsymbol{B}$ 反对易。

例 2.5 验证泡利算子的对易关系：

$$[\boldsymbol{X},\boldsymbol{Y}]=2\mathrm{i}\boldsymbol{Z},\ [\boldsymbol{Y},\boldsymbol{Z}]=2\mathrm{i}\boldsymbol{X},\ [\boldsymbol{Z},\boldsymbol{X}]=2\mathrm{i}\boldsymbol{Y}$$

验证：

$$[\boldsymbol{X},\boldsymbol{Y}]=\boldsymbol{XY}-\boldsymbol{YX}=\begin{bmatrix} 0 & 1 \\ 1 & 0 \end{bmatrix}\begin{bmatrix} 0 & -\mathrm{i} \\ \mathrm{i} & 0 \end{bmatrix}-\begin{bmatrix} 0 & -\mathrm{i} \\ \mathrm{i} & 0 \end{bmatrix}\begin{bmatrix} 0 & 1 \\ 1 & 0 \end{bmatrix}=2\mathrm{i}\begin{bmatrix} 1 & 0 \\ 0 & -1 \end{bmatrix}=2\mathrm{i}\boldsymbol{Z}$$

$$[\boldsymbol{Y},\boldsymbol{Z}]=\boldsymbol{YZ}-\boldsymbol{ZY}=\begin{bmatrix} 0 & -\mathrm{i} \\ \mathrm{i} & 0 \end{bmatrix}\begin{bmatrix} 1 & 0 \\ 0 & -1 \end{bmatrix}-\begin{bmatrix} 1 & 0 \\ 0 & -1 \end{bmatrix}\begin{bmatrix} 0 & -\mathrm{i} \\ \mathrm{i} & 0 \end{bmatrix}=2\mathrm{i}\begin{bmatrix} 0 & 1 \\ 1 & 0 \end{bmatrix}=2\mathrm{i}\boldsymbol{X}$$

$$[\boldsymbol{Z},\boldsymbol{X}]=\boldsymbol{ZX}-\boldsymbol{XZ}=\begin{bmatrix} 1 & 0 \\ 0 & -1 \end{bmatrix}\begin{bmatrix} 0 & 1 \\ 1 & 0 \end{bmatrix}-\begin{bmatrix} 0 & 1 \\ 1 & 0 \end{bmatrix}\begin{bmatrix} 1 & 0 \\ 0 & -1 \end{bmatrix}=2\mathrm{i}\begin{bmatrix} 0 & -\mathrm{i} \\ \mathrm{i} & 0 \end{bmatrix}=2\mathrm{i}\boldsymbol{Y}$$

量子力学中经常用到的一类特殊线性算子是厄米算子，其矩阵表示称为厄米矩阵。要了解厄米矩阵，首先需要了解厄米共轭。

定义 2.6 给定复空间 $\mathbb{C}^n$，$\boldsymbol{A}$ 是 $\mathbb{C}^n$ 上的线性算子，$\boldsymbol{A}$ 的厄米共轭 $\boldsymbol{A}^\dagger$ 由

$$(\vec{u},\boldsymbol{A}\vec{v})=(\boldsymbol{A}^\dagger\vec{u},\vec{v})=(\vec{v},\boldsymbol{A}^\dagger\vec{u})^*$$

定义。其中，$\vec{u}$ 和 $\vec{v}$ 是 $\mathbb{C}^n$ 中的任意向量。

由定义 2.6 可知，$A_{ij}=(\vec{e}_i,\boldsymbol{A}\vec{e}_j)=(\vec{e}_j,\boldsymbol{A}^\dagger\vec{e}_i)^*=(A_{ji}^\dagger)^*$，即矩阵 $\boldsymbol{A}^\dagger$ 的矩阵元可由矩阵 $\boldsymbol{A}$ 相应矩阵元的转置共轭得到。

定义 2.7 若复空间 $\mathbb{C}^n$ 上的线性算子 $\boldsymbol{A}$ 满足 $\boldsymbol{A}=\boldsymbol{A}^\dagger$，则称 $\boldsymbol{A}$ 为厄米算子。

在量子力学中，经常见到二维复空间中的 4 个泡利算子，其矩阵表示分别为

$$\boldsymbol{\sigma}_0=\boldsymbol{I}=\begin{pmatrix} 1 & 0 \\ 0 & 1 \end{pmatrix} \qquad \boldsymbol{\sigma}_1=\boldsymbol{\sigma}_x=\begin{pmatrix} 0 & 1 \\ 1 & 0 \end{pmatrix}$$

$$\boldsymbol{\sigma}_2=\boldsymbol{\sigma}_y=\begin{pmatrix}0 & -\mathrm{i}\\ \mathrm{i} & 0\end{pmatrix} \qquad \boldsymbol{\sigma}_3=\boldsymbol{\sigma}_z=\begin{pmatrix}1 & 0\\ 0 & -1\end{pmatrix}$$

其中，$\mathrm{i}^2=-1$。很容易验证，上述 4 个泡利算子都是厄米算子。

定义 2.8 若矩阵$\boldsymbol{U}:\mathbb{C}^n\to\mathbb{C}^n$满足$\boldsymbol{U}^\dagger=\boldsymbol{U}^{-1}$，则称$\boldsymbol{U}$为幺正矩阵。

进一步，若$\det(\boldsymbol{U})=1$，则称其为特殊幺正矩阵，其中 det()表示矩阵的行列式。

所有$n\times n$幺正矩阵的集合在矩阵乘法运算下构成幺正群，所有$n\times n$特殊幺正矩阵的集合在矩阵乘法运算下构成特殊幺正群，分别用$U(n)$、$\mathrm{SU}(n)$表示。显然，4 个泡利矩阵$\boldsymbol{I}$、$\boldsymbol{\sigma}_x$、$\boldsymbol{\sigma}_y$、$\boldsymbol{\sigma}_z$都是幺正矩阵，并且是特殊幺正矩阵。

在通常情况下，$U(n)$、$\mathrm{SU}(n)$不是交换群，即对于$\forall \boldsymbol{U}_1,\boldsymbol{U}_2\in U(n)$（或$\mathrm{SU}(n)$），$\boldsymbol{U}_1\boldsymbol{U}_2\neq\boldsymbol{U}_2\boldsymbol{U}_1$。更一般地，对于任意两个$n\times n$矩阵$\boldsymbol{A}$和$\boldsymbol{B}$，通常情况下$\boldsymbol{AB}\neq\boldsymbol{BA}$。

量子力学中有一种非常有用的表示线性算子的方法，即外积表示法。假定$|\phi\rangle$、$|\varphi\rangle$是内积空间V中的两个向量，$|\phi\rangle$和$|\varphi\rangle$的外积记为$|\phi\rangle\langle\varphi|$，其作用是$V\to V$的映射：

$$\left(|\phi\rangle\langle\varphi|\right)|\varphi'\rangle=|\phi\rangle\langle\varphi|\varphi'\rangle=\langle\varphi|\varphi'\rangle|\phi\rangle \tag{2-47}$$

即$|\phi\rangle\langle\varphi|$对$|\varphi'\rangle$的作用是将$|\varphi'\rangle$映射成了向量$|\phi\rangle$的$\langle\varphi|\varphi'\rangle$倍。

由上述定义可知，对于复空间中的任意两个向量$|s\rangle$、$|l\rangle$及任意两个复数α、β，有

$$|\phi\rangle\langle\varphi|\left(\alpha|s\rangle+\beta|l\rangle\right)=\alpha|\phi\rangle\langle\varphi|s\rangle+\beta|\phi\rangle\langle\varphi|l\rangle=\alpha\left(|\phi\rangle\langle\varphi|\right)|s\rangle+\beta\left(|\phi\rangle\langle\varphi|\right)|l\rangle \tag{2-48}$$

因此$|\phi\rangle\langle\varphi|$是一个线性算子。

可以将外积的定义进一步推广到线性组合$\sum_i\alpha_i|\phi_i\rangle\langle\varphi_i|$，其对$|\varphi'\rangle$的作用是

$$\left(\sum_i\alpha_i|\phi_i\rangle\langle\varphi_i|\right)|\varphi'\rangle=\sum_i\alpha_i|\phi_i\rangle\langle\varphi_i|\varphi'\rangle=\sum_i\alpha_i\langle\varphi_i|\varphi'\rangle|\phi_i\rangle \tag{2-49}$$

显然，$\sum_i\alpha_i|\phi_i\rangle\langle\varphi_i|$也是$V$上的线性算子。

例 2.6 将泡利算子表示为外积形式。

解：

$$\boldsymbol{I}=\begin{pmatrix}1 & 0\\ 0 & 1\end{pmatrix}=|0\rangle\langle0|+|1\rangle\langle1|,\quad \boldsymbol{\sigma}_x=\begin{pmatrix}0 & 1\\ 1 & 0\end{pmatrix}=|0\rangle\langle1|+|1\rangle\langle0|$$
$$\boldsymbol{\sigma}_y=\begin{pmatrix}0 & -\mathrm{i}\\ \mathrm{i} & 0\end{pmatrix}=-\mathrm{i}|0\rangle\langle1|+\mathrm{i}|1\rangle\langle0|,\quad \boldsymbol{\sigma}_z=\begin{pmatrix}1 & 0\\ 0 & -1\end{pmatrix}=|0\rangle\langle0|-|1\rangle\langle1|$$

由外积的定义可以引出一个重要的概念：完备关系。令$\{|e_i\rangle\}$表示V中的一组正交基，

则 V 中的任意向量 $|\phi\rangle$ 都可表示成 $|\phi\rangle=\sum_i \alpha_i|e_i\rangle$，其中 $\alpha_i=\langle e_i|\phi\rangle$，故

$$\left(\sum_i |e_i\rangle\langle e_i|\right)|\phi\rangle=\sum_i |e_i\rangle\langle e_i|\phi\rangle=\sum_i \alpha_i|e_i\rangle=|\phi\rangle \tag{2-50}$$

由于上式对任意向量 $|\phi\rangle$ 都成立，因此

$$\sum_i |e_i\rangle\langle e_i|=\boldsymbol{I} \tag{2-51}$$

称为完备关系。

2.2.3 本征值与本征态

当线性算子 $\boldsymbol{A}$ 对线性空间 V 中向量 $\vec{v}$ 的作用是 $\vec{v}$ 的倍数时，即 $\boldsymbol{A}\vec{v}=\lambda\vec{v}$，$\lambda\in K$，则称 λ 为 $\boldsymbol{A}$ 的本征值，$\vec{v}$ 为 $\boldsymbol{A}$ 对应于本征值 λ 的本征态。

令 $\{\vec{u}_1,\vec{u}_2,\cdots,\vec{u}_n\}$ 是线性空间 V 中的一组正交基，$\boldsymbol{A}$ 在该组正交基下的矩阵元为 $A_{ij}=\left(\vec{u}_i,\boldsymbol{A}\vec{u}_j\right)$，$\vec{v}=\sum_{i=1}^{n}v_i\vec{u}_i$，其中 $v_i=\left(\vec{u}_i,\vec{v}\right)$。

则本征方程可以表示为

$$\boldsymbol{A}\vec{v}=\sum_{i=1}^{n}v_i\boldsymbol{A}\vec{u}_i=\sum_{i=1}^{n}\lambda v_i\vec{u}_i \tag{2-52}$$

因此 $\left(\vec{u}_j,\sum_{i=1}^{n}v_i\boldsymbol{A}\vec{u}_i\right)=\left(\vec{u}_j,\sum_{i=1}^{n}\lambda v_i\vec{u}_i\right)$，即 $\sum_{i=1}^{n}v_i\left(\vec{u}_j,\boldsymbol{A}\vec{u}_i\right)=\sum_{i=1}^{n}v_iA_{ji}=\sum_{i=1}^{n}\lambda v_i\left(\vec{u}_j,\vec{u}_i\right)=\lambda v_j$。

本征方程可以进一步化简为

$$\sum_{i=1}^{n}\left(\boldsymbol{A}-\lambda\boldsymbol{I}\right)_{ji}v_i=0 \tag{2-53}$$

式（2-53）有非平凡解的充要条件是矩阵 $(\boldsymbol{A}-\lambda\boldsymbol{I})$ 不可逆，即

$$D(\lambda)=\det\left(\boldsymbol{A}-\lambda\boldsymbol{I}\right)=0 \tag{2-54}$$

式（2-54）称为矩阵 $\boldsymbol{A}$ 的特征方程或本征方程。

定理 2.2 厄米矩阵 $\boldsymbol{A}$ 的所有本征值都是实数，且对应于不同本征值的本征态是正交的。

证明：

令 λ_1、λ_2 是 $\boldsymbol{A}$ 的两个不同本征值，与之相对应的本征态分别为 $\vec{v}_1$、$\vec{v}_2$ 且是归一的，即

$$\boldsymbol{A}\vec{v}_1=\lambda_1\vec{v}_1,\quad \boldsymbol{A}\vec{v}_2=\lambda_2\vec{v}_2$$

则

$$\lambda_1 = (\vec{v}_1, \lambda_1 \vec{v}_1) = (\vec{v}_1, \boldsymbol{A}\vec{v}_1) = (\boldsymbol{A}^\dagger \vec{v}_1, \vec{v}_1) = (\boldsymbol{A}\vec{v}_1, \vec{v}_1) = \lambda_1^* \tag{2-55}$$

因此，λ_1是实数。

另外，由于

$$(\vec{v}_1, \boldsymbol{A}\vec{v}_2) = (\vec{v}_1, \lambda_2 \vec{v}_2) = \lambda_2 (\vec{v}_1, \vec{v}_2) \tag{2-56}$$

$$(\vec{v}_1, \boldsymbol{A}\vec{v}_2) = (\boldsymbol{A}^\dagger \vec{v}_1, \vec{v}_2) = (\boldsymbol{A}\vec{v}_1, \vec{v}_2) = \lambda_1^* (\vec{v}_1, \vec{v}_2) = \lambda_1 (\vec{v}_1, \vec{v}_2) \tag{2-57}$$

即

$$(\lambda_1 - \lambda_2)(\vec{v}_1, \vec{v}_2) = 0$$

由于$\lambda_1 \neq \lambda_2$，因此$(\vec{v}_1, \vec{v}_2) = 0$，证明完毕。

例 2.7 求泡利矩阵$\boldsymbol{\sigma}_x$的本征值和本征态。

解：$\boldsymbol{\sigma}_x = \begin{pmatrix} 0 & 1 \\ 1 & 0 \end{pmatrix}$，因此其本征方程为

$$D(\lambda) = \det(\boldsymbol{\sigma}_x - \lambda \boldsymbol{I}) = \lambda^2 - 1 = 0$$

解得本征值为$\lambda_1 = 1$，$\lambda_2 = -1$。

令$\vec{v}_1 = \begin{pmatrix} x \\ y \end{pmatrix}$为对应于本征值$\lambda_1$的本征态，即

$$\boldsymbol{\sigma}_x \vec{v}_1 = \lambda_1 \vec{v}_1 \to \begin{pmatrix} 0 & 1 \\ 1 & 0 \end{pmatrix}\begin{pmatrix} x \\ y \end{pmatrix} = \begin{pmatrix} y \\ x \end{pmatrix} = \begin{pmatrix} x \\ y \end{pmatrix} \to x = y$$

因此，归一化后的$\vec{v}_1$为

$$\vec{v}_1 = \frac{1}{\sqrt{2}}\begin{pmatrix} 1 \\ 1 \end{pmatrix}$$

相应地，对应于$\lambda_2 = -1$的本征态$\vec{v}_2$为

$$\vec{v}_2 = \frac{1}{\sqrt{2}}\begin{pmatrix} 1 \\ -1 \end{pmatrix}$$

可以验证$(\vec{v}_1, \vec{v}_2) = (\vec{v}_2, \vec{v}_1) = 0$。

若矩阵$\boldsymbol{A}$满足$\boldsymbol{A}\boldsymbol{A}^\dagger = \boldsymbol{A}^\dagger \boldsymbol{A}$，则称$\boldsymbol{A}$为正规矩阵。

显然，幺正矩阵是正规矩阵。

定理 2.3 若矩阵$\boldsymbol{A}$是正规矩阵，则$\boldsymbol{A}$的对应不同本征值的本征态是正交的。

证明：

令 λ_i、λ_j 是 $\boldsymbol{A}$ 的两个不同本征值，即 $\lambda_i \neq \lambda_j$，与之相对应的本征态分别为 $\vec{v}_i$、$\vec{v}_j$ 且是归一的，为了方便讨论，假定 $\boldsymbol{A}$ 的每个本征值对应的归一本征态是唯一的，即

$$\boldsymbol{A}\vec{v}_i = \lambda_i \vec{v}_i \tag{2-58}$$

在上式两边同时乘以矩阵 $\boldsymbol{A}^\dagger$ 可得

$$\boldsymbol{A}^\dagger\left(\boldsymbol{A}\vec{v}_i\right) = \boldsymbol{A}^\dagger\boldsymbol{A}\vec{v}_i = \boldsymbol{A}\left(\boldsymbol{A}^\dagger\vec{v}_i\right) = \lambda_i \boldsymbol{A}^\dagger\vec{v}_i$$

这说明 $\boldsymbol{A}^\dagger\vec{v}_i$ 是 $\boldsymbol{A}$ 对应本征值 λ_i 的本征态，由假设可知 $\boldsymbol{A}^\dagger\vec{v}_i$ 和 $\vec{v}_i$ 只相差一个标量积，即 $\boldsymbol{A}^\dagger\vec{v}_i = \lambda_i'\vec{v}_i$，则

$$\left(\vec{v}_i, \boldsymbol{A}\vec{v}_i\right) = \lambda_i = \left(\boldsymbol{A}^\dagger\vec{v}_i, \vec{v}_i\right) = \lambda_i'^*\tag{2-59}$$

因此，$\lambda_i' = \lambda_i^*$。故

$$\left(\vec{v}_j, \boldsymbol{A}\vec{v}_i\right) = \left(\vec{v}_j, \lambda_i\vec{v}_i\right) = \lambda_i\left(\vec{v}_j, \vec{v}_i\right)\tag{2-60}$$

另外

$$\left(\vec{v}_j, \boldsymbol{A}\vec{v}_i\right) = \left(\boldsymbol{A}^\dagger\vec{v}_j, \vec{v}_i\right) = \left(\lambda_j^*\vec{v}_j, \vec{v}_i\right) = \lambda_j\left(\vec{v}_j, \vec{v}_i\right)\tag{2-61}$$

因此 $\left(\lambda_j - \lambda_i\right)\left(\vec{v}_j, \vec{v}_i\right) = 0$。由于 $\lambda_i \neq \lambda_j$，故 $\left(\vec{v}_j, \vec{v}_i\right) = 0$。

值得注意的是，在定理 2.3 的证明过程中，假定了正规矩阵 $\boldsymbol{A}$ 的每个本征值对应的归一本征态是唯一的，即其本征态是非简并的。在某些情况下，正规矩阵 $\boldsymbol{A}$ 的某个本征值对应的归一本征态可能有多个，称这种情形的本征态是简并的，相应的简并度就是该本征值对应本征态的个数。在简并情况下，可以利用 Gram-Schmidt 过程将相应的本征态进行正交化。因此，正规矩阵 $\boldsymbol{A}$ 的所有本征态总是正交的。

定理 2.4 $\boldsymbol{A}$ 是一个正规矩阵，其本征值及对应的本征态分别为 $\{\lambda_i\}$ 和 $\{|\lambda_i\rangle\}$，则 $\boldsymbol{A}$ 可以分解为

$$\boldsymbol{A} = \sum_i \lambda_i |\lambda_i\rangle\langle\lambda_i| \tag{2-62}$$

上式称为 $\boldsymbol{A}$ 的谱分解。

证明：

由定理 2.3 可知，本征态集合 $\{|\lambda_i\rangle\}$ 中的态是互相正交的，因此其可以组成一组正交基，且满足完备关系

$$\boldsymbol{I} = \sum_i |\lambda_i\rangle\langle\lambda_i| \tag{2-63}$$

因此，$\boldsymbol{A} = \boldsymbol{A}\boldsymbol{I} = \sum_i \boldsymbol{A}|\lambda_i\rangle\langle\lambda_i| = \sum_i \lambda_i|\lambda_i\rangle\langle\lambda_i|$。

证明完毕。

例 2.8 证明：正规矩阵是厄米矩阵当且仅当它的本征值为实数。

证明：

令正规矩阵 $\boldsymbol{A}$ 是厄米矩阵，且 $\boldsymbol{A}=\sum_i \lambda_i|\lambda_i\rangle\langle\lambda_i|$，则有 $\boldsymbol{A}^\dagger=\sum_i \lambda_i^*|\lambda_i\rangle\langle\lambda_i|$。根据题意，$\boldsymbol{A}$ 是厄米矩阵，即 $\boldsymbol{A}=\boldsymbol{A}^\dagger$，则有 $\sum_i \lambda_i|\lambda_i\rangle\langle\lambda_i|=\sum_i \lambda_i^*|\lambda_i\rangle\langle\lambda_i|$ 总是成立。

因此，$\lambda_i\equiv\lambda_i^*$，即 $\boldsymbol{A}$ 的本征值为实数。

证明完毕。

推论 2.1 $\boldsymbol{A}$ 是定理 2.4 中的正规矩阵，则对于 $\forall n\in\mathbb{N}$，有 $\boldsymbol{A}^n=\sum_i \lambda_i^n|\lambda_i\rangle\langle\lambda_i|$。进一步，若 $\boldsymbol{A}$ 是可逆矩阵，即 $\boldsymbol{A}^{-1}$ 存在，则 $\boldsymbol{A}^{-n}=\sum_i \lambda_i^{-n}|\lambda_i\rangle\langle\lambda_i|$。

证明：

由定理 2.4 可知

$$\boldsymbol{A}=\sum_i \lambda_i|\lambda_i\rangle\langle\lambda_i| \tag{2-64}$$

因此

$$\boldsymbol{A}^2=\boldsymbol{A}\left(\sum_i \lambda_i|\lambda_i\rangle\langle\lambda_i|\right)=\sum_i \lambda_i\boldsymbol{A}|\lambda_i\rangle\langle\lambda_i|=\sum_i \lambda_i^2|\lambda_i\rangle\langle\lambda_i| \tag{2-65}$$

对于 $\forall n\in\mathbb{N}$，有

$$\boldsymbol{A}^n=\boldsymbol{A}^{n-1}\left(\sum_i \lambda_i|\lambda_i\rangle\langle\lambda_i|\right)=\boldsymbol{A}^{n-2}\left(\sum_i \lambda_i^2|\lambda_i\rangle\langle\lambda_i|\right)=\cdots=\sum_i \lambda_i^n|\lambda_i\rangle\langle\lambda_i| \tag{2-66}$$

若 $\boldsymbol{A}^{-1}$ 存在，则有

$$|\lambda_i\rangle=\boldsymbol{A}^{-1}\boldsymbol{A}|\lambda_i\rangle=\lambda_i\boldsymbol{A}^{-1}|\lambda_i\rangle \tag{2-67}$$

因此

$$\boldsymbol{A}^{-1}|\lambda_i\rangle=\frac{1}{\lambda_i}|\lambda_i\rangle \tag{2-68}$$

即 $\boldsymbol{A}^{-1}$ 的本征值为 $\frac{1}{\lambda_i}$，对应的本征态为 $|\lambda_i\rangle$。故由定理 2.3 可知

$$\boldsymbol{A}^{-1}=\sum_i \frac{1}{\lambda_i}|\lambda_i\rangle\langle\lambda_i| \tag{2-69}$$

进一步，由前面的证明可知

$$A^{-n}=\sum_i \frac{1}{\lambda_i^n}|\lambda_i\rangle\langle\lambda_i| \tag{2-70}$$

证明完毕。

推论 2.2 $\boldsymbol{A}$ 是定理 2.4 中的正规矩阵，$f(x)$ 为任意的解析函数，则称 $f(\boldsymbol{A})$ 为正规矩阵函数，且有

$$f(\boldsymbol{A})=\sum_i f(\lambda_i)|\lambda_i\rangle\langle\lambda_i| \tag{2-71}$$

证明略。

例 2.9 计算 $\exp(\theta\boldsymbol{\sigma}_z)$。

解：$\boldsymbol{\sigma}_z=\begin{pmatrix}1 & 0\\ 0 & -1\end{pmatrix}$，其本征值为 $\lambda_1=1$、$\lambda_2=-1$，其对应的本征态分别为

$$|\lambda_1\rangle=\begin{pmatrix}1\\0\end{pmatrix},\quad |\lambda_2\rangle=\begin{pmatrix}0\\1\end{pmatrix}$$

因此

$$\begin{aligned}\exp(\theta\boldsymbol{\sigma}_z)&=\exp(\theta)|\lambda_1\rangle\langle\lambda_1|+\exp(-\theta)|\lambda_2\rangle\langle\lambda_2|\\&=\exp(\theta)\begin{pmatrix}1\\0\end{pmatrix}(1\quad 0)+\exp(-\theta)\begin{pmatrix}0\\-1\end{pmatrix}(0\quad -1)\\&=\begin{pmatrix}\exp(\theta) & 0\\ 0 & \exp(-\theta)\end{pmatrix}\end{aligned}$$

推论 2.3 $\vec{n}$ 是 $\mathbb{R}^3$ 空间中的单位向量，对于 $\forall\alpha\in\mathbb{R}$，有

$$\exp(\mathrm{i}\alpha\vec{n}\cdot\boldsymbol{\sigma})=\cos\alpha\boldsymbol{I}+\mathrm{i}(\vec{n}\cdot\boldsymbol{\sigma})\sin\alpha \tag{2-72}$$

其中 $\boldsymbol{\sigma}=(\sigma_x\quad\sigma_y\quad\sigma_z)^{\mathrm{T}}$。

证明：

令 $\vec{n}=(n_x\quad n_y\quad n_z)$，则有

$$\boldsymbol{A}=\vec{n}\cdot\boldsymbol{\sigma}=n_x\sigma_x+n_y\sigma_y+n_z\sigma_z=\begin{pmatrix}n_z & n_x-\mathrm{i}n_y\\ n_x+\mathrm{i}n_y & -n_z\end{pmatrix}$$

计算可得矩阵 $\boldsymbol{A}$ 的本征值为 $\lambda_1=1$、$\lambda_2=-1$。相应地，可计算得出

$$|\lambda_1\rangle\langle\lambda_1|=\frac{\boldsymbol{A}+\boldsymbol{I}}{2}=\frac{1}{2}\begin{pmatrix}1+n_z & n_x-\mathrm{i}n_y\\ n_x+\mathrm{i}n_y & 1-n_z\end{pmatrix}$$

$$|\lambda_2\rangle\langle\lambda_2|=-\frac{\boldsymbol{A}-\boldsymbol{I}}{2}=\frac{1}{2}\begin{pmatrix}1-n_z & -n_x+\mathrm{i}n_y\\ -n_x-\mathrm{i}n_y & 1+n_z\end{pmatrix}$$

因此可得

$$\exp(\mathrm{i}\alpha\boldsymbol{A})=\frac{\exp(\mathrm{i}\alpha)}{2}\begin{pmatrix}1+n_z & n_x-\mathrm{i}n_y\\ n_x+\mathrm{i}n_y & 1-n_z\end{pmatrix}+\frac{\exp(-\mathrm{i}\alpha)}{2}\begin{pmatrix}1-n_z & -n_x+\mathrm{i}n_y\\ -n_x-\mathrm{i}n_y & 1+n_z\end{pmatrix}$$
$$=\cos\alpha\boldsymbol{I}+\mathrm{i}(\vec{n}\cdot\boldsymbol{\sigma})\sin\alpha$$

证明完毕。

定理 2.5 $\boldsymbol{A}$ 是一个 $m\times n$ 的复矩阵，则 $\boldsymbol{A}$ 可以写成如下形式

$$\boldsymbol{A}=\boldsymbol{UDV}^{\dagger} \tag{2-73}$$

式中，$\boldsymbol{U}\in U(m)$，$\boldsymbol{V}\in U(n)$，$\boldsymbol{D}$ 是一个 $m\times n$ 的矩阵，且 $\boldsymbol{D}$ 的对角元是非负实数，其他元素都为 0。$\boldsymbol{D}$ 的对角元称为奇异值，$\boldsymbol{A}$ 的上述分解称为奇异值分解。

证明：

不失一般性，假定 $m>n$。首先构造厄米矩阵 $\boldsymbol{W}=\boldsymbol{A}^{\dagger}\boldsymbol{A}$，其本征方程为 $\boldsymbol{W}|\lambda_i\rangle=\lambda_i|\lambda_i\rangle$，$1\leqslant i\leqslant n$。

由定理 2.2 可知，λ_i 是实数且

$$\lambda_i=\langle\lambda_i|\lambda_i|\lambda_i\rangle=\langle\lambda_i|\boldsymbol{W}|\lambda_i\rangle=\|A|\lambda_i\rangle\|^2 \tag{2-74}$$

因此 λ_i 是非负实数。可以将 $\{|\lambda_i\rangle\}$ 排序，使得

$$\lambda_1\geqslant\lambda_2\geqslant\cdots\geqslant\lambda_r>0，\ \lambda_{r+1}=\lambda_{r+2}=\cdots=\lambda_n=0 \tag{2-75}$$

另外，可以通过 Gram-Schmidt 正交化过程使得 $\{|\lambda_i\rangle\}$ 是一组正交基，因此满足完备关系，即

$$\sum_{i=1}^{n}|\lambda_i\rangle\langle\lambda_i|=\boldsymbol{I}_n \tag{2-76}$$

构造矩阵

$$\boldsymbol{V}=(|\lambda_1\rangle,|\lambda_2\rangle,\cdots,|\lambda_r\rangle,|\lambda_{r+1}\rangle,\cdots,|\lambda_n\rangle) \tag{2-77}$$

$$\boldsymbol{D}=\begin{pmatrix}\sqrt{\lambda_1} & & & & & & \\ & \sqrt{\lambda_2} & & & & & \\ & & \ddots & & & & \\ & & & \sqrt{\lambda_r} & & & \\ & & & & 0 & & \\ & & & & & 0 & \\ & & & & & & \ddots\end{pmatrix} \tag{2-78}$$

$$\boldsymbol{U}=(|\mu_1\rangle,|\mu_2\rangle,\cdots,|\mu_r\rangle,|\mu_{r+1}\rangle,\cdots,|\mu_m\rangle) \tag{2-79}$$

其中

$$|\mu_i\rangle=\frac{1}{\sqrt{\lambda_i}}\boldsymbol{A}|\lambda_i\rangle,\ 1\leqslant i\leqslant r \tag{2-80}$$

$|\mu_{r+1}\rangle,\cdots,|\mu_m\rangle$ 是与 $|\mu_i\rangle$（$1\leqslant i\leqslant r$）正交的向量。通过构造过程可知，$\boldsymbol{U}\in U(m)$，$\boldsymbol{V}\in U(n)$，且有

$$\boldsymbol{UDV}^{\dagger}=\left(|\mu_1\rangle,|\mu_2\rangle,\cdots,|\mu_r\rangle,|\mu_{r+1}\rangle,\cdots,|\mu_m\rangle\right)\begin{pmatrix}\sqrt{\lambda_1} & & & & & & \\ & \sqrt{\lambda_2} & & & & & \\ & & \ddots & & & & \\ & & & \sqrt{\lambda_r} & & & \\ & & & & 0 & & \\ & & & & & 0 & \\ & & & & & & \ddots\end{pmatrix}\begin{pmatrix}\langle\lambda_1| \\ \langle\lambda_1| \\ \vdots \\ \langle\lambda_r| \\ \langle\lambda_{r+1}| \\ \vdots \\ \langle\lambda_n|\end{pmatrix}$$

$$=\left(\frac{1}{\sqrt{\lambda_1}}\boldsymbol{A}|\lambda_1\rangle,\frac{1}{\sqrt{\lambda_2}}\boldsymbol{A}|\lambda_2\rangle,\cdots,\frac{1}{\sqrt{\lambda_r}}\boldsymbol{A}|\lambda_r\rangle,|\mu_{r+1}\rangle,\cdots,|\mu_m\rangle\right)\begin{pmatrix}\sqrt{\lambda_1}\langle\lambda_1| \\ \sqrt{\lambda_2}\langle\lambda_1| \\ \vdots \\ \sqrt{\lambda_r}\langle\lambda_r| \\ 0 \\ \vdots \\ 0\end{pmatrix} \tag{2-81}$$

$$=\sum_{i=1}^{r}\boldsymbol{A}|\lambda_i\rangle\langle\lambda_i|$$

由于当 $r<i\leqslant n$ 时，有 $\boldsymbol{A}|\lambda_i\rangle=0$，因此，上式可进一步写成

$$\sum_{i=1}^{r}\boldsymbol{A}|\lambda_i\rangle\langle\lambda_i|=\sum_{i=1}^{n}\boldsymbol{A}|\lambda_i\rangle\langle\lambda_i|=\boldsymbol{A}\left(\sum_{i=1}^{n}|\lambda_i\rangle\langle\lambda_i|\right)=\boldsymbol{AI}=\boldsymbol{A} \tag{2-82}$$

证明完毕。

例 2.10 求矩阵 $\boldsymbol{A}=\begin{pmatrix}1 & 0 & 1\\ 0 & 1 & 1\\ 0 & 0 & 0\end{pmatrix}$ 的奇异值分解。

解：$\boldsymbol{A}^{\dagger}\boldsymbol{A}=\begin{pmatrix}1 & 0 & 1\\ 0 & 1 & 1\\ 1 & 1 & 2\end{pmatrix}$，$\boldsymbol{A}^{\dagger}\boldsymbol{A}$ 的本征值为 $\lambda_1=3$、$\lambda_2=1$、$\lambda_3=0$，对应的本征态分别为

$$|\lambda_1\rangle = \frac{1}{\sqrt{6}}\begin{pmatrix}1\\1\\2\end{pmatrix}, \quad |\lambda_2\rangle = \frac{1}{\sqrt{2}}\begin{pmatrix}1\\-1\\0\end{pmatrix}, \quad |\lambda_3\rangle = \frac{1}{\sqrt{3}}\begin{pmatrix}1\\1\\-1\end{pmatrix}$$

则可以构造矩阵

$$\boldsymbol{V} = \left(|\lambda_1\rangle, |\lambda_2\rangle, |\lambda_3\rangle\right) = \begin{pmatrix}\frac{1}{\sqrt{6}} & \frac{1}{\sqrt{2}} & \frac{1}{\sqrt{3}}\\ \frac{1}{\sqrt{6}} & -\frac{1}{\sqrt{2}} & \frac{1}{\sqrt{3}}\\ \frac{2}{\sqrt{6}} & 0 & -\frac{1}{\sqrt{3}}\end{pmatrix}, \quad \boldsymbol{D} = \begin{pmatrix}\sqrt{3} & 0 & 0\\ 0 & 1 & 0\\ 0 & 0 & 0\end{pmatrix}$$

$$\boldsymbol{U} = \left(\frac{1}{\sqrt{\lambda_1}}\boldsymbol{A}|\lambda_1\rangle, \frac{1}{\sqrt{\lambda_2}}\boldsymbol{A}|\lambda_2\rangle, |\mu_3\rangle\right) = \begin{pmatrix}\frac{1}{\sqrt{2}} & \frac{1}{\sqrt{2}} & 0\\ \frac{1}{\sqrt{2}} & -\frac{1}{\sqrt{2}} & 0\\ 0 & 0 & 1\end{pmatrix}$$

因此，矩阵 $\boldsymbol{A}$ 的奇异值分解为

$$\boldsymbol{A} = \boldsymbol{U}\boldsymbol{D}\boldsymbol{V}^\dagger = \boldsymbol{U}\begin{pmatrix}\sqrt{3} & 0 & 0\\ 0 & 1 & 0\\ 0 & 0 & 0\end{pmatrix}\boldsymbol{V}^\dagger$$

2.2.4 张量积

张量积是一种将多个低维线性空间连成高维线性空间的方法，该方法是理解量子力学中多体物理系统的关键。

设 V 、W 分别是 n 维和 m 维的线性空间，$|v\rangle \in V$ ，$|w\rangle \in W$ ，$\boldsymbol{A}$ 、$\boldsymbol{B}$ 分别是作用在空间 V 和 W 上的线性算子，则 $V \otimes W$ 是由张量积 $|v\rangle \otimes |w\rangle$ 构成的 $n \times m$ 维线性空间，张量积 $\boldsymbol{A} \otimes \boldsymbol{B}$ 是作用在空间 $V \otimes W$ 上的线性算子，有

$$\boldsymbol{A} \otimes \boldsymbol{B}\left(|v\rangle \otimes |w\rangle\right) = \boldsymbol{A}|v\rangle \otimes \boldsymbol{B}|w\rangle \tag{2-83}$$

特别地，若 $\{|i\rangle\}$ 、$\{|j\rangle\}$ 分别是 V 和 W 中的正交基，则 $\{|i\rangle \otimes |j\rangle\}$ 是 $V \otimes W$ 中的正交基，通常简记为 $\{|ij\rangle\}$ 或 $\{|i,j\rangle\}$。

张量积满足如下性质：

（1）对于任意标量 α ，$\forall |v\rangle \in V$ ，$\forall |w\rangle \in W$ ，有

$$\alpha\left(|v\rangle \otimes |w\rangle\right) = \left(\alpha|v\rangle\right) \otimes |w\rangle = |v\rangle \otimes \left(\alpha|w\rangle\right)$$

（2）$\forall |v_1\rangle, |v_2\rangle \in V$ ，$\forall |w\rangle \in W$ ，有

$$\left(|v_1\rangle+|v_2\rangle\right)\otimes|w\rangle=|v_1\rangle\otimes|w\rangle+|v_2\rangle\otimes|w\rangle$$

（3）$\forall|w_1\rangle,|w_2\rangle\in W$，$\forall|v\rangle\in V$，有

$$|v\rangle\otimes\left(|w_1\rangle+|w_2\rangle\right)=|v\rangle\otimes|w_1\rangle+|v\rangle\otimes|w_2\rangle$$

（4）对于任意标量α_i，$\forall|v_i\rangle\in V$，$\forall|w_i\rangle\in W$，$\boldsymbol{A}$、$\boldsymbol{B}$分别是作用在空间V和W上的线性算子，有

$$\boldsymbol{A}\otimes\boldsymbol{B}\left(\sum_i\alpha_i|v_i\rangle\otimes|w_i\rangle\right)=\sum_i\alpha_i\boldsymbol{A}|v_i\rangle\otimes\boldsymbol{B}|w_i\rangle$$

（5）对于任意标量β_i，$\boldsymbol{A}_i$、$\boldsymbol{B}_i$分别是作用在空间V和W上的线性算子，$\boldsymbol{A}_i\otimes\boldsymbol{B}_i$是作用在空间$V\otimes W$上的线性算子，$\sum_i\beta_i\boldsymbol{A}_i\otimes\boldsymbol{B}_i$也是作用在空间$V\otimes W$上的线性算子，且对于$\forall|v\rangle\in V$，$\forall|w\rangle\in W$，有

$$\left(\sum_i\beta_i\boldsymbol{A}_i\otimes\boldsymbol{B}_i\right)|v\rangle\otimes|w\rangle=\sum_i\beta_i\boldsymbol{A}_i|v\rangle\otimes\boldsymbol{B}_i|w\rangle$$

（6）$|v\rangle\otimes|w\rangle,|v'\rangle\otimes|w'\rangle\in V\otimes W$，$V\otimes W$空间中的内积定义为

$$\left(|v\rangle\otimes|w\rangle,|v'\rangle\otimes|w'\rangle\right)=\langle v|v'\rangle\langle w|w'\rangle$$

对于任意标量α_i、β_j，$\forall|v_i\rangle,|v_j'\rangle\in V$，$\forall|w_i\rangle,|w_j'\rangle\in W$，有

$$\left(\sum_i\alpha_i|v_i\rangle\otimes|w_i\rangle,\sum_j\beta_j|v_j'\rangle\otimes|w_j'\rangle\right)=\sum_{ij}\alpha_i^*\beta_j\langle v_i|v_j'\rangle\langle w_i|w_j'\rangle$$

定义 2.9 假定线性算子$\boldsymbol{A}$、$\boldsymbol{B}$在空间V和W中对应正交基$\{|i\rangle\}$、$\{|j\rangle\}$下分别是$n\times n$矩阵、$m\times m$矩阵，则

$$\boldsymbol{A}\otimes\boldsymbol{B}=\begin{pmatrix}a_{11}\boldsymbol{B} & a_{12}\boldsymbol{B} & \cdots & a_{1n}\boldsymbol{B}\\ a_{21}\boldsymbol{B} & a_{22}\boldsymbol{B} & \cdots & a_{2n}\boldsymbol{B}\\ \vdots & \vdots & \cdots & \vdots\\ a_{n1}\boldsymbol{B} & a_{n2}\boldsymbol{B} & \cdots & a_{nn}\boldsymbol{B}\end{pmatrix}\tag{2-84}$$

更一般地，若$\boldsymbol{A}$、$\boldsymbol{B}$分别是$m\times n$矩阵、$p\times q$矩阵，则

$$\boldsymbol{A}\otimes\boldsymbol{B}=\begin{pmatrix}a_{11}\boldsymbol{B} & a_{12}\boldsymbol{B} & \cdots & a_{1n}\boldsymbol{B}\\ a_{21}\boldsymbol{B} & a_{22}\boldsymbol{B} & \cdots & a_{2n}\boldsymbol{B}\\ \vdots & \vdots & \cdots & \vdots\\ a_{m1}\boldsymbol{B} & a_{m2}\boldsymbol{B} & \cdots & a_{mn}\boldsymbol{B}\end{pmatrix}\tag{2-85}$$

例 2.11 计算$\boldsymbol{\sigma}_x\otimes\boldsymbol{\sigma}_y$、$\boldsymbol{\sigma}_y\otimes\boldsymbol{\sigma}_x$、$\boldsymbol{\sigma}_x\otimes\boldsymbol{\sigma}_z$、$\boldsymbol{\sigma}_z\otimes\boldsymbol{\sigma}_x$。

解：
$$\boldsymbol{\sigma}_x \otimes \boldsymbol{\sigma}_y = \begin{pmatrix} 0 & 1 \\ 1 & 0 \end{pmatrix} \otimes \begin{pmatrix} 0 & -\mathrm{i} \\ \mathrm{i} & 0 \end{pmatrix} = \begin{pmatrix} 0\cdot\begin{pmatrix} 0 & -\mathrm{i} \\ \mathrm{i} & 0 \end{pmatrix} & 1\cdot\begin{pmatrix} 0 & -\mathrm{i} \\ \mathrm{i} & 0 \end{pmatrix} \\ 1\cdot\begin{pmatrix} 0 & -\mathrm{i} \\ \mathrm{i} & 0 \end{pmatrix} & 0\cdot\begin{pmatrix} 0 & -\mathrm{i} \\ \mathrm{i} & 0 \end{pmatrix} \end{pmatrix} = \begin{pmatrix} 0 & 0 & 0 & -\mathrm{i} \\ 0 & 0 & \mathrm{i} & 0 \\ 0 & -\mathrm{i} & 0 & 0 \\ \mathrm{i} & 0 & 0 & 0 \end{pmatrix}$$

$$\boldsymbol{\sigma}_y \otimes \boldsymbol{\sigma}_x = \begin{pmatrix} 0 & -\mathrm{i} \\ \mathrm{i} & 0 \end{pmatrix} \otimes \begin{pmatrix} 0 & 1 \\ 1 & 0 \end{pmatrix} = \begin{pmatrix} 0\cdot\begin{pmatrix} 0 & 1 \\ 1 & 0 \end{pmatrix} & -\mathrm{i}\cdot\begin{pmatrix} 0 & 1 \\ 1 & 0 \end{pmatrix} \\ \mathrm{i}\cdot\begin{pmatrix} 0 & 1 \\ 1 & 0 \end{pmatrix} & 0\cdot\begin{pmatrix} 0 & 1 \\ 1 & 0 \end{pmatrix} \end{pmatrix} = \begin{pmatrix} 0 & 0 & 0 & -\mathrm{i} \\ 0 & 0 & -\mathrm{i} & 0 \\ 0 & \mathrm{i} & 0 & 0 \\ \mathrm{i} & 0 & 0 & 0 \end{pmatrix}$$

$$\boldsymbol{\sigma}_x \otimes \boldsymbol{\sigma}_z = \begin{pmatrix} 0 & 1 \\ 1 & 0 \end{pmatrix} \otimes \begin{pmatrix} 1 & 0 \\ 0 & -1 \end{pmatrix} = \begin{pmatrix} 0\cdot\begin{pmatrix} 1 & 0 \\ 0 & -1 \end{pmatrix} & 1\cdot\begin{pmatrix} 1 & 0 \\ 0 & -1 \end{pmatrix} \\ 1\cdot\begin{pmatrix} 1 & 0 \\ 0 & -1 \end{pmatrix} & 0\cdot\begin{pmatrix} 1 & 0 \\ 0 & -1 \end{pmatrix} \end{pmatrix} = \begin{pmatrix} 0 & 0 & 1 & 0 \\ 0 & 0 & 0 & -1 \\ 1 & 0 & 0 & 0 \\ 0 & -1 & 0 & 0 \end{pmatrix}$$

$$\boldsymbol{\sigma}_z \otimes \boldsymbol{\sigma}_x = \begin{pmatrix} 1 & 0 \\ 0 & -1 \end{pmatrix} \otimes \begin{pmatrix} 0 & 1 \\ 1 & 0 \end{pmatrix} = \begin{pmatrix} 1\cdot\begin{pmatrix} 0 & 1 \\ 1 & 0 \end{pmatrix} & 0\cdot\begin{pmatrix} 0 & 1 \\ 1 & 0 \end{pmatrix} \\ 0\cdot\begin{pmatrix} 0 & 1 \\ 1 & 0 \end{pmatrix} & -1\cdot\begin{pmatrix} 0 & 1 \\ 1 & 0 \end{pmatrix} \end{pmatrix} = \begin{pmatrix} 0 & 1 & 0 & 0 \\ 1 & 0 & 0 & 0 \\ 0 & 0 & 0 & -1 \\ 0 & 0 & -1 & 0 \end{pmatrix}$$

2.3 量子力学基本假设

不同的教材对量子力学基本假设的描述大同小异，公认的量子力学理论框架是由下列 5 个假设构成的。

2.3.1 波函数假设

波函数假设是指，微观物理系统的状态由一个波函数完全描述。

如果一个微观物理系统包含若干个粒子，并且这些粒子是按照量子力学的规律运动的，则称此系统处于某种量子状态，简称量子态。波函数是粒子位置和时间的复函数，当一个微观物理系统的波函数确定时，该系统的全部性质都可以由此得出，即波函数表征了系统的量子态。为了保证波函数具有物理意义，它必须满足连续性、有限性和单值性条件。量子力学表征状态的这种方式与经典力学完全不同。在经典力学中，物理学家一般通过质点的位置和动量来确定质点的状态，其他力学量（如能量、角动量等）都是这两个量的函数。然而，由于微观粒子的波粒二象性，物理学家并不能同时确定粒子的位置和动量，因此在量子力学中，需要利用波函数来说明系统的量子态，并由它来对量子系统做出统计描述。当然，值得注意的是，波函数事实上并不能直接通过物理实验来测得，能够测得的是概率密度。

最简单的量子系统，也是在量子密码中应用最广泛的，就是二维量子系统，即量子比特（Qubit）。假设态$|0\rangle$和态$|1\rangle$构成量子比特空间的一组标准正交基，则任意的一个量子比特的态可写作

$$|\psi\rangle = a|0\rangle + b|1\rangle \tag{2-86}$$

式中，a、b为复数。由于一个量子比特必定是二维空间的一个单位向量，即$\langle\psi|\psi\rangle = 1$，因此要求$|a|^2 + |b|^2 = 1$。这一条件通常被称为量子态的归一化条件。

量子比特还没有一个明确的定义，参照经典香农信息论中比特描述信号可能状态的特征，量子信息中引入了量子比特的概念。量子比特$|0\rangle$和$|1\rangle$可类似地看作经典比特 0 和 1，而量子比特与经典比特最大的区别在于量子比特的叠加特性，即一个量子比特不仅可以存在态$|0\rangle$和态$|1\rangle$，还可以存在态$|0\rangle$和态$|1\rangle$的任意叠加态$a|0\rangle + b|1\rangle$。

更一般地，任意的线性组合$\sum_i a_i|\psi_i\rangle$都是量子态$|\psi_i\rangle$的叠加态，其中a_i称为对应于量子态$|\psi_i\rangle$的振幅，满足$\sum_i |a_i|^2 = 1$。

2.3.2 量子态演化假设

量子态演化假设是指，封闭量子系统量子态的演化由薛定谔方程描述。

$$\mathrm{i}\hbar\frac{\mathrm{d}}{\mathrm{d}t}|\psi\rangle = \hat{\boldsymbol{H}}|\psi\rangle \tag{2-87}$$

若哈密顿量$\hat{\boldsymbol{H}}$不随时间变化，则薛定谔方程的解为

$$|\psi(t)\rangle = \exp\left(-\frac{\mathrm{i}}{\hbar}\hat{\boldsymbol{H}}t\right)|\psi(0)\rangle \tag{2-88}$$

若$\hat{\boldsymbol{H}}$随时间变化，则

$$|\psi(t)\rangle = \hat{\boldsymbol{T}}\exp\left(-\frac{\mathrm{i}}{\hbar}\int_0^t \hat{\boldsymbol{H}}(t)\mathrm{d}t\right)|\psi(0)\rangle \tag{2-89}$$

式中，$\hat{\boldsymbol{T}}$是编时算子。对于两个含时算子$\widehat{\boldsymbol{A}}(t_1)$、$\widehat{\boldsymbol{B}}(t_2)$的乘积$\widehat{\boldsymbol{A}}(t_1)\widehat{\boldsymbol{B}}(t_2)$，$\hat{\boldsymbol{T}}$的作用为

$$\widehat{\boldsymbol{T}}\left(\widehat{\boldsymbol{A}}(t_1)\widehat{\boldsymbol{B}}(t_2)\right) = \begin{cases} \widehat{\boldsymbol{A}}(t_1)\widehat{\boldsymbol{B}}(t_2), & t_1 \geqslant t_2 \\ \widehat{\boldsymbol{B}}(t_2)\widehat{\boldsymbol{A}}(t_1), & t_2 > t_1 \end{cases} \tag{2-90}$$

这里需要说明的是，薛定谔方程是一个线性方程，即如果每个量子态都满足该方程，那么它们的线性叠加同样满足该方程。

例 2.12 考虑一个与时间无关的哈密顿量$\hat{\boldsymbol{H}} = -\frac{\hbar}{2}\omega\boldsymbol{\sigma}_x$，假设系统在$t = 0$时刻（初始时刻）处于$\boldsymbol{\sigma}_z$的对应于本征值+1 的本征态，即$|\psi(0)\rangle = \begin{pmatrix}1\\0\end{pmatrix}$。根据例 2.9 计算泡利算

子函数的方法可得，含时波函数$|\psi(t)\rangle$ $(t>0)$ 的表达式如下所示。

$$|\psi(t)\rangle=\exp\left(\mathrm{i}\frac{\omega}{2}\boldsymbol{\sigma}_x t\right)|\psi(0)\rangle=\begin{pmatrix}\cos\frac{\omega t}{2} & \mathrm{i}\sin\frac{\omega t}{2}\\ \mathrm{i}\sin\frac{\omega t}{2} & \cos\frac{\omega t}{2}\end{pmatrix}\begin{pmatrix}1\\0\end{pmatrix}=\begin{pmatrix}\cos\frac{\omega t}{2}\\ \mathrm{i}\sin\frac{\omega t}{2}\end{pmatrix}$$

假设测量力学量$\tilde{\sigma}_z$，由于量子态$|\psi(t)\rangle$ 可在$\boldsymbol{\sigma}_z$ 的本征态下展开，即

$$|\psi(t)\rangle=\cos\frac{\omega}{2}t|+1\rangle+\mathrm{i}\sin\frac{\omega}{2}t|-1\rangle$$

因此，可得自旋向上态的概率为$P_{\uparrow}(t)=\cos^2\frac{\omega t}{2}$，自旋向下态的概率为$P_{\downarrow}(t)=\sin^2\frac{\omega t}{2}$。两种量子态的演化过程如图 2.9 所示。

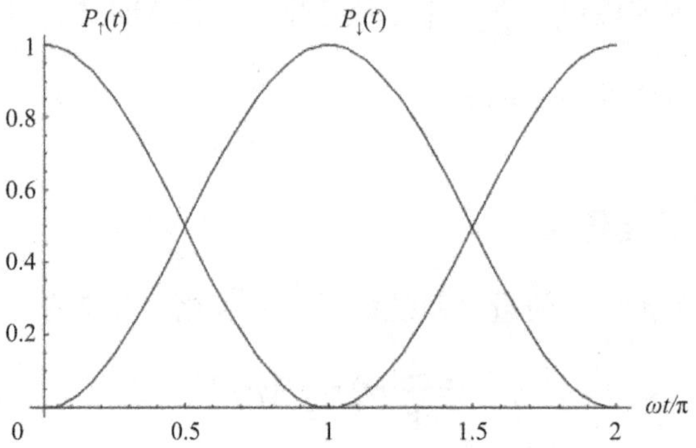

图 2.9　两种量子态的演化过程

如果系统的初始态为$|\psi(0)\rangle=\frac{1}{\sqrt{2}}\begin{pmatrix}1\\1\end{pmatrix}$，则含时波函数为

$$|\psi(t)\rangle=\frac{1}{\sqrt{2}}\begin{pmatrix}\cos\frac{\omega t}{2} & \mathrm{i}\sin\frac{\omega t}{2}\\ \mathrm{i}\sin\frac{\omega t}{2} & \cos\frac{\omega t}{2}\end{pmatrix}\begin{pmatrix}1\\1\end{pmatrix}$$
$$=\mathrm{e}^{\frac{\mathrm{i}\omega t}{2}}\frac{1}{\sqrt{2}}\begin{pmatrix}1\\1\end{pmatrix}$$

因此，系统在任意$t>0$时刻的态与初始态相同（相差一个对观测无影响的全局相位$\mathrm{e}^{\frac{\mathrm{i}\omega t}{2}}$）。这是因为系统在初始时刻就处于哈密顿量的本征态。

2.3.3　算子假设

算子假设是指，量子力学中的可观测量用厄米算子来表示。

这里的可观测量是指可通过物理实验得到测量结果的量，它对应于经典力学理论中

的力学量。算子是指作用到一个函数上得到另一个函数的运算符号。由于量子系统中粒子的力学量（如坐标、动量、能量等）并不像经典力学中那样能同时具有确定的值，因此物理学家不得不引入算子来表示这类力学量。另外，因为所有力学量的数值都应该是实数，所以表示力学量的算子的本征值也应该是实数。因而在量子力学中，物理学家用厄米算子来表示力学量。

量子力学中的态空间由多个本征态构成，本征态是一种基本的量子态，简称基态（Basic State）或基矢（Basic Vector）。态空间是一个线性的复向量空间，即希尔伯特空间，也就是说希尔伯特空间中的向量可以表示量子系统的各种可能的量子态。如果算子描述对应于力学量，那么当系统处于某个本征态时，则力学量有确定值，即该本征态对应的本征值。

例如，泡利算子 $\boldsymbol{\sigma}_z=\begin{pmatrix}1 & 0\\ 0 & -1\end{pmatrix}$，其本征态为 $|0\rangle=\begin{pmatrix}1\\0\end{pmatrix}$ 和 $|1\rangle=\begin{pmatrix}0\\1\end{pmatrix}$，对应的本征值分别为 1 和 -1。

2.3.4 测量假设

若算子 $\boldsymbol{F}$ 为量子力学中的一个力学量，其正交归一化本征函数为 $|\phi_n\rangle$，对应的概率为 c_n，则任一量子态可表示为

$$|\psi\rangle=\sum_n c_n|\phi_n\rangle \tag{2-91}$$

当对一个量子系统进行某一力学量的测量时，测量结果一定为该力学量算子的本征值中的某一个，测量结果为 $|\phi_n\rangle$ 的概率为 $|c_n|^2$，当测量完成后，该量子系统塌缩至量子态 $|\phi_n\rangle$（不管再对该量子态重新测量多少次，测得的该力学量的值一定为第一次所测得的值 k）。

量子测量用一组测量算子 $\{\boldsymbol{M}_m\}$ 来描述，其中下标 m 表示可能获得的测量结果。如果对量子态 $|\psi\rangle$ 进行测量，则测量结果 m 发生的概率为

$$p(m)=\langle\psi|\boldsymbol{M}_m^{\dagger}\boldsymbol{M}_m|\psi\rangle \tag{2-92}$$

测量后量子态塌缩为

$$\frac{\boldsymbol{M}_m|\psi\rangle}{\sqrt{\langle\psi|\boldsymbol{M}_m^{\dagger}\boldsymbol{M}_m|\psi\rangle}} \tag{2-93}$$

测量算子满足完备关系，即

$$\sum_m \boldsymbol{M}_m^{\dagger}\boldsymbol{M}_m=\boldsymbol{I} \tag{2-94}$$

上式表明所有测量结果发生的概率和为 1，即

$$\sum_m p(m)=\sum_m \langle\psi|\boldsymbol{M}_m^\dagger \boldsymbol{M}_m|\psi\rangle=\sum_m\langle\psi|\boldsymbol{I}|\psi\rangle=1 \tag{2-95}$$

假设想要测量一个力学量 $\tilde{A}$， $\boldsymbol{A}=\sum_i \lambda_i|\lambda_i\rangle\langle\lambda_i|$ 为所对应的测量算子，其中 $\boldsymbol{A}|\lambda_i\rangle=\lambda_i|\lambda_i\rangle$。那么，对量子态 $|\psi\rangle$ 多次测量的期望值为

$$\langle\tilde{A}\rangle=\langle\psi|\boldsymbol{A}|\psi\rangle \tag{2-96}$$

将量子态 $|\psi\rangle$ 用 $|\lambda_i\rangle$ 展开，其形式为 $|\psi\rangle=\sum_i c_i|\lambda_i\rangle$。测量力学量 a 时观测到 λ_i 的概率为 $|c_i|^2$。从而，多次测量的期望值为 $\sum_i \lambda_i|c_i|^2$。若利用式（2-96），则可得到相同的结果，即

$$\langle\psi|\boldsymbol{A}|\psi\rangle=\sum_{i,j}c_j^* c_i\langle\lambda_j|\boldsymbol{A}|\lambda_i\rangle=\sum_{i,j}c_j^* c_i\lambda_i\delta_{ij}=\sum_i\lambda_i|c_i|^2 \tag{2-97}$$

获得测量结果 λ_i 的概率为

$$|c_i|^2=\langle\psi|\boldsymbol{P}_i|\psi\rangle \tag{2-98}$$

式中，$\boldsymbol{P}_i=|\lambda_i\rangle\langle\lambda_i|$ 是投影算子。测量后的量子态随机塌缩为 $|\lambda_i\rangle$ 或等效表示为

$$\frac{\boldsymbol{P}_i|\psi\rangle}{\sqrt{\langle\psi|\boldsymbol{P}_i|\psi\rangle}} \tag{2-99}$$

投影算子满足如下性质：

$$（1）\quad \boldsymbol{P}_i^2=\boldsymbol{P}_i \tag{2-100}$$

$$（2）\quad \boldsymbol{P}_i\boldsymbol{P}_j=0\quad(i\neq j) \tag{2-101}$$

$$（3）\quad \sum_i\boldsymbol{P}_i=\boldsymbol{I} \tag{2-102}$$

例 2.13 证明对任意投影算子 $\boldsymbol{P}$，满足 $\boldsymbol{P}^2=\boldsymbol{P}$。

证明：

令投影算子 $\boldsymbol{P}=\sum_i|i\rangle\langle i|$，则有

$$\boldsymbol{P}^2=\left(\sum_i|i\rangle\langle i|\right)\left(\sum_j|j\rangle\langle j|\right)=\sum_{ij}|i\rangle\langle i|j\rangle|j\rangle=\sum_{ij}|i\rangle\delta_{ij}\langle j|=\sum_i|i\rangle\langle i|=\boldsymbol{P}$$

证明完毕。

例 2.14 计算标准正交基 $|e_1\rangle=\frac{1}{\sqrt{2}}\begin{pmatrix}1\\1\end{pmatrix}$、$|e_2\rangle=\frac{1}{\sqrt{2}}\begin{pmatrix}1\\-1\end{pmatrix}$ 所定义的投影算子。

解：投影算子为

$$P_1 = |e_1\rangle\langle e_1| = \frac{1}{2}\begin{pmatrix} 1 & 1 \\ 1 & 1 \end{pmatrix}$$

$$P_2 = |e_2\rangle\langle e_2| = \frac{1}{2}\begin{pmatrix} 1 & -1 \\ -1 & 1 \end{pmatrix}$$

投影测量方法可以很方便地用来计算测量结果的期望值，投影测量结果的期望值定义如下：

$$E(\boldsymbol{M}) = \sum_m mp(m) = \sum_m m\langle\psi|\boldsymbol{P}_m|\psi\rangle = \langle\psi|(\sum_m \boldsymbol{P}_m)|\psi\rangle = \langle\psi|\boldsymbol{M}|\psi\rangle$$

式中，$M = \{\boldsymbol{M}_m\}$。

下面通过一道例题来展示如何利用投影测量方法计算测量结果的期望值。

例 2.15 已知量子比特处于$|0\rangle$态，对其测量可观测量$\tilde{X}$，求$\tilde{X}$的期望值。

解：对于可观测量$\tilde{X}$，其本征值为+1 和−1，对应的本征态为

$$|+\rangle = \frac{1}{\sqrt{2}}(|0\rangle + |1\rangle),\ |-\rangle = \frac{1}{\sqrt{2}}(|0\rangle - |1\rangle)$$

根据投影测量方法定义测量算子$\boldsymbol{X}$：

$$\begin{aligned}
\boldsymbol{X} &= \sum_{m=\pm1} m\boldsymbol{P}_m = |+\rangle\langle+| - |-\rangle\langle-| \\
&= \frac{1}{2}(|0\rangle + |1\rangle)(\langle0| + \langle1|) - \frac{1}{2}(|0\rangle - |1\rangle)(\langle0| - \langle1|) \\
&= \frac{1}{2}(|0\rangle\langle0| + |1\rangle\langle0| + |0\rangle\langle1| + |1\rangle\langle1|) - \frac{1}{2}(|0\rangle\langle0| - |1\rangle\langle0| - |0\rangle\langle1| + |1\rangle\langle1|) \\
&= |1\rangle\langle0| + |0\rangle\langle1|
\end{aligned}$$

于是，对于$|0\rangle$态，对其测量可观测量$\tilde{X}$的期望值为

$$E(\boldsymbol{X}) = \langle0|\boldsymbol{X}|0\rangle = \langle0|(|1\rangle\langle0| + |0\rangle\langle1|)|0\rangle = \langle0|1\rangle\langle0|0\rangle + \langle0|0\rangle\langle1|0\rangle = 0$$

即期望值为 0。

“相位”在量子力学中的不同情境下有不同的含义。

考虑量子态$\mathrm{e}^{\mathrm{i}\theta}|\psi\rangle$，其中$\theta$为一个实数，称为全局相位。从测量的角度来讲，量子态$\mathrm{e}^{\mathrm{i}\theta}|\psi\rangle$和$|\psi\rangle$是相等的。因为这两个量子态的测量统计结果完全相同。不失一般性，假设$\boldsymbol{M}_m$是某个量子系统测量的测量算子，对两个量子态$|\psi\rangle$和$\mathrm{e}^{\mathrm{i}\theta}|\psi\rangle$进行测量并得到测量结果$m$的概率分别为

$$\langle\psi|\boldsymbol{M}_m^\dagger\boldsymbol{M}_m|\psi\rangle \tag{2-103}$$

$$\langle\psi|\mathrm{e}^{-\mathrm{i}\theta}\boldsymbol{M}_m^\dagger\boldsymbol{M}_m\mathrm{e}^{\mathrm{i}\theta}|\psi\rangle = \langle\psi|\boldsymbol{M}_m^\dagger\boldsymbol{M}_m|\psi\rangle \tag{2-104}$$

因此，从测量的角度看，两个量子态是相同的。由于全局相位因子 $e^{i\theta}$ 与量子态的测量特性无关，因此通常可以忽略全局相位因子。

还有一种相位称为相对相位，其含义与全局相位完全不同。考虑两个量子态 $(|0\rangle+|1\rangle)/\sqrt{2}$ 和 $(|0\rangle-|1\rangle)/\sqrt{2}$。两个量子态中 $|1\rangle$ 的振幅分别为 $-1/\sqrt{2}$ 和 $1/\sqrt{2}$。两个振幅的绝对值均为 $1/\sqrt{2}$，而符号相反，即二者相差了一个 $e^{i\pi}$ 相位。更一般地，如果在同一个基矢下，两个振幅 a 和 b 满足关系 $a=e^{i\varphi}b$，则称这两个振幅相差一个相对相位 φ。相对相位与全局相位最大的区别在于，相对相位的定义是依赖描述量子态的基矢的，因此相对相位会影响用某些测量算子对量子态进行测量的结果。例如，定义测量算子 $\boldsymbol{M}_m=\dfrac{|0\rangle+|1\rangle}{\sqrt{2}}\dfrac{\langle 0|+\langle 1|}{\sqrt{2}}$，当用其对量子态 $(|0\rangle+|1\rangle)/\sqrt{2}$ 和 $(|0\rangle-|1\rangle)/\sqrt{2}$ 进行测量时，获得测量结果 m 的概率分别为

$$\frac{\langle 0|+\langle 1|}{\sqrt{2}}\boldsymbol{M}_m\boldsymbol{M}_m^{\dagger}\frac{|0\rangle+|1\rangle}{\sqrt{2}}=1$$

$$\frac{\langle 0|-\langle 1|}{\sqrt{2}}\boldsymbol{M}_m\boldsymbol{M}_m^{\dagger}\frac{|0\rangle-|1\rangle}{\sqrt{2}}=0$$

量子系统除可以用态和波函数来描述外，还可以用密度矩阵来描述。假设一个量子系统所处的态为 $|\psi\rangle$，系统有 p_n 的概率处于归一化的可能态 $|\psi_n\rangle$，于是对于任意的力学量 $\tilde{A}$，其测量结果的期望值 $\langle\tilde{A}\rangle$ 满足

$$\langle\tilde{A}\rangle=\sum_n p_n\langle\psi_n|\boldsymbol{A}|\psi_n\rangle=\mathrm{tr}\left(\boldsymbol{A}\sum_n p_n|\psi_n\rangle\langle\psi_n|\right) \tag{2-105}$$

式中，tr()表示对矩阵求迹。

这里，引入密度矩阵的概念，即

$$\boldsymbol{\rho}\equiv\sum_n p_n|\psi_n\rangle\langle\psi_n| \tag{2-106}$$

力学量 $\tilde{A}$ 的期望值 $\langle\tilde{A}\rangle=\mathrm{tr}(\boldsymbol{A}\boldsymbol{\rho})$，由密度矩阵 $\boldsymbol{\rho}$ 整体确定，而不依赖 $\boldsymbol{\rho}$ 具体由哪些可能的量子态 $|\psi_n\rangle$ 以何种概率 p_n 组成。由力学量 $\tilde{A}$ 的任意性可知，若两个量子系统的可能态分布不同，但密度矩阵相同，则二者在量子统计意义下是不可分辨的。密度矩阵描述了量子系统的全部可测量信息。

定理 2.6　算子 $\boldsymbol{\rho}$ 是关于某个量子态及概率集合 $\{p_n,|\psi_n\rangle\}$ 的密度矩阵的充要条件是：

（1）$\boldsymbol{\rho}$ 的迹为 1；

（2）$\boldsymbol{\rho}$ 是正定算子。

纯态是指可用一个波函数描述的量子态，满足态叠加特性，其概率分布是纯粹量子力学的，对于纯态 $|\psi\rangle=\sum_i c_i|\psi_i\rangle$，其密度矩阵为 $\boldsymbol{\rho}=\sum_i|c_i|^2|\psi_i\rangle\langle\psi_i|=\sum_i|c_i|^2\boldsymbol{\rho}_i$。

混合态不能简单地用一个波函数来描述，它是非完备测量的产物。处于混合态下的量子系统，只知道它处于某纯态$|\psi_i\rangle$下的概率。对于混合态，其概率分布不仅仅由量子力学的振幅决定，因此需要用相应的密度算子来描述：若一个量子系统处于混合态，则其密度矩阵为$\boldsymbol{\rho}=\sum_i p_i\boldsymbol{\rho}_i$，其中$p_i$满足$\sum_i p_i=1$。混合态的密度矩阵平方的迹$\mathrm{tr}\left(\boldsymbol{\rho}^2\right)\leqslant 1$，当$p_i=1$的时候为纯态，此时$\mathrm{tr}\left(\boldsymbol{\rho}^2\right)=1$。

任意力学量$\tilde{A}$的期望值为

$$\langle\tilde{A}\rangle=\mathrm{tr}(\boldsymbol{\rho A})=\sum_i\langle\psi_i|\psi\rangle\langle\psi|\boldsymbol{A}|\psi_i\rangle=\sum_i\langle\psi|\boldsymbol{A}|\psi_i\rangle\langle\psi_i|\psi\rangle=\langle\psi|\boldsymbol{A}|\psi\rangle \tag{2-107}$$

一般的密度矩阵是纯态的凸组合。

一个复合系统AB的态空间和希尔伯特空间由其子系统的态空间组成，有

$$|\psi\rangle_{AB}=|\psi\rangle_A\otimes|\psi\rangle_B\text{，}\ H_{AB}=H_A\otimes H_B \tag{2-108}$$

该系统的密度矩阵可表示为

$$\boldsymbol{\rho}_{AB}=\boldsymbol{\rho}_A\otimes\boldsymbol{\rho}_B \tag{2-109}$$

复合系统AB对系统A取偏迹的运算定义为

$$\boldsymbol{\rho}_A=\mathrm{tr}_B\left(\boldsymbol{\rho}_{AB}\right) \tag{2-110}$$

同理，有$\boldsymbol{\rho}_B=\mathrm{tr}_A\left(\boldsymbol{\rho}_{AB}\right)$。

具体地，有

$$\boldsymbol{\rho}_A=\sum_b\left(\boldsymbol{I}\otimes\langle b|\right)\boldsymbol{\rho}_{AB}\left(\boldsymbol{I}\otimes|b\rangle\right) \tag{2-111}$$

$$\boldsymbol{\rho}_B=\sum_a\left(\boldsymbol{I}\otimes\langle a|\right)\boldsymbol{\rho}_{AB}\left(\boldsymbol{I}\otimes|a\rangle\right) \tag{2-112}$$

式中，$\{|a\rangle\}$、$\{|b\rangle\}$分别为希尔伯特空间H_A和H_B的一组标准正交基。

例 2.16 令$\boldsymbol{\rho}$是一个密度矩阵，证明当且仅当$\boldsymbol{\rho}$为纯态时$\mathrm{tr}\left(\boldsymbol{\rho}^2\right)=1$。

证明：

根据密度矩阵的定义，有

$$\begin{aligned}\mathrm{tr}\left(\boldsymbol{\rho}^2\right)&=\mathrm{tr}\left[(\sum_i p_i|\psi_i\rangle\langle\psi_i|)^2\right]\\&=\mathrm{tr}\left[(\sum_i p_i|\psi_i\rangle\langle\psi_i|)(\sum_i p_i|\psi_i\rangle\langle\psi_i|)\right]\\&=\mathrm{tr}\left[\sum_{ij}p_ip_j\left(|\psi_i\rangle\langle\psi_i|\right)\left(|\psi_j\rangle\langle\psi_j|\right)\right]\end{aligned}$$

$$=\sum_{ij}p_ip_j\langle\psi_i|\psi_j\rangle\mathrm{tr}\left(|\psi_i\rangle\langle\psi_j|\right)$$

$$=\sum_{ij}p_ip_j\left|\langle\psi_i|\psi_j\rangle\right|^2\leqslant\sum_{ij}p_ip_j=1$$

上式等于 1 的条件是当且仅当对于所有的 i、j，都有$\left|\langle\psi_i|\psi_j\rangle\right|^2=1$，而这表明$\boldsymbol{\rho}$为纯态。

例如，著名的纠缠态（纠缠的概念将在本书 2.4.2 节介绍）——Bell 态：

$$|\psi\rangle_{AB}=\frac{1}{\sqrt{2}}\left(|00\rangle+|11\rangle\right)$$

其密度矩阵表示为

$$\boldsymbol{\rho}_{AB}=|\psi\rangle_{AB\ AB}\langle\psi|=\frac{1}{2}\left(|00\rangle+|11\rangle\right)\left(\langle00|+\langle11|\right)$$

对该 Bell 态取偏迹得

$$\begin{aligned}\boldsymbol{\rho}_A&=\mathrm{tr}_B\left(\boldsymbol{\rho}_{AB}\right)\\&=\frac{1}{2}\left[\mathrm{tr}_B\left(|00\rangle\langle00|\right)+\mathrm{tr}_B\left(|01\rangle\langle01|\right)+\mathrm{tr}_B\left(|10\rangle\langle10|\right)+\mathrm{tr}_B\left(|11\rangle\langle11|\right)\right]\\&=\frac{1}{2}\left(|0\rangle\langle0|\langle0|0\rangle+|0\rangle\langle1|\langle0|1\rangle+|1\rangle\langle0|\langle1|0\rangle+|1\rangle\langle1|\langle1|1\rangle\right)\\&=\frac{\boldsymbol{I}}{2}\end{aligned}$$

显然，有$\mathrm{tr}\left(\boldsymbol{\rho}_A^2\right)<1$。

将一个复合系统分成 A、B 两个子系统，则复合系统的态可以用这两个子系统（空间）的基矢展开，即$|\psi\rangle=\sum_{m,n}c_{mn}|A_m\rangle|B_n\rangle$，其中$\{|A_m\rangle\}$、$\{|B_n\rangle\}$分别为 A、B 空间中的任意一组标准正交基。

施密特（Schmidt）分解定理给出了更一般的形式，即$|\psi\rangle=\sum_n\sqrt{\lambda_n}|a_n\rangle|b_n\rangle$，其中$\{|a_n\rangle\}$、$\{|b_n\rangle\}$分别为 A、B 空间中的密度算子$\boldsymbol{\rho}_A$、$\boldsymbol{\rho}_B$的本征态，且它们都对应本征值$\{\lambda_n\}$。需要注意的是，A、B 空间的维数不必相同，求和指标 n 的最大值为 A、B 中较小空间的维数。这种形式称作复合系统的施密特极化形式。下面给出施密特分解定理的证明过程。

证明：

将复合系统 S 分成 A、B 两个子系统，记$\{|A_m\rangle\}$、$\{|B_n\rangle\}$分别为 A、B 空间中的任意一组标准正交基，则 S 空间中任意纯态可以表示为$|\psi\rangle=\sum_{m,n}c_{mn}|A_m\rangle|B_n\rangle$。不失一般性，假设 B 为维数较小的空间。

设子系统 B 的约化密度算子 $\boldsymbol{\rho}_B$ 的本征方程为 $\boldsymbol{\rho}_B|b_n\rangle=\lambda_n|b_n\rangle$。记 $\sum_m c_{mn}|A_m\rangle=|a'_n\rangle$，则复合系统纯态可进行如下分解：

$$\begin{aligned}|\psi\rangle&=\sum_{m,n}c_{mn}|A_m\rangle|b_n\rangle=\sum_n\left(\sum_m c_{mn}|A_m\rangle\right)|b_n\rangle\\&=\sum_n|a'_n\rangle|b_n\rangle\end{aligned}\tag{2-113}$$

例如，当 A、B 空间的维数分别为 3 和 2 时，可对 $|\psi\rangle$ 进行如下分解：

$$\begin{aligned}|\psi\rangle&=\sum_{m=1}^{3}\sum_{n=1}^{2}c_{mn}|A_m\rangle|b_n\rangle\\&=c_{11}|A_1\rangle|b_1\rangle+c_{12}|A_1\rangle|b_2\rangle+c_{21}|A_2\rangle|b_1\rangle+\\&\quad c_{22}|A_2\rangle|b_2\rangle+c_{31}|A_3\rangle|b_1\rangle+c_{32}|A_3\rangle|b_2\rangle\\&=\left(c_{11}|A_1\rangle+c_{21}|A_2\rangle+c_{31}|A_3\rangle\right)|b_1\rangle+\\&\quad\left(c_{12}|A_1\rangle+c_{22}|A_2\rangle+c_{32}|A_3\rangle\right)|b_2\rangle\\&=|a'_1\rangle|b_1\rangle+|a'_2\rangle|b_2\rangle\\&=\sum_{n=1}^{2}|a'_n\rangle|b_n\rangle\end{aligned}\tag{2-114}$$

由 $|a'_n\rangle=\sum_{m,n}c_{mn}|A_m\rangle$ 可知

$$\begin{aligned}\langle a'_{n'}|a'_n\rangle&=\sum_{m'}c^*_{m'n'}\left\langle A_{m'}\left|\sum_m c_{mn}\right|A_m\right\rangle\\&=\sum_m c^*_{mn'}c_{mn}\end{aligned}\tag{2-115}$$

其中 c_{mn} 的表达式为 $|\psi\rangle=\sum_{m,n}c_{mn}|A_m\rangle|b_n\rangle\Rightarrow c_{mn}=\langle A_m|\langle b_n|\psi\rangle$，将其代入上式得

$$\begin{aligned}\langle a'_{n'}|a'_n\rangle&=\sum_m c^*_{mn'}c_{mn}\\&=\sum_m\langle\psi|A_m\rangle|b_{n'}\rangle\langle A_m|\langle b_n|\psi\rangle\\&=\left\langle b_n\left|\left(\sum_m\langle A_m|\psi\rangle\langle\psi|A_m\rangle\right)\right|b_{n'}\right\rangle\\&=\langle b_n|\mathrm{tr}_{\mathrm{A}}(\boldsymbol{\rho}_{\mathrm{AB}})|b_{n'}\rangle=\langle b_n|\boldsymbol{\rho}_{\mathrm{B}}|b_{n'}\rangle\\&=\lambda_n\delta_{nn'}\end{aligned}\tag{2-116}$$

因此，$\{|a'_n\rangle\}$ 是一个正交集，且 $\||a'_n\rangle\|=\sqrt{\lambda_n}$。由 $|\psi\rangle=\sum_n\sqrt{\lambda_n}|a_n\rangle|b_n\rangle=\sum_n|a'_n\rangle|b_n\rangle$ 可知：$|a_n\rangle=\dfrac{|a'_n\rangle}{\sqrt{\lambda_n}}$，即 $\{|a_n\rangle\}$ 是一组标准正交基。

子系统 A 的约化密度算子为

$$\begin{aligned}\boldsymbol{\rho}_A &= \mathrm{tr}_B(\boldsymbol{\rho}_{AB}) \\ &= \sum_n \langle b_n | \psi\rangle\langle\psi| b_n\rangle \\ &= \sum_n \lambda_n |a_n\rangle\langle a_n|\end{aligned}$$

即 $\boldsymbol{\rho}_A|a_n\rangle = \lambda_n|a_n\rangle$。因此$\{\lambda_n\}$是子系统 A 的约化密度算子的本征态$\{|a_n\rangle\}$对应的本征值。

综上所述，将一个复合系统分成 A、B 两个子系统，则复合系统的态可以用这两个子系统（空间）的基矢展开，即$|\psi\rangle = \sum_n \sqrt{\lambda_n}|a_n\rangle|b_n\rangle$，其中$\{|a_n\rangle\}$、$\{|b_n\rangle\}$分别为 A、B 空间中的密度算子 $\boldsymbol{\rho}_A$、$\boldsymbol{\rho}_B$ 的本征态，且它们都对应本征值$\{\lambda_n\}$。

证明完毕。

2.3.5 粒子全同性假设

粒子全同性假设是指，在量子系统中，存在内禀属性完全相同的粒子，对任意两个这样的粒子进行交换，不会改变系统的状态。

粒子全同性假设意味着，在一个由多个全同粒子（如电子）构成的量子系统中，假如能够对它们进行标识的话，那么交换任意两个被标识的粒子，系统的概率分布$|\psi|^2$不变，而概率幅至多会有正负号的改变。事实上，这就表明在量子力学中，交换任意两个全同粒子，不会导致任何可被观测到的现象出现，即微观粒子是不能被标识的，无法在两个电子之间做出区分，这与经典力学的情况是不同的。

2.4 量子力学基本现象

2.4.1 量子力学基本原理

量子密码学利用了量子力学的多个重要的基本原理，如不可克隆原理、不确定性原理和不可区分原理等，下面对这些原理进行详细的说明。

1. 不可克隆原理

不可克隆原理是指量子力学中对任意一个未知的量子态进行完全相同的复制的过程是不可实现的。下面利用反证法给出简单的证明过程。

证明：

假设在量子信息中存在克隆机（Cloning Machine），其定义为：克隆机是满足某种操作的幺正变换$\boldsymbol{U}$，使得对于任意量子态$|\phi\rangle$，有

$$U|\phi\rangle \otimes |\text{vac}\rangle = |\phi\rangle \otimes |\phi\rangle \tag{2-117}$$

式中，$|\text{vac}\rangle$ 为空态。

为方便起见且不失一般性，这里只考虑二维希尔伯特空间，令空态为$|0\rangle$，目标比特为$|0\rangle$或$|1\rangle$，则克隆机一定满足如下关系：

$$U|0\rangle \otimes |0\rangle = |0\rangle \otimes |0\rangle \tag{2-118}$$

$$U|1\rangle \otimes |0\rangle = |1\rangle \otimes |1\rangle \tag{2-119}$$

对于任意量子比特$|\phi\rangle$，可将其写作$|\phi\rangle = a|0\rangle + b|1\rangle$，其中$|a|^2 + |b|^2 = 1$。将克隆机作用在该量子态上可得

$$\begin{aligned} U|\phi\rangle \otimes |0\rangle &= U\left(a|0\rangle + b|1\rangle\right) \otimes |0\rangle \\ &= aU|0\rangle \otimes |0\rangle + bU|1\rangle \otimes |0\rangle \\ &= a|0\rangle \otimes |0\rangle + b|1\rangle \otimes |1\rangle \end{aligned} \tag{2-120}$$

根据克隆机的定义，有

$$\begin{aligned} U|\phi\rangle \otimes |0\rangle &= |\phi\rangle \otimes |\phi\rangle \\ &= \left(a|0\rangle + b|1\rangle\right) \otimes \left(a|0\rangle + b|1\rangle\right) \\ &= a^2|0\rangle \otimes |0\rangle + ab\left(|0\rangle \otimes |1\rangle + |1\rangle \otimes |0\rangle\right) + b^2|1\rangle \otimes |1\rangle \end{aligned} \tag{2-121}$$

比较上述两式可知，二者互相矛盾。

故假设不成立，不可克隆原理得证。

不可克隆原理保证了在量子密钥分发过程中，攻击者无法对发送方的量子态进行精确的复制而不引入额外的误码。不可克隆原理是保证量子密钥分发安全性的重要原理之一。

2. 不确定性原理

不确定性原理由海森堡在 1927 年提出，该原理指出：对于一个微观粒子，其位置与动量不能同时具有确定值。其位置信息的准确度越高，则同时能够获得的其动量信息的准确度越低，位置的不确定性 Δx 与动量的不确定性 Δp 遵守不等式：

$$\Delta x \cdot \Delta p \geqslant \frac{\hbar}{2} \tag{2-122}$$

下面给出该原理的证明过程。

证明：

对于两个可观测量的算子 $\boldsymbol{A}$、$\boldsymbol{B}$ 和物质波函数$|\Psi\rangle$，定义

$$|a\rangle \equiv \left(\boldsymbol{A} - \langle\tilde{A}\rangle\right)|\Psi\rangle \tag{2-123}$$

$$\left|b\right\rangle \equiv \left(\boldsymbol{B}-\left\langle \tilde{B}\right\rangle\right)\left|\varPsi\right\rangle \tag{2-124}$$

其中$\left\langle \tilde{A}\right\rangle$、$\left\langle \tilde{B}\right\rangle$表示两个可观测量的期望值，则这两个可观测量的标准差为

$$\Delta_{\tilde{A}}^2=\left\langle\left(\boldsymbol{A}-\left\langle \tilde{A}\right\rangle\right)\varPsi\middle|\left(\boldsymbol{A}-\left\langle \tilde{A}\right\rangle\right)\varPsi\right\rangle=\left\langle a|a\right\rangle \tag{2-125}$$

$$\Delta_{\tilde{B}}^2=\left\langle\left(\boldsymbol{B}-\left\langle \tilde{A}\right\rangle\right)\varPsi\middle|\left(\boldsymbol{B}-\left\langle \tilde{A}\right\rangle\right)\varPsi\right\rangle=\left\langle b|b\right\rangle \tag{2-126}$$

根据施瓦茨不等式，有$\Delta_{\tilde{A}}^2\Delta_{\tilde{B}}^2=\left\langle a|a\right\rangle\left\langle b|b\right\rangle\geqslant\left|\left\langle a|b\right\rangle\right|^2$。

对于任意复数c，有$|c|^2=\left[\mathrm{Re}(c)\right]^2+\left[\mathrm{Im}(c)\right]^2\geqslant\left[\mathrm{Im}(c)\right]^2=\left[\frac{1}{\mathrm{i}2}\left(c-c^*\right)\right]^2$，令$\left\langle a|b\right\rangle=c$，则有

$$\Delta_{\tilde{A}}^2\Delta_{\tilde{B}}^2\geqslant\left[\frac{1}{\mathrm{i}2}\left(\left\langle a|b\right\rangle-\left\langle b|a\right\rangle\right)\right]^2 \tag{2-127}$$

将

$$\begin{aligned}\left\langle a|b\right\rangle&=\left\langle\left(\boldsymbol{A}-\left\langle \tilde{A}\right\rangle\right)\varPsi\middle|\left(\boldsymbol{B}-\left\langle \tilde{B}\right\rangle\right)\varPsi\right\rangle\\&=\left\langle \tilde{A}\tilde{B}\right\rangle-\left\langle \tilde{A}\right\rangle\left\langle \tilde{B}\right\rangle\end{aligned} \tag{2-128}$$

$$\begin{aligned}\left\langle b|a\right\rangle&=\left\langle\left(\boldsymbol{B}-\left\langle \tilde{B}\right\rangle\right)\varPsi\middle|\left(\boldsymbol{A}-\left\langle \tilde{A}\right\rangle\right)\varPsi\right\rangle\\&=\left\langle \tilde{B}\tilde{A}\right\rangle-\left\langle \tilde{A}\right\rangle\left\langle \tilde{B}\right\rangle\end{aligned} \tag{2-129}$$

代入式（2-127），得：

$$\begin{aligned}\Delta_{\tilde{A}}^2\Delta_{\tilde{B}}^2&\geqslant\left[\frac{1}{\mathrm{i}2}\left(\left\langle \tilde{A}\tilde{B}\right\rangle-\left\langle \tilde{B}\tilde{A}\right\rangle\right)\right]^2\\&=\left(\frac{1}{\mathrm{i}2}\left\langle[\boldsymbol{A},\boldsymbol{B}]\right\rangle\right)^2\end{aligned} \tag{2-130}$$

令$\boldsymbol{A}$为位置算子$\hat{\boldsymbol{x}}$，$\boldsymbol{B}$为动量算子$\hat{\boldsymbol{p}}=-\mathrm{i}\hbar\frac{\mathrm{d}}{\mathrm{d}x}$，有

$$[\hat{\boldsymbol{x}},\hat{\boldsymbol{p}}]=\mathrm{i}\hbar \tag{2-131}$$

代入上述不等式得

$$\Delta_{\tilde{A}}^2\Delta_{\tilde{B}}^2\geqslant\left(\frac{1}{2\mathrm{i}}\mathrm{i}\hbar\right)^2=\frac{\hbar^2}{4} \tag{2-132}$$

因此，有

$$\Delta x\cdot\Delta p\geqslant\frac{\hbar}{2} \tag{2-133}$$

证明完毕。

上述证明过程表明，不确定性原理本质上描述了当两个算子不对易（$\left[\hat{A},\hat{B}\right]\neq 0$）时，不可能同时精确获得这两个算子所表示的可观测量的值。不确定性原理是证明量子密钥分发协议安全性的重要原理之一。

3．不可区分原理

不可区分原理：非正交的量子态不可能被同时精确测量。下面利用反证法给出简单的证明过程。

证明：

假设两个量子态$|\psi_1\rangle$和$|\psi_2\rangle$不正交，即$\langle\psi_1|\psi_2\rangle\neq 0$，且存在一组测量算子可精确测量这两个量子态。

定义测量算子$\boldsymbol{M}_j$，对应的测量结果为j。当用$\boldsymbol{M}_j$去区分这两个量子态时，根据测量结果$f(j)$去猜量子态为i=1（$|\psi_1\rangle$）或i=2（$|\psi_2\rangle$），如果一组测量算子能够完全区分这两个量子态，则$f(j)$=1和$f(j)$=2的概率均等于1。定义$\boldsymbol{E}_i\equiv\sum_{j:f(j)=i}\boldsymbol{M}_j^{\dagger}\boldsymbol{M}_j$，$i=1,2$，则有如下关系式：

$$\langle\psi_1|\boldsymbol{E}_1|\psi_1\rangle=1 \tag{2-134}$$

$$\langle\psi_2|\boldsymbol{E}_2|\psi_2\rangle=1 \tag{2-135}$$

由测量算子的完备性可得：$\boldsymbol{E}_1+\boldsymbol{E}_2=\boldsymbol{I}$，且有$\sum_i\langle\psi_1|\boldsymbol{E}_i|\psi_1\rangle=1$，因此可得$\langle\psi_1|\boldsymbol{E}_2|\psi_1\rangle=0$，即$\sqrt{\boldsymbol{E}_2}|\psi_1\rangle=0$。

根据假设$|\psi_1\rangle$和$|\psi_2\rangle$不正交，可将$|\psi_2\rangle$写作$|\psi_2\rangle=\alpha|\psi_1\rangle+\beta|\varphi\rangle$，其中$|\varphi\rangle$与$|\psi_1\rangle$正交，且$|\alpha|^2+|\beta|^2=1$，$|\beta|<1$。于是$\sqrt{\boldsymbol{E}_2}|\psi_2\rangle=\beta\sqrt{\boldsymbol{E}_2}|\varphi\rangle$，即$\langle\psi_2|\boldsymbol{E}_2|\psi_2\rangle=|\beta|^2\langle\varphi|\boldsymbol{E}_2|\varphi\rangle$ $\leqslant|\beta|^2<1$。显然，这与$\langle\psi_2|\boldsymbol{E}_2|\psi_2\rangle=1$相违背。

故假设不成立，不可区分原理得证。

例如，在著名的BB84和B92量子密钥分发协议中，发送方的量子态编码处于不同的基矢下，不同基矢下的量子态相互之间不正交，这使得攻击者无法同时精确测量不同基矢下的量子态，从而保证了量子密钥分发的安全性。

下面通过一个正算子值测量结果的示例来展示不可区分原理。

正算子值测量结果（Positive Operator-Valued Measurement，POVM）是量子测量假设的自然结果，在构造特定的量子测量时有着重要的应用。

对于测量假设中的一组测量算子$\{\boldsymbol{M}_m\}$，定义算子

$$\boldsymbol{E}_m=\boldsymbol{M}_m^{\dagger}\boldsymbol{M}_m \tag{2-136}$$

根据测量假设和线性代数的基本知识可知，$\boldsymbol{E}_m$ 是一个正定算子且满足 $\sum_m \boldsymbol{E}_m = \boldsymbol{I}$ 和 $p(m) = \langle\psi|\boldsymbol{E}_m|\psi\rangle$。因此，集合 $\{\boldsymbol{E}_m\}$ 足够决定不同测量结果的概率，$\{\boldsymbol{E}_m\}$ 构成一组 POVM，$\boldsymbol{E}_m$ 称为 POVM 的元素。

例 2.17 假设 Alice 给 Bob 一个量子比特，其量子态为 $|\psi_1\rangle = |1\rangle$ 和 $|\psi_2\rangle = (|0\rangle - |1\rangle)/\sqrt{2}$ 中的一个。根据不可区分原理可知，量子态 $|\psi_1\rangle$ 和 $|\psi_2\rangle$ 不可被同时精确测量。但是，可构造一组测量算子，这组测量算子能够在某些时候区分这两个量子态同时不会引入任何误码。例如，考虑下面一组 POVM，其中包含 3 个元素：

$$\boldsymbol{E}_1 \equiv \frac{\sqrt{2}}{1+\sqrt{2}}|0\rangle\langle 0| \tag{2-137}$$

$$\boldsymbol{E}_2 \equiv \frac{\sqrt{2}}{1+\sqrt{2}}\frac{(|0\rangle + |1\rangle)(\langle 0| + \langle 1|)}{2} \tag{2-138}$$

$$\boldsymbol{E}_3 = \boldsymbol{I} - \boldsymbol{E}_1 - \boldsymbol{E}_2 \tag{2-139}$$

很容易验证，假设 Bob 得到的量子比特的态为 $|\psi_1\rangle = |0\rangle$，那么当他用 $\{\boldsymbol{E}_1, \boldsymbol{E}_2, \boldsymbol{E}_3\}$ 这组 POVM 进行测量时，永远不会得到测量算子 $\boldsymbol{E}_1$ 对应的测量结果，因为 $\langle\psi_1|\boldsymbol{E}_1|\psi_1\rangle = 0$。因此，如果 Bob 得到测量算子 $\boldsymbol{E}_1$ 对应的测量结果，则他可断定量子态必为 $|\psi_2\rangle$。同理，当 Bob 得到测量算子 $\boldsymbol{E}_2$ 对应的测量结果，则他可断定量子态必为 $|\psi_1\rangle$，因为 $\langle\psi_2|\boldsymbol{E}_2|\psi_2\rangle = 0$。然而，有些时候 Bob 还可能得到测量算子 $\boldsymbol{E}_3$ 对应的测量结果，此时他无法断定手中的量子态是 $|\psi_1\rangle$ 还是 $|\psi_2\rangle$。这里的关键在于 Bob 可以在某些时候无误地区分两个量子态，但这是以有些时候无法断定量子态到底是哪一个为代价的[23]。

2.4.2 量子纠缠及其应用

在量子力学中，几个粒子在彼此相互作用后，由于各个粒子所拥有的性质已综合成整体性质，因此无法单独描述各个粒子的性质，只能描述整体系统的性质，称这种现象为量子纠缠（Quantum Entanglement）。纠缠是一种纯粹发生于量子系统中的现象，在经典力学系统中找不到类似的现象。

量子纠缠的概念首先在 1935 年爱因斯坦、波多尔斯基和罗森合作完成的论文《物理实在的量子力学描述能否被认为是完备的？》中出现。在这篇论文中，他们详细描述了 EPR 佯谬（Einstein-Podolsky-Rosen paradox），试图借一个思想实验来论述量子力学的不完备性，但是他们没有进一步研究量子纠缠的特性。薛定谔在读完这篇论文之后，用德文写了一封信给爱因斯坦，在这封信里，薛定谔最先使用了术语 Verschränkung（他自己将之翻译为“纠缠”），这是为了要形容在 EPR 思想实验中，两个暂时耦合的粒子，不再耦合之后彼此之间仍旧维持的关联。不久之后，薛定谔发表了一篇重要论文，对于“量子纠缠”这个术语给予定义，并且研究探索相关的概念。薛定谔体会到这一概念的重要性，量子纠缠不只是量子力学的某个很有意思的性质，而是量子力学的特殊性质，量子纠缠在量子力学与经典力学之间做了一个完全切割。和爱因斯坦一样，薛定谔对于量子纠缠的概念也不满意，因为量子纠缠似乎违反在相对论中对于信息传递所设定的速度极限。后来，爱因斯坦更讥讽量子纠缠为“鬼魅般的超距作用”。

举例来说，假设一个零自旋中性π介子衰变成一个电子与一个正电子，这两个衰变产物各自朝着相反方向移动。电子移动到区域A，在那里的观察者Alice会观测电子沿着某特定轴向的自旋；正电子移动到区域B，在那里的观察者Bob会观测正电子沿着同样轴向的自旋。在测量之前，这两个纠缠粒子共同形成了零自旋的“纠缠态”，这是两个直积态的叠加，用狄拉克符号可以表示为

$$|\psi\rangle=\frac{1}{\sqrt{2}}\left(|\uparrow\rangle\otimes|\downarrow\rangle-|\downarrow\rangle\otimes|\uparrow\rangle\right) \tag{2-140}$$

式中，$|\uparrow\rangle$、$|\downarrow\rangle$分别表示粒子的自旋方向向上和向下的量子态。等号右边括号内第一项表明，当电子的自旋方向向上时，正电子的自旋方向一定向下；第二项表明，当电子的自旋方向向下时，正电子的自旋方向一定向上。电子和正电子自旋的两种量子态叠加在一起，每一种情况都有可能发生，且电子与正电子的自旋方向呈现反相关关系（二者的自旋方向必定相反），这样的量子态称为自旋单态。电子与正电子纠缠在一起，形成纠缠态。假如不进行测量，则无法知道这两个粒子中任何一个粒子的自旋态。量子力学不能精确预测电子与正电子的自旋到底处于哪一种态，而可以预测获得任何一组态的概率为50%。

量子纠缠是一种重要的物理资源，如同时间、能量、动量等，在量子信息领域有很多重要的应用。

（1）量子密钥分发。

量子密钥分发（Quantum Key Distribution，QKD）能够使通信双方共同拥有一个随机、安全的密钥，来加密和解密信息，从而保证通信安全。在量子密钥分发机制中，给定两个处于量子纠缠态的粒子，假设通信双方各自接收到其中一个粒子，由于测量其中任意一个粒子就会破坏这对粒子的量子纠缠特性，任何窃听动作都会被通信双方发现，因此量子纠缠保证了量子密钥分发的安全性。

（2）密集编码。

密集编码（Superdense Coding）应用量子纠缠机制来传递信息，每两个甚至更多个经典比特的信息，只需要用一个量子比特即可编码，从而实现更高效的信息传递效率。

（3）量子隐形传态。

量子隐形传态（Quantum Teleportation）利用先前发送方与接收方共享的两个量子纠

缠子系统与一些经典通信技术，将量子态或量子信息（编码为量子态）从发送方传递至相隔遥远距离的接收方。

（4）量子计算。

在量子计算（Quantum Computation）中，量子纠缠扮演了很重要的角色。例如，在门线路模型量子计算机中，想要实现两比特量子门操作，就必须先实现两个量子比特之间的纠缠；再如，在量子算法的设计中，要利用量子纠缠特性实现量子算法相对于经典算法的加速。

2.4.3 贝尔不等式及其应用

EPR 论文虽然引起了众多物理学家的兴趣，启发他们探讨量子力学的基础理论，但是除这方面外，多数物理学家认为这个论题与现代量子力学并没有什么本质关联，在之后很长的一段时间内，物理学界并没有特别重视这个论题，也没有发现 EPR 论文有什么重大瑕疵。实际上，EPR 论文试图建立定域性隐变量理论来替代量子力学理论。

1964 年，约翰·贝尔（见图 2.10）提出论文表明，对于 EPR 思想实验，量子力学的预测明显地不同于定域性隐变量理论[24]。尽管 EPR 论文在发现量子纠缠现象上有着突破性的贡献，但是它试图建立定域性隐变量理论来替代量子力学理论。约翰·贝尔在其论文中根据定域性隐变量理论提出了贝尔不等式，对两个分离的粒子同时被测量时其结果的可能关联程度建立了一个严格的限制关系。而量子力学预言，某些分离系统之间的关联程度可以突破任何“定域实在性”理论中的限制，这表明量子力学是违背贝尔不等式的。后续的实验验证了贝尔不等式不成立，从而证明了量子力学理论的正确性。概括而言，若测量两个粒子分别沿着不同轴向的自旋，则量子力学得到的统计关联性结果比定域性隐变量理论要强很多，贝尔不等式定量地给出了差别，做实验应该可以检测出这些差别。

图 2.10　约翰·贝尔

下面以两个自旋为 1/2 的粒子为例，对量子力学如何违背贝尔不等式进行详细说明。假设有两个自旋为 1/2 的粒子 A 和 B，相距较远且总自旋为零，即两个粒子的自旋方向反相关。观测者 Alice 测量粒子 A 在 a 方向上的自旋分量，观测者 Bob 测量粒子 B 在 b 方向上的自旋分量。对于自旋为 1/2 的粒子而言，沿任何方向测量其自旋分量，其结果只有两种可能：+1 和−1。

假设存在一个定域性隐变量理论，决定性地给出测量结果，即

$$A(a,\lambda)=\pm 1,\ \ B(b,\lambda)=\pm 1 \tag{2-141}$$

式中，λ 为隐变量。

定义沿 (a,b) 两个方向测量结果的关联函数为

$$P(a,b)=\int \rho(\lambda)A(a,\lambda)\cdot B(b,\lambda)\mathrm{d}\lambda \tag{2-142}$$

式中，$\rho(\lambda)$ 为隐变量的分布函数，满足 $\int \rho(\lambda)\mathrm{d}\lambda=1$。同样地，如果进行沿 (a,c) 两个方向和 (b,c) 两个方向的测量，则可对应地获得关联函数 $P(a,c)$ 和 $P(b,c)$。

根据关联函数的定义可得

$$\begin{aligned}|P(a,b)-P(a,c)|&=\left|\int \rho(\lambda)\mathrm{d}\lambda\left[A(a,\lambda)\cdot B(b,\lambda)-A(a,\lambda)\cdot B(c,\lambda)\right]\right|\\&\leqslant\int \rho(\lambda)\mathrm{d}\lambda\left|A(a,\lambda)\cdot B(b,\lambda)-A(a,\lambda)\cdot B(c,\lambda)\right|\end{aligned} \tag{2-143}$$

由两个粒子自旋方向反相关可得 $B(b,\lambda)=-A(b,\lambda)$，且满足 $A^2(b,\lambda)=1$，则上式右侧可写成

$$\begin{aligned}&\int \rho(\lambda)\mathrm{d}\lambda\left|A(a,\lambda)\cdot B(b,\lambda)-A(a,\lambda)\cdot B(c,\lambda)\right|\\&=\int \rho(\lambda)\mathrm{d}\lambda\left|-A(a,\lambda)\cdot A(b,\lambda)-A(a,\lambda)\cdot A(b,\lambda)\cdot A(b,\lambda)\cdot B(c,\lambda)\right|\\&=\int \rho(\lambda)\mathrm{d}\lambda\left|A(a,\lambda)\cdot A(b,\lambda)\right|\left|-1-A(b,\lambda)\cdot B(c,\lambda)\right|\\&=\int \rho(\lambda)\mathrm{d}\lambda\left[1+A(b,\lambda)\cdot B(c,\lambda)\right]\\&=1+P(b,c)\end{aligned} \tag{2-144}$$

在上式中用到了关系式：$\left|A(a,\lambda)\cdot A(b,\lambda)\right|=1$ 和 $\left|A(b,\lambda)\cdot B(c,\lambda)\right|\leqslant 1$。

综上所述，可得贝尔不等式

$$|P(a,b)-P(a,c)|\leqslant 1+P(b,c) \tag{2-145}$$

粒子 A 和粒子 B 的自旋单态为

$$|\psi\rangle=\frac{1}{\sqrt{2}}\left(|\uparrow\rangle_{\mathrm{A}}|\downarrow\rangle_{\mathrm{B}}-|\downarrow\rangle_{\mathrm{A}}|\uparrow\rangle_{\mathrm{B}}\right) \tag{2-146}$$

定义关联函数

$$P(a,b)=\langle A(a)B(b)\rangle$$
$$=\langle\psi|(\vec{\sigma}\cdot\vec{a})\cdot(\vec{\sigma}\cdot\vec{b})|\psi\rangle$$

不失一般性，取 b 方向为 z 轴方向，则有

$$|\psi\rangle=\frac{1}{\sqrt{2}}\left(|\uparrow\rangle_{\mathrm{A}}^{b}|\downarrow\rangle_{\mathrm{B}}^{b}-|\downarrow\rangle_{\mathrm{A}}^{b}|\uparrow\rangle_{\mathrm{B}}^{b}\right) \tag{2-147}$$

$$\begin{aligned}P(a,b)&=\frac{1}{\sqrt{2}}\left(\langle\uparrow|_{\mathrm{A}}^{b}\langle\downarrow|_{\mathrm{B}}^{b}-\langle\downarrow|_{\mathrm{A}}^{b}\langle\uparrow|_{\mathrm{B}}^{b}\right)\boldsymbol{\sigma}_{\mathrm{A}}^{a}\boldsymbol{\sigma}_{\mathrm{B}}^{b}\left(|\uparrow\rangle_{\mathrm{A}}^{b}|\downarrow\rangle_{\mathrm{B}}^{b}-|\downarrow\rangle_{\mathrm{A}}^{b}|\uparrow\rangle_{\mathrm{B}}^{b}\right)\frac{1}{\sqrt{2}}\\&=\frac{1}{2}\left({}_{\mathrm{A}}^{b}\langle\uparrow|{}_{\mathrm{B}}^{b}\langle\downarrow|-{}_{\mathrm{A}}^{b}\langle\downarrow|{}_{\mathrm{B}}^{b}\langle\uparrow|\right)\boldsymbol{\sigma}_{\mathrm{A}}^{a}\left(|\uparrow\rangle_{\mathrm{A}}^{b}|\downarrow\rangle_{\mathrm{B}}^{b}-|\downarrow\rangle_{\mathrm{A}}^{b}|\uparrow\rangle_{\mathrm{B}}^{b}\right)\\&=\frac{1}{2}\left(-{}_{\mathrm{A}}^{b}\langle\uparrow|\boldsymbol{\sigma}_{\mathrm{A}}^{a}|\uparrow\rangle_{\mathrm{A}}^{b}+{}_{\mathrm{A}}^{b}\langle\downarrow|\boldsymbol{\sigma}_{\mathrm{A}}^{a}|\downarrow\rangle_{\mathrm{A}}^{b}\right)\\&=\frac{1}{2}\left(-\sigma_{11}^{a}+\sigma_{22}^{a}\right)\end{aligned} \tag{2-148}$$

由于 $\boldsymbol{\sigma}_{\mathrm{A}}^{a}=\begin{pmatrix}\cos\theta & \mathrm{e}^{-\mathrm{i}\varphi}\sin\theta\\ \mathrm{e}^{\mathrm{i}\varphi}\sin\theta & -\cos\theta\end{pmatrix}$，其中 θ 为 a 方向和 b 方向的夹角，因此 $\sigma_{11}^{a}=\cos\theta$，$\sigma_{22}^{a}=-\cos\theta$。

代入关联函数可得，$P(a,b)=-\cos(a,b)$，同理有 $P(a,c)=-\cos(a,c)$ 和 $P(b,c)=-\cos(b,c)$。

代入贝尔不等式得，$|\cos(a,b)-\cos(a,c)|\leqslant 1-\cos(b,c)$。

如果取 a、b、c 共面且夹角如图 2.11 所示，代入贝尔不等式得：$1\leqslant\frac{1}{2}$，显然不成立，从而量子力学违背贝尔不等式得证。

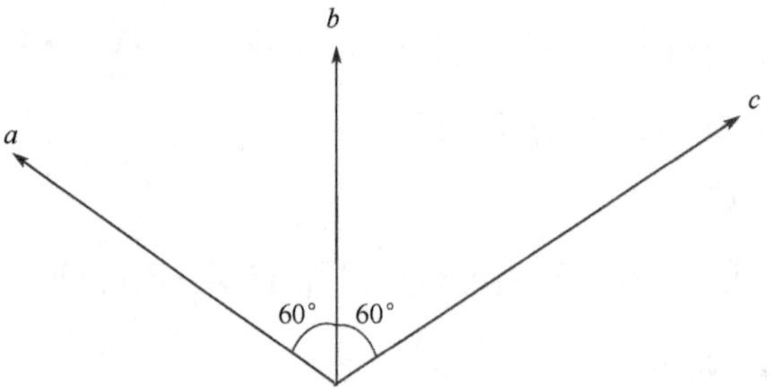

图 2.11　夹角示意图

例 2.18　4 个 Bell 态的表达式如下：

$$|\psi_1\rangle=\frac{1}{\sqrt{2}}(|00\rangle+|11\rangle),\quad |\psi_2\rangle=\frac{1}{\sqrt{2}}(|00\rangle-|11\rangle)$$

$$|\psi_3\rangle=\frac{1}{\sqrt{2}}(|01\rangle+|10\rangle),\quad |\psi_4\rangle=\frac{1}{\sqrt{2}}(|01\rangle-|10\rangle)$$

验证 Bell 态构成双量子比特空间的一组标准正交基。

验证：

根据张量积的定义，有

$$|00\rangle=|0\rangle\otimes|0\rangle=\begin{pmatrix}1\\0\end{pmatrix}\otimes\begin{pmatrix}1\\0\end{pmatrix}=\begin{pmatrix}1\\0\\0\\0\end{pmatrix}$$

同理可得

$$|01\rangle=\begin{pmatrix}0\\1\\0\\0\end{pmatrix},\quad |10\rangle=\begin{pmatrix}0\\0\\1\\0\end{pmatrix},\quad |11\rangle=\begin{pmatrix}0\\0\\0\\1\end{pmatrix}$$

因此，有

$$|\psi_1\rangle=\frac{1}{\sqrt{2}}\begin{pmatrix}1\\0\\0\\1\end{pmatrix},\quad |\psi_2\rangle=\frac{1}{\sqrt{2}}\begin{pmatrix}1\\0\\0\\-1\end{pmatrix},\quad |\psi_3\rangle=\frac{1}{\sqrt{2}}\begin{pmatrix}0\\1\\1\\0\end{pmatrix},\quad |\psi_4\rangle=\frac{1}{\sqrt{2}}\begin{pmatrix}0\\1\\-1\\0\end{pmatrix}$$

则

$$\langle\psi_1|\psi_1\rangle=\frac{1}{2}\begin{pmatrix}1\\0\\0\\1\end{pmatrix}\begin{pmatrix}1 & 0 & 0 & 1\end{pmatrix}=1$$

可验证，对于任意 $i\in\{1,2,3,4\}$，都有 $\langle\psi_i|\psi_i\rangle=1$ 。

对于不同的两个 Bell 态，如 $|\psi_1\rangle$ 和 $|\psi_2\rangle$，有

$$\langle\psi_1|\psi_2\rangle=\frac{1}{2}\begin{pmatrix}1\\0\\0\\1\end{pmatrix}\begin{pmatrix}1 & 0 & 0 & -1\end{pmatrix}=0$$

可验证，对于任意 $i,j\in\{1,2,3,4\}$，$i\neq j$，都有 $\langle\psi_i|\psi_j\rangle=0$ 。故 4 个 Bell 态构成双量子比特空间的一组标准正交基。

1972 年，约翰·克劳泽与史达特·弗利曼首先完成违背贝尔不等式的验证实验。1982 年，阿兰·阿斯佩完成了以这种验证实验为题目的博士论文。他们得到的实验结果符合量子力学的预测，不符合定域性隐变量理论的预测，因此证实定域性隐变量理论不成立。

自贝尔不等式提出以来，陆续出现了各种改进的贝尔不等式。这些贝尔不等式作为非局域性信息处理的潜在资源，在量子信息尤其是设备无关类量子密码协议中有重要的应用[25]。

（1）通信复杂度。

在信息理论和通信复杂性研究中，可以利用非局域性来减小某些分布式计算任务中的通信量，从而降低通信复杂度（Communication Complexity）。

（2）信息论。

在信息论（Information Theory）的背景下，非局域性关联可以增强通信能力，尤其是增大噪声通信信道的零误差传输率。

（3）DI 量子密码。

非局域性和随机性之间可以建立定量的联系，从而使用违背贝尔不等式的设备以 DI（Device-Independent，设备无关）方式生成随机数。此外，DI 量子密钥分发协议的基本假设和安全性证明在本质上与 DI 随机数生成协议相似，不同之处在于 DI 量子密钥分发协议涉及两个相距较远的用户，他们可以在公共信道上交互违背贝尔不等式的信息来建立共享密钥。

（4）量子计算。

某些贝尔不等式所蕴含的量子相关性只能通过对特定的纠缠态执行特定的局域性测量来重现。因此，对这种相关性的测量允许以 DI 方式表征未知的量子态及测量设备。例如，对量子计算机进行自检测，包括自检测量子计算机制备的量子态和作用于该量子态的一系列操作。

以上为贝尔不等式在量子信息中应用的部分内容，本书的后续章节中有更详细的介绍。

习题

2.1　求以下两个向量线性独立的条件。

$$\vec{u}_1=\begin{pmatrix}x\\y\\3\end{pmatrix},\vec{u}_2=\begin{pmatrix}2\\x-y\\1\end{pmatrix}$$

2.2　证明$|e_1\rangle=\frac{1}{\sqrt{2}}\begin{pmatrix}1\\1\end{pmatrix}$，$|e_2\rangle=\frac{1}{\sqrt{2}}\begin{pmatrix}1\\-1\end{pmatrix}$为一组标准正交基，并将向量$|v\rangle=\begin{pmatrix}3\\2\end{pmatrix}$用这组标准正交基进行线性表示。

2.3　利用 Gram-Schmidt 正交化方法为下列向量组找出组标准正交基。

$$\vec{u}_1=\begin{pmatrix}-1\\2\\2\end{pmatrix},\vec{u}_2=\begin{pmatrix}2\\-1\\2\end{pmatrix},\vec{u}_3=\begin{pmatrix}3\\0\\-3\end{pmatrix}$$

2.4　求泡利矩阵$\boldsymbol{\sigma}_y=\begin{pmatrix}0&-\mathrm{i}\\\mathrm{i}&0\end{pmatrix}$的本征值和本征态。

2.5　求矩阵$\boldsymbol{U}=\begin{pmatrix}0&0&\mathrm{i}\\0&\mathrm{i}&0\\\mathrm{i}&0&0\end{pmatrix}$的本征值和本征态。是否可不通过计算直接得到本征值和本征态？

2.6　已知$\boldsymbol{H}$是一个厄米矩阵，证明$\boldsymbol{U}=(\boldsymbol{I}+\mathrm{i}\boldsymbol{H})(\boldsymbol{I}-\mathrm{i}\boldsymbol{H})^{-1}$是幺正矩阵。

2.7　已知一个 2×2 的矩阵$\boldsymbol{A}$的本征值为−1 和 3，对应的本征态为$|e_1\rangle=\frac{1}{\sqrt{2}}\begin{pmatrix}-1\\\mathrm{i}\end{pmatrix}$和$|e_2\rangle=\frac{1}{\sqrt{2}}\begin{pmatrix}1\\\mathrm{i}\end{pmatrix}$，求矩阵$\boldsymbol{A}$。

2.8　已知$\boldsymbol{A}$是一个$m\times n$矩阵，$\boldsymbol{B}$是一个$p\times q$矩阵，$\boldsymbol{C}$是一个$n\times r$矩阵，$\boldsymbol{D}$是一个$q\times s$矩阵，证明：$(\boldsymbol{A}\otimes\boldsymbol{B})(\boldsymbol{C}\otimes\boldsymbol{D})=(\boldsymbol{AC})\otimes(\boldsymbol{BD})$。

2.9　利用本章所学知识证明定理 2.6。

2.10　已知矩阵$\boldsymbol{A}=\begin{pmatrix}5&-2&-4\\-2&2&2\\-4&2&5\end{pmatrix}$，求

（1）矩阵$\boldsymbol{A}$的本征值和归一化本征态；

（2）矩阵$\boldsymbol{A}$的谱分解；

（3）利用谱分解求矩阵$\boldsymbol{A}$的逆矩阵。

2.11　已知$|a\rangle,|b\rangle,|c\rangle,|d\rangle\in\mathbb{C}^n$，证明如下关系：

$$\begin{aligned}(|a\rangle\langle b|)\otimes(|c\rangle\langle d|)&=(|a\rangle\otimes|c\rangle)(\langle b|\otimes|d\rangle)\\&=|ac\rangle\langle bd|\end{aligned}$$

2.12　考虑一个与时间相关的哈密顿量$\boldsymbol{H}=-\frac{\hbar}{2}\omega\boldsymbol{\sigma}_y$，假设系统在$t=0$时刻的初始态为$|\psi(0)\rangle=\begin{pmatrix}0\\1\end{pmatrix}$。

（1）计算系统在 $t>0$ 时刻的波函数 $|\psi(t)\rangle$；

（2）计算在 $t>0$ 时刻对系统进行 $\boldsymbol{\sigma}_z$ 测量时得到结果+1 的概率；

（3）计算在 $t>0$ 时刻对系统进行 $\boldsymbol{\sigma}_x$ 测量时得到结果+1 的概率。

2.13　已知 $\boldsymbol{A}$ 为厄米矩阵，如果对处于相关希尔伯特空间中的任意量子态 $|\psi\rangle$ 有 $\langle\psi|\boldsymbol{A}|\psi\rangle \geqslant 0$，则称 $\boldsymbol{A}$ 为半正定的。证明：半正定厄米矩阵的所有本征值都是非负的。

2.14　求泡利矩阵 $\boldsymbol{X}$、$\boldsymbol{Y}$、$\boldsymbol{Z}$ 之间的反对易关系。

第3章　量子线路模型

1965年，因特尔创始人之一的戈登•摩尔（Gordon Moore）指出：集成电路上可以容纳的晶体管数量每18～24个月便会增加一倍，即处理器性能大概每两年翻一番，晶体管尺寸每两年减小一半，这就是著名的摩尔定律。自从摩尔定律提出以来，大规模集成电路近60年的发展历程印证了摩尔定律的正确性。然而，随着晶体管尺寸越来越小，芯片制造精度会越来越接近原子直径尺寸，经典物理学规律将不再适用，经典晶体管尺寸无法无限地缩小下去，半导体技术不可避免地会遇到经典物理学极限瓶颈。

20世纪80年代美国物理学家费曼在讨论量子物理系统的计算机模拟时提出了“量子计算机”的概念，其将“计算”和“物理规律”联系起来。然而，费曼并没有回答这样一台“量子计算机”是如何工作的。这一划时代的概念激发了物理学家研究量子计算的热情。英国牛津大学教授Deutsch于1985年提出了量子图灵机模型，并于1989年进一步提出了量子线路模型，从理论上解释了量子计算机的工作原理。

在量子线路模型中，利用通用量子门组和量子比特就可以构造量子网络，以实现所需的量子计算。在量子线路图中，通常用一条直线表示一个量子比特，在图3.1中，直线上没有任何其他操作，这意味着量子比特的状态将一直保持其初始态，但是图3.1中并没有量子比特初始态的信息。

图3.1　单个量子比特的量子线路

为了增加量子比特的初始信息，量子线路通常如图3.2所示，其中的$|0\rangle$表示初始量子态为$|0\rangle$。在量子线路中，最左边表示输入的初始量子态，通常经过一系列量子操作，最终在最右侧对量子比特进行测量，从而得到相应的量子态。

图3.2　初始量子态为$|0\rangle$的单个量子比特的量子线路

本章将简要介绍量子线路模型中所需用到的通用量子门组，包括常见的单比特量子门、两比特量子门、多比特量子门等；进一步在量子门的基础上，简要介绍基于量子线路模型的量子算法，如Deutsch-Jozsa算法、BV算法、Simon算法等。

3.1 量子门

由量子力学知识可知，在封闭量子系统中，量子态的演化可以用幺正矩阵表示，即

$$|\psi(t)\rangle = \boldsymbol{U}|\psi(0)\rangle \tag{3-1}$$

因此，所有量子算法均可视为首先对输入量子态$|\psi(0)\rangle$进行相应的幺正变换$\boldsymbol{U}$，然后通过测量来提取所需的信息。然而，直接通过单步物理操作实现幺正变换$\boldsymbol{U}$通常是难以完成的。Deutsch 提出，可以通过单比特量子门、两比特量子门构造复杂的量子线路网络，以实现所需的幺正变换$\boldsymbol{U}$。本章接下来的几节中，将分别介绍单比特量子门、两比特量子门及多比特量子门，以及如何用通用量子门组以一定精度近似实现任意幺正变换$\boldsymbol{U}$。

3.1.1 单比特量子门

单比特量子门即作用在单个量子比特上的幺正矩阵，在量子线路图中通常表示成图 3.3 的形式。

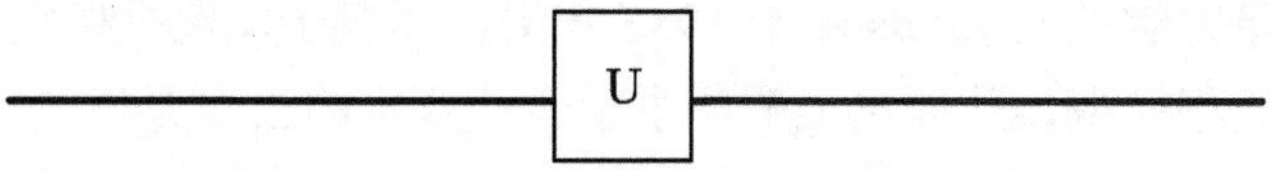

图 3.3 一般情形的单比特量子门

常见的单比特量子门有 X 门、Y 门、Z 门，其矩阵形式分别为

$$\boldsymbol{X} = \begin{bmatrix} 0 & 1 \\ 1 & 0 \end{bmatrix} \qquad \boldsymbol{Y} = \begin{bmatrix} 0 & -\mathrm{i} \\ \mathrm{i} & 0 \end{bmatrix} \qquad \boldsymbol{Z} = \begin{bmatrix} 1 & 0 \\ 0 & -1 \end{bmatrix} \tag{3-2}$$

其作用分别为

$$\boldsymbol{X}|0\rangle = |1\rangle \qquad \boldsymbol{X}|1\rangle = |0\rangle \tag{3-3}$$

$$\boldsymbol{Y}|0\rangle = \mathrm{i}|1\rangle \qquad \boldsymbol{Y}|1\rangle = -\mathrm{i}|0\rangle \tag{3-4}$$

$$\boldsymbol{Z}|0\rangle = |0\rangle \qquad \boldsymbol{Z}|1\rangle = -|1\rangle \tag{3-5}$$

式中，$|0\rangle = \begin{pmatrix} 1 \\ 0 \end{pmatrix}$，$|1\rangle = \begin{pmatrix} 0 \\ 1 \end{pmatrix}$。

上面介绍的 3 种量子门在量子线路图表示中，只需要将图 3.3 中的 U 分别换成 X、Y、Z 即可。在有些文献中，X 门表示成图 3.4 的形式。

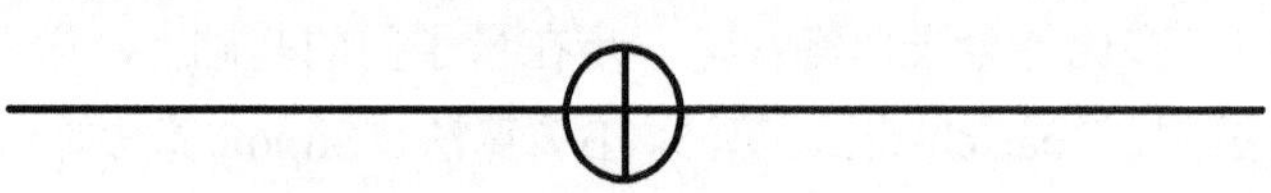

图 3.4 X 门

除上述的 3 种单比特量子门外，常见的单比特量子门还有 Hadamard 门（简称 H 门，也称 Hadamard 操作）、S 门、T 门，其矩阵形式分别为

$$\boldsymbol{H}=\frac{1}{\sqrt{2}}\begin{bmatrix}1 & 1\\ 1 & -1\end{bmatrix}\qquad \boldsymbol{S}=\begin{bmatrix}1 & 0\\ 0 & \mathrm{i}\end{bmatrix}\qquad \boldsymbol{T}=\begin{bmatrix}1 & 0\\ 0 & \mathrm{e}^{\frac{\mathrm{i}\pi}{4}}\end{bmatrix} \tag{3-6}$$

相应地，其作用分别为

$$\boldsymbol{H}|0\rangle=\frac{1}{\sqrt{2}}(|0\rangle+|1\rangle)\qquad \boldsymbol{H}|1\rangle=\frac{1}{\sqrt{2}}(|0\rangle-|1\rangle) \tag{3-7}$$

$$\boldsymbol{S}|0\rangle=|0\rangle\qquad \boldsymbol{S}|1\rangle=\mathrm{i}|1\rangle \tag{3-8}$$

$$\boldsymbol{T}|0\rangle=|0\rangle\qquad \boldsymbol{T}|1\rangle=\mathrm{e}^{\frac{\mathrm{i}\pi}{4}}|1\rangle \tag{3-9}$$

不难看出，$\boldsymbol{H}=\frac{1}{\sqrt{2}}(\boldsymbol{X}+\boldsymbol{Z})$，$\boldsymbol{T}^2=\boldsymbol{S}$，$\boldsymbol{S}^2=\boldsymbol{Z}$。同样，上述 3 种量子门在量子线路图中的表示仅需将图 3.3 中的 U 分别换成 H、S、T 即可。

在单比特量子门中，还有一种常见的门是单比特旋转门，如绕坐标轴 x、y、z 的旋转门，其形式分别为

$$\boldsymbol{R}_x(\theta)=\exp\left(-\frac{\mathrm{i}\theta}{2}\boldsymbol{X}\right)=\cos\left(\frac{\theta}{2}\right)\boldsymbol{I}-\mathrm{i}\sin\left(\frac{\theta}{2}\right)\boldsymbol{X}=\begin{pmatrix}\cos\left(\frac{\theta}{2}\right) & -\mathrm{i}\sin\left(\frac{\theta}{2}\right)\\ -\mathrm{i}\sin\left(\frac{\theta}{2}\right) & \cos\left(\frac{\theta}{2}\right)\end{pmatrix} \tag{3-10}$$

$$\boldsymbol{R}_y(\theta)=\exp\left(-\frac{\mathrm{i}\theta}{2}\boldsymbol{Y}\right)=\cos\left(\frac{\theta}{2}\right)\boldsymbol{I}-\mathrm{i}\sin\left(\frac{\theta}{2}\right)\boldsymbol{Y}=\begin{pmatrix}\cos\left(\frac{\theta}{2}\right) & -\sin\left(\frac{\theta}{2}\right)\\ \sin\left(\frac{\theta}{2}\right) & \cos\left(\frac{\theta}{2}\right)\end{pmatrix} \tag{3-11}$$

$$\boldsymbol{R}_z(\theta)=\exp\left(-\frac{\mathrm{i}\theta}{2}\boldsymbol{Z}\right)=\cos\left(\frac{\theta}{2}\right)\boldsymbol{I}-\mathrm{i}\sin\left(\frac{\theta}{2}\right)\boldsymbol{Z}=\begin{pmatrix}\exp\left(-\frac{\mathrm{i}\theta}{2}\right) & 0\\ 0 & \exp\left(\frac{\mathrm{i}\theta}{2}\right)\end{pmatrix} \tag{3-12}$$

式中，θ 为绕相应轴旋转的角度。更一般地，对于任意一个轴 $\vec{n}=(n_x,n_y,n_z)$，绕 $\vec{n}$ 轴的旋转门可以记为

$$\begin{aligned}\boldsymbol{R}_{\vec{n}}(\theta)&=\exp\left(-\frac{\mathrm{i}\theta}{2}(\vec{n}\cdot\vec{\sigma})\right)\\ &=\cos\left(\frac{\theta}{2}\right)\boldsymbol{I}-\mathrm{i}\sin\left(\frac{\theta}{2}\right)(n_x\boldsymbol{X}+n_y\boldsymbol{Y}+n_z\boldsymbol{Z})\end{aligned} \tag{3-13}$$

式中，$\vec{\sigma}$ 是由 3 个泡利矩阵组成的向量 $(\boldsymbol{X},\boldsymbol{Y},\boldsymbol{Z})$，$n_x^2+n_y^2+n_z^2=1$。显然有

$$X = \mathrm{i}R_x(\pi) \tag{3-14}$$

$$Y = \mathrm{i}R_y(\pi) \tag{3-15}$$

$$Z = \mathrm{i}R_z(\pi) \tag{3-16}$$

$$S = \mathrm{e}^{\frac{\mathrm{i}\pi}{4}} R_z\left(\frac{\pi}{2}\right) \tag{3-17}$$

$$\begin{aligned} T &= \mathrm{e}^{\frac{\mathrm{i}\pi}{8}} R_z\left(\frac{\pi}{4}\right) \\ &= \mathrm{e}^{\frac{\mathrm{i}\pi}{8}} \begin{pmatrix} \mathrm{e}^{-\frac{\mathrm{i}\pi}{8}} & 0 \\ 0 & \mathrm{e}^{\frac{\mathrm{i}\pi}{8}} \end{pmatrix} \end{aligned} \tag{3-18}$$

在T门的上述表示中，矩阵的对角元分别以$-\frac{\pi}{8}$和$\frac{\pi}{8}$为指数，因此历史上也称该门为$\frac{\pi}{8}$门。

从前面的公式可知，X门、Y门、Z门、S门、T门都可以表示为旋转门和复相位乘积的形式。实际上，对于任意的单比特幺正变换U，都有以下定理。

定理 3.1 对于任意单比特幺正变换U，存在实数α、β、γ、δ，使得

$$U = \mathrm{e}^{\mathrm{i}\alpha} R_z(\beta) R_y(\gamma) R_z(\delta) \tag{3-19}$$

证明：不失一般性，假定单比特幺正变换U对$|0\rangle$态的作用为

$$\begin{aligned} U|0\rangle &= |\varphi\rangle \\ &= \mathrm{e}^{\mathrm{i}a_1} \cos\left(\frac{a_2}{2}\right)|0\rangle + \mathrm{e}^{\mathrm{i}a_3} \sin\left(\frac{a_2}{2}\right)|1\rangle \end{aligned} \tag{3-20}$$

相应地，U对$|1\rangle$态的作用为

$$U|1\rangle = |\phi\rangle \tag{3-21}$$

由于U是幺正变换，因此$|\phi\rangle$可以记为

$$|\phi\rangle = \mathrm{e}^{\mathrm{i}a_4}\left(-\mathrm{e}^{\mathrm{i}a_1} \sin\left(\frac{a_2}{2}\right)|0\rangle + \mathrm{e}^{\mathrm{i}a_3} \cos\left(\frac{a_2}{2}\right)|1\rangle\right) \tag{3-22}$$

由算子的外积表示可知，U可以表示为

$$U = |\varphi\rangle\langle 0| + |\phi\rangle\langle 1| \tag{3-23}$$

其矩阵形式为

$$U = \begin{pmatrix} \mathrm{e}^{\mathrm{i}a_1} \cos\left(\frac{a_2}{2}\right) & -\mathrm{e}^{\mathrm{i}(a_1+a_4)} \sin\left(\frac{a_2}{2}\right) \\ \mathrm{e}^{\mathrm{i}a_3} \sin\left(\frac{a_2}{2}\right) & \mathrm{e}^{\mathrm{i}(a_3+a_4)} \cos\left(\frac{a_2}{2}\right) \end{pmatrix} \tag{3-24}$$

经过简单矩阵乘积，可知$e^{i\alpha}\boldsymbol{R}_z(\beta)\boldsymbol{R}_y(\gamma)\boldsymbol{R}_z(\delta)$的矩阵形式为

$$e^{i\alpha}\boldsymbol{R}_z(\beta)\boldsymbol{R}_y(\gamma)\boldsymbol{R}_z(\delta)=\begin{pmatrix} e^{i(\alpha-\beta/2-\delta/2)}\cos\left(\frac{\gamma}{2}\right) & -e^{i(\alpha-\beta/2+\delta/2)}\sin\left(\frac{\gamma}{2}\right) \\ e^{i(\alpha+\beta/2-\delta/2)}\sin\left(\frac{\gamma}{2}\right) & e^{i(\alpha+\beta/2+\delta/2)}\cos\left(\frac{\gamma}{2}\right) \end{pmatrix} \tag{3-25}$$

对比式（3-24）和式（3-25），令

$$\alpha=\frac{1}{2}(a_1+a_3+a_4)，\ \beta=a_3-a_1，\ \gamma=a_2，\ \delta=a_4 \tag{3-26}$$

因此，对于任意单比特幺正变换$\boldsymbol{U}$，存在实数α、β、γ、δ，使得

$$\boldsymbol{U}=e^{i\alpha}\boldsymbol{R}_z(\beta)\boldsymbol{R}_y(\gamma)\boldsymbol{R}_z(\delta) \tag{3-27}$$

证明完毕。

例 3.1 H 门可以写成

$$\begin{aligned}\boldsymbol{H}&=e^{\frac{i\pi}{2}}\boldsymbol{R}_z(0)\boldsymbol{R}_y\left(\frac{\pi}{2}\right)\boldsymbol{R}_z(\pi)\\&=e^{\frac{i\pi}{2}}\boldsymbol{R}_y\left(\frac{\pi}{2}\right)\boldsymbol{R}_z(\pi)\end{aligned} \tag{3-28}$$

X 门可以写成

$$\begin{aligned}\boldsymbol{X}&=e^{\frac{i\pi}{2}}\boldsymbol{R}_z(0)\boldsymbol{R}_y(\pi)\boldsymbol{R}_z(\pi)\\&=e^{\frac{i\pi}{2}}\boldsymbol{R}_y(\pi)\boldsymbol{R}_z(\pi)\end{aligned} \tag{3-29}$$

对于任意单比特幺正变换$\boldsymbol{U}$，除可以将其写成$\boldsymbol{R}_z(\theta)$、$\boldsymbol{R}_y(\theta)$的乘积外，还可以写成$\boldsymbol{R}_x(\theta)$、$\boldsymbol{R}_y(\theta)$的乘积，也可以写成$\boldsymbol{R}_x(\theta)$、$\boldsymbol{R}_z(\theta)$的乘积。更一般地，给定三维空间中任意两个非平行向量$\vec{n}$、$\vec{m}$，对于任意单比特幺正变换$\boldsymbol{U}$，可以证明一定存在实数α、β、γ、δ，使得

$$\boldsymbol{U}=e^{i\alpha}\boldsymbol{R}_{\vec{n}}(\beta)\boldsymbol{R}_{\vec{m}}(\gamma)\boldsymbol{R}_{\vec{n}}(\delta) \tag{3-30}$$

上述结论的证明和定理 3.1 的证明类似，感兴趣的读者可以自行证明。

进一步，对于任意单比特幺正变换$\boldsymbol{U}$，有以下推论。

推论 3.1 对于任意单比特幺正变换$\boldsymbol{U}$，存在单比特幺正变换$\boldsymbol{A}$、$\boldsymbol{B}$、$\boldsymbol{C}$，使得

$$\boldsymbol{U}=e^{i\alpha}\boldsymbol{AXBXC} \tag{3-31}$$

式中，幺正变换$\boldsymbol{A}$、$\boldsymbol{B}$、$\boldsymbol{C}$满足$\boldsymbol{ABC}=\boldsymbol{I}$。

证明：由定理 3.1 可知，对于任意单比特幺正变换$\boldsymbol{U}$，可以将其表示成

$$U = e^{i\alpha} R_z(\beta) R_y(\gamma) R_z(\delta)$$

因此，可以取

$$A = R_z(\beta) R_y(\gamma/2) \tag{3-32}$$

$$B = R_y(-\gamma/2) R_z(-(\delta+\beta)/2) \tag{3-33}$$

$$C = R_z((\delta-\beta)/2) \tag{3-34}$$

满足 $ABC = I$ 。进一步，由习题 3.4 的结论可知

$$\begin{aligned} AXBXC &= R_z(\beta) R_y(\gamma/2) XR_y(-\gamma/2) R_z(-(\delta+\beta)/2) XR_z((\delta-\beta)/2) \\ &= R_z(\beta) R_y(\gamma/2) XR_y(-\gamma/2) XXR_z(-(\delta+\beta)/2) XR_z((\delta-\beta)/2) \\ &= R_z(\beta) R_y(\gamma/2) R_y(\gamma/2) R_z((\delta+\beta)/2) R_z((\delta-\beta)/2) \\ &= R_z(\beta) R_y(\gamma) R_z(\delta) \end{aligned} \tag{3-35}$$

因此，$U = e^{i\alpha} AXBXC$ 。

证明完毕。

例 3.2
$$H = e^{\frac{i\pi}{2}} R_y\left(\frac{\pi}{2}\right) R_z(\pi) = e^{\frac{i\pi}{2}} AXBXC \tag{3-36}$$

式中，$A = R_y(\pi/4)$，$B = R_y(-\pi/4) R_z(-\pi/2)$，$C = R_z(\pi/2)$ 。

3.1.2 两比特量子门

两比特量子门，顾名思义，即只涉及两个量子比特的幺正变换 $U_{4\times4}$，这类门的物理实现相对容易。例如，两比特交换门（Swap 门），其作用为交换两个量子比特的信息，简记为

$$\mathbf{Swap}|a\rangle|b\rangle = |b\rangle|a\rangle \tag{3-37}$$

式中，$a,b \in \{0,1\}$ 。其矩阵表示为

$$\mathbf{Swap} = \begin{pmatrix} 1 & 0 & 0 & 0 \\ 0 & 0 & 1 & 0 \\ 0 & 1 & 0 & 0 \\ 0 & 0 & 0 & 1 \end{pmatrix} \tag{3-38}$$

读者可利用矩阵乘法轻松验证：

$$\begin{aligned} &\mathbf{Swap}|00\rangle = |00\rangle, \quad \mathbf{Swap}|01\rangle = |10\rangle \\ &\mathbf{Swap}|10\rangle = |01\rangle, \quad \mathbf{Swap}|11\rangle = |11\rangle \end{aligned} \tag{3-39}$$

Swap 门如图 3.5 所示。

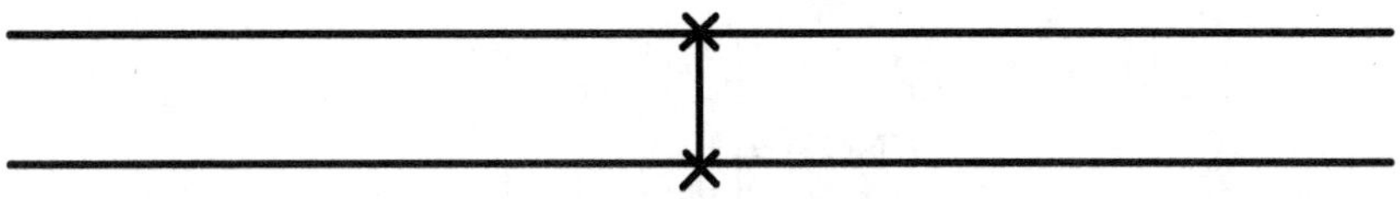

图 3.5　Swap 门

本节对一般的两比特幺正变换不进行详细介绍，重点介绍一类最简单的两比特量子门——控制-$\mathrm{U}_{2\times2}$门（简记为C-U门）。众所周知，在经典算法中，经常存在一些条件操作：如果满足条件t，则实施操作c。在量子算法中，同样存在类似的操作。不同的是，所有量子操作都是幺正的。最简单的情况是只有两个量子比特的情形：当第i个量子比特取值为$|1\rangle$时，对第j个量子比特实施幺正变换$\boldsymbol{U}$；当第i个量子比特取值为$|0\rangle$时，对第j个量子比特不实施任何操作，简记该两比特量子门为C_{ij}-U门，其作用可以简单表示为

$$\mathbf{C}_{ij}\text{-}\mathbf{U}|x\rangle_i\otimes|y\rangle_j=|x\rangle_i\otimes\boldsymbol{U}^x|y\rangle_j \tag{3-40}$$

式中，$x,y\in\{0,1\}$。其量子线路图如图 3.6 所示。

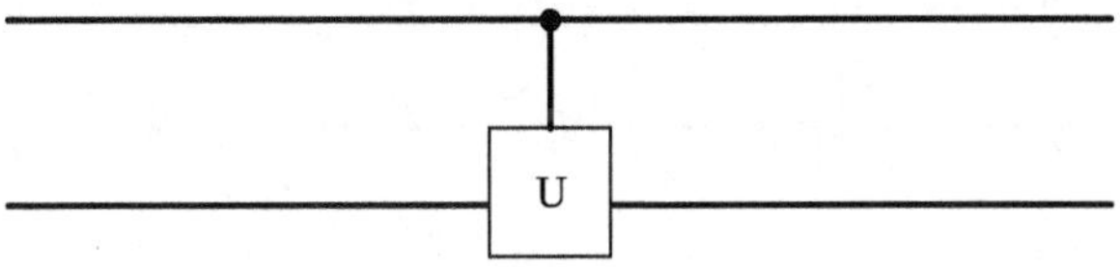

图 3.6　C_{ij}-U 门

例 3.3　当$\boldsymbol{U}=\boldsymbol{X}$时，此时的两比特量子门为 CNOT 门，其量子线路图如图 3.7 所示。

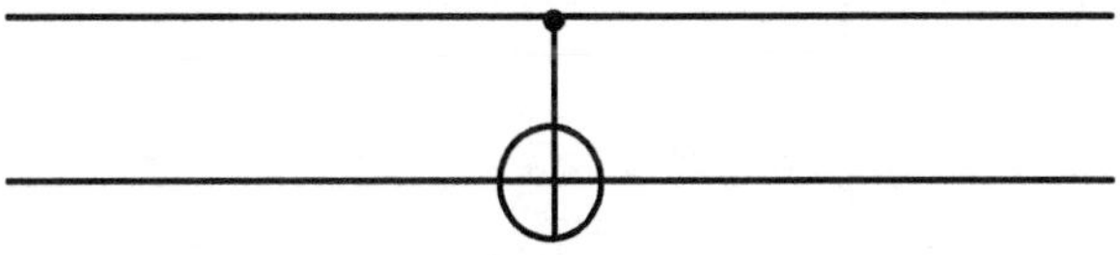

图 3.7　CNOT 门

CNOT 门的作用：当图 3.7 中第一条直线代表的量子比特为$|1\rangle$时，对第二条直线代表的量子比特实施 X 门操作；当图 3.7 中第一条直线代表的量子比特为$|0\rangle$时，对第二条直线代表的量子比特不实施任何操作。即

$$\mathbf{CNOT}\begin{matrix}|00\rangle=|00\rangle\\|01\rangle=|01\rangle\\|10\rangle=|11\rangle\\|11\rangle=|10\rangle\end{matrix} \tag{3-41}$$

由上式可以看出，CNOT 门的作用可以简单记为$\mathbf{CNOT}|a\rangle|b\rangle=|a\rangle|a\oplus b\rangle$，其中$a,b\in\{0,1\}$。CNOT 门用矩阵可以表示为

$$\mathbf{CNOT}=\begin{pmatrix}1&0&0&0\\0&1&0&0\\0&0&0&1\\0&0&1&0\end{pmatrix} \tag{3-42}$$

例 3.4 利用图 3.8 中的量子线路可以制备纠缠（Bell）态$|\psi_{00}\rangle=\frac{1}{\sqrt{2}}(|00\rangle+|11\rangle)$，其量子态变化过程为

$$|00\rangle\xrightarrow{\text{H门}}\frac{1}{\sqrt{2}}(|0\rangle+|1\rangle)|0\rangle\xrightarrow{\text{CNOT门}}\frac{1}{\sqrt{2}}(|00\rangle+|11\rangle) \tag{3-43}$$

如果输入态换成$|01\rangle$，则利用图 3.8 中的量子线路，量子态变化过程为

$$|01\rangle\xrightarrow{\text{H门}}\frac{1}{\sqrt{2}}(|0\rangle+|1\rangle)|1\rangle\xrightarrow{\text{CNOT门}}\frac{1}{\sqrt{2}}(|01\rangle+|10\rangle) \tag{3-44}$$

即可以制备纠缠态$|\psi_{01}\rangle=\frac{1}{\sqrt{2}}(|01\rangle+|10\rangle)$；同理，若输入态为$|10\rangle$，则经过图 3.8 中的量子线路，量子态变化过程为

$$|10\rangle\xrightarrow{\text{H门}}\frac{1}{\sqrt{2}}(|0\rangle-|1\rangle)|0\rangle\xrightarrow{\text{CNOT门}}\frac{1}{\sqrt{2}}(|00\rangle-|11\rangle) \tag{3-45}$$

即可以制备纠缠态$|\psi_{10}\rangle=\frac{1}{\sqrt{2}}(|00\rangle-|11\rangle)$；当输入态为$|11\rangle$时，输出态为$|\psi_{11}\rangle=\frac{1}{\sqrt{2}}(|01\rangle-|10\rangle)$。

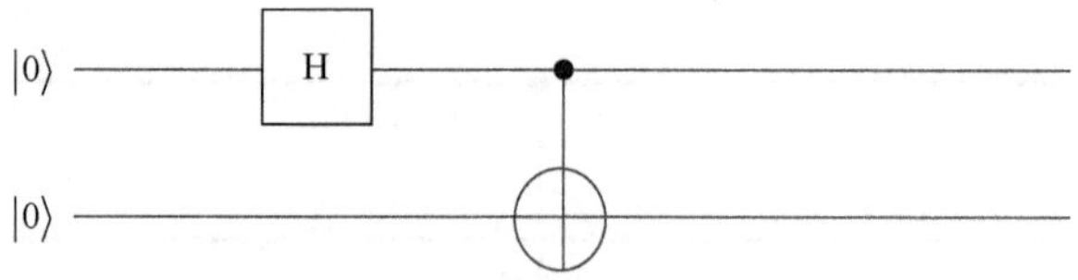

图 3.8 制备纠缠态的简单量子线路

推论 3.2 对于任意的C-U 门，其最多可由 4 个单比特量子门、2 个 CNOT 门组合实现。

证明：由推论 3.1 可知，对于任意单比特幺正变换$\boldsymbol{U}$，均存在单比特幺正变换$\boldsymbol{A}$、$\boldsymbol{B}$、$\boldsymbol{C}$满足$\boldsymbol{ABC}=\boldsymbol{I}$，使得

$$\boldsymbol{U}=\mathrm{e}^{\mathrm{i}\alpha}\boldsymbol{AXBXC}$$

因此，在图 3.9 所示的量子线路中，当第一个量子比特为$|0\rangle$、假定第二个量子比特为$|\phi\rangle$时，第二个量子比特经过线路中的操作后，其量子态依次为

$$|\phi\rangle\to\boldsymbol{C}|\phi\rangle\to\boldsymbol{BC}|\phi\rangle\to\boldsymbol{ABC}|\phi\rangle \tag{3-46}$$

由于$\boldsymbol{ABC}=\boldsymbol{I}$，即相当于未进行任何量子操作；

当第一个量子比特为$|1\rangle$时，对第二个量子比特依次实施的量子操作为$\boldsymbol{C}$、$\boldsymbol{X}$、$\boldsymbol{B}$、$\boldsymbol{X}$、$\boldsymbol{A}$，第二个量子比特的量子态依次为

$$|\phi\rangle \to \boldsymbol{C}|\phi\rangle \to \boldsymbol{XC}|\phi\rangle \to \boldsymbol{BXC}|\phi\rangle \to \boldsymbol{XBXC}|\phi\rangle \to \boldsymbol{AXBXC}|\phi\rangle \tag{3-47}$$

即最终演化为$\boldsymbol{AXBXC}|\phi\rangle$，因此图 3.9 可视为C-U′门，其中$\boldsymbol{U}'=\boldsymbol{AXBXC}$。

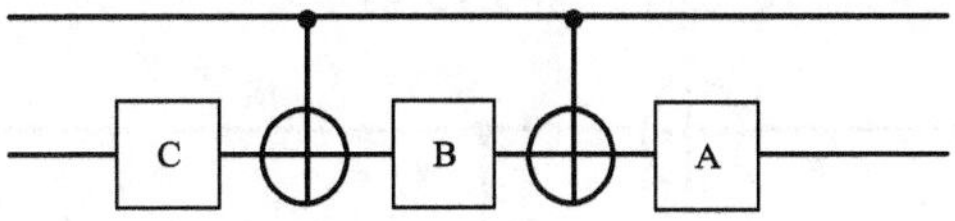

图 3.9　C-U′门

C-U′门和C-U 门之间只相差了相位$\mathrm{e}^{\mathrm{i}\alpha}$，由C-U 门的作用可知

$$\textbf{C-U}\begin{matrix}|0\rangle\otimes|0\rangle=|0\rangle\otimes|0\rangle\\|0\rangle\otimes|1\rangle=|0\rangle\otimes|1\rangle\end{matrix} \tag{3-48}$$

$$\textbf{C-U}\begin{matrix}|1\rangle\otimes|0\rangle=|1\rangle\otimes\mathrm{e}^{\mathrm{i}\alpha}\boldsymbol{AXBXC}|0\rangle=\mathrm{e}^{\mathrm{i}\alpha}|1\rangle\otimes\boldsymbol{AXBXC}|0\rangle\\|1\rangle\otimes|1\rangle=|1\rangle\otimes\mathrm{e}^{\mathrm{i}\alpha}\boldsymbol{AXBXC}|1\rangle=\mathrm{e}^{\mathrm{i}\alpha}|1\rangle\otimes\boldsymbol{AXBXC}|0\rangle\end{matrix} \tag{3-49}$$

因此，C-U 门中的相位$\mathrm{e}^{\mathrm{i}\alpha}$相当于对第一个量子比特实施$\begin{pmatrix}1 & 0\\0 & \mathrm{e}^{\mathrm{i}\alpha}\end{pmatrix}$操作。故C-U 门可写成 4 个单比特量子门、2 个 CNOT 门的组合，如图 3.10 所示。

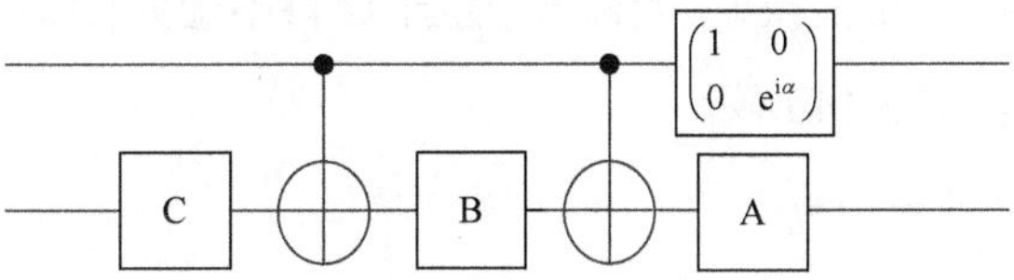

图 3.10　C-U 门

例 3.5　由例 3.1 可知，$\boldsymbol{H}=\mathrm{e}^{\frac{\mathrm{i}\pi}{2}}\boldsymbol{R}_z(0)\boldsymbol{R}_y\left(\frac{\pi}{2}\right)\boldsymbol{R}_z(\pi)=\mathrm{e}^{\frac{\mathrm{i}\pi}{2}}\boldsymbol{R}_y\left(\frac{\pi}{2}\right)\boldsymbol{R}_z(\pi)$，因此C-H 门可以由图 3.11 实现。

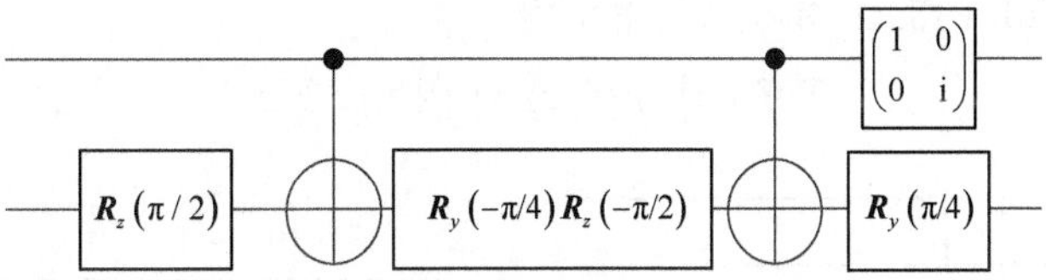

图 3.11　C-H 门

对于上面介绍的C-U 门，当其控制比特为$|1\rangle$时，对目标比特实施幺正变换$\boldsymbol{U}$。还有一种C-U 门，这种门与上面介绍的C-U 门相反，当其控制比特为$|0\rangle$时，才对目标比特实施幺正变换$\boldsymbol{U}$，经常称其为 0 控制两比特C-U 门，其线路图如图 3.12 所示。

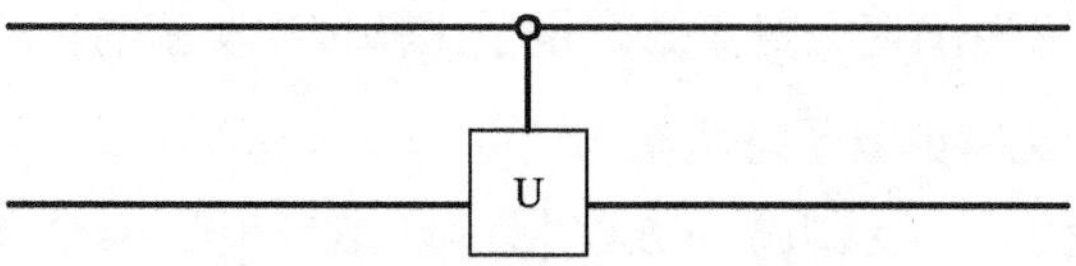

图 3.12　0 控制两比特 C-U 门线路图

0 控制两比特 C-U 门等价线路图如图 3.13 所示。

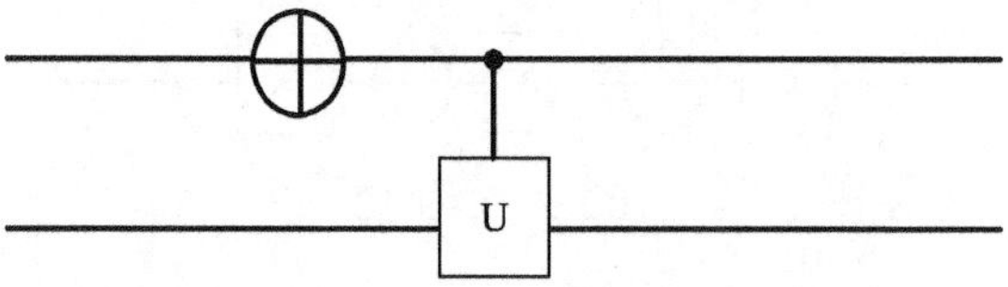

图 3.13　0 控制两比特 C-U 等价门线路图

3.1.3　多比特量子门

所谓多比特量子门，即涉及n个（$n\geqslant 3$）量子比特的幺正变换，其矩阵表示通常记为$\boldsymbol{U}_{2^n\times 2^n}$。这里不对一般的$n$比特幺正变换$\boldsymbol{U}_{2^n\times 2^n}$进行详细介绍，这一部分的讲解放在 3.1.4 节。本节重点介绍多比特的控制量子门，即C^n-U 门。C^n-U 门作用在$n+1$个量子比特上，其中前n个量子比特为控制比特，第$n+1$个量子比特为目标比特。C^n-U 门的作用：当前n个量子比特全为$|1\rangle$时，对第$n+1$个量子比特实施$\boldsymbol{U}$操作（这里的$\boldsymbol{U}$是实施在单个量子比特上的幺正变换）；当前n个量子比特不全为$|1\rangle$时，对第$n+1$个量子比特不实施任何操作，如图 3.14 所示。

C^n-U 门的作用可以简记为

$$\mathbf{C}^n\textbf{-U}|a_1a_2\cdots a_n\rangle\otimes|a_{n+1}\rangle=|a_1a_2\cdots a_n\rangle\otimes\boldsymbol{U}^{a_1a_2\cdots a_n}|a_{n+1}\rangle \tag{3-50}$$

例如，三比特控制-控制非门，$n=2$，$\boldsymbol{U}=\boldsymbol{X}$，即$\mathrm{C}^2$-X 门，这种门有一个更通用的名称——Toffoli 门，其作用是：当前两个量子比特全为$|1\rangle$时，对第三个量子比特实施$\boldsymbol{X}$操作；当前两个量子比特不全为$|1\rangle$时，对第三个量子比特不实施任何操作，其线路图如图 3.15 所示。Toffoli 门的作用可以简单记为

$$\textbf{Toffoli}|a\rangle|b\rangle|c\rangle=|a\rangle|b\rangle|c\oplus ab\rangle \tag{3-51}$$

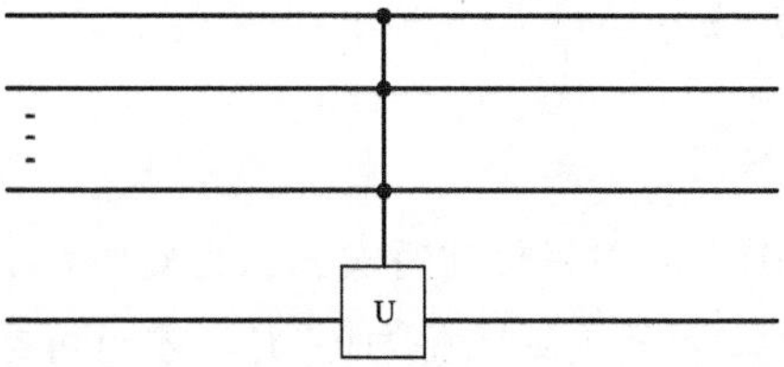

图 3.14　C^n-U 门线路图

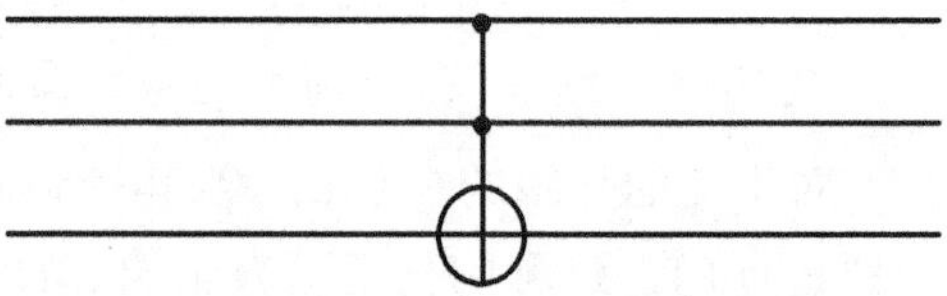

图 3.15　Toffoli 门的线路图

其矩阵表示为

$$
\textbf{Toffoli}=\begin{pmatrix}1&0&0&0&0&0&0&0\\0&1&0&0&0&0&0&0\\0&0&1&0&0&0&0&0\\0&0&0&1&0&0&0&0\\0&0&0&0&1&0&0&0\\0&0&0&0&0&1&0&0\\0&0&0&0&0&0&0&1\\0&0&0&0&0&0&1&0\end{pmatrix} \qquad (3\text{-}52)
$$

Toffoli 门能够写成单比特量子门和两比特量子门的组合吗？答案是肯定的。容易验证，图 3.16 中的线路图与 Toffoli 门是等价的。

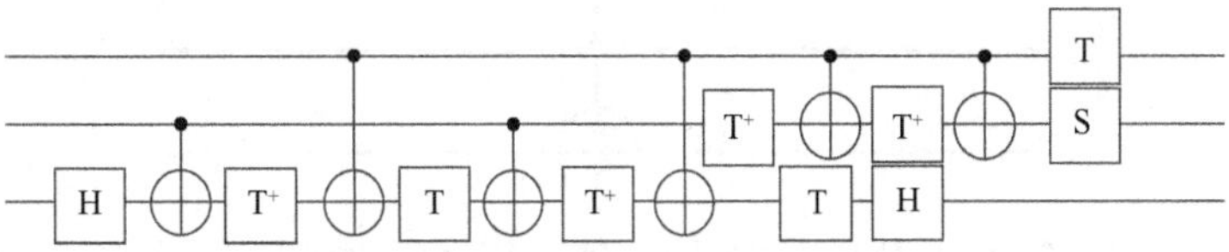

图 3.16　Toffoli 门的等价线路图

定理 3.2　任意的 C^n-U 门（$n \geqslant 3$），其均可在增加 $n-1$ 个辅助量子比特的情况下由 $2(n-1)$ 个 Toffoli 门、1 个两比特 C-U 门实现。

证明：如图 3.17 所示，前 n 个量子比特为控制比特，第 $n+1$ 个量子比特为目标比特，后面 $n-1$ 个量子比特为辅助比特，且辅助比特初始量子态都为 $|0\rangle$。由 Toffoli 门作用可知，图 3.17 中第一个 Toffoli 门的作用是将第一个控制比特量子态 $|a_1\rangle$、第二个控制比特量子态 $|a_2\rangle$ 中 a_1a_2 的乘积赋值给第一个辅助比特，即经过第一个 Toffoli 门 T_1，第一个辅助比特的量子态为 $|a_1a_2\rangle$；第二个 Toffoli 门 T_2 作用在第三个控制比特（其量子态记为 $|a_3\rangle$）、第一个辅助比特、第二个辅助比特上，经过操作，第二个辅助比特的量子态为 $|a_1a_2a_3\rangle$；如此经过第 i 个 Toffoli 门 T_i，第 i 个辅助比特的量子态为 $|a_1a_2\cdots a_{i+1}\rangle$。因此，经过第 $n-1$ 个 Toffoli 门 T_{n-1} 后，第 $n-1$ 个辅助比特的量子态为 $|a_1a_2\cdots a_n\rangle$，第 n 个量子门为C-U 门，该门的控制比特为第 $n-1$ 个辅助比特，目标比特为目标比特，因此其作用为当 $a_1a_2\cdots a_n=1$ 时，对目标比特实施 $\boldsymbol{U}$ 操作，否则不实施任何操作。再按照上述的相反顺序对相应量子比特实施 T_{n-1} 门、T_{n-2} 门、……、T_2 门、T_1 门操作，将辅助比特的量子态重新赋值为 $|0\rangle$。因此，图 3.17 的作用即 C^n-U 门的作用。

在两比特量子门中，存在当控制比特状态为 $|0\rangle$ 时，才对目标比特实施幺正变换操作的 0 控制两比特量子门；同理，多比特控制量子门可以在前 n 个量子比特状态全为 $|0\rangle$ 时，才对目标比特实施幺正变换操作；不仅如此，多比特控制量子门还可以在前 n 个量子比特中的某 i 个量子比特状态为 $|0\rangle$、剩余 $n-i$ 个量子比特状态为 $|1\rangle$ 时，才对目标比特实施幺正变换操作。例如，在图 3.18 中，当第一个控制比特的状态为 $|1\rangle$、第二个控制比特的状态为 $|0\rangle$ 时，才对目标比特实施 NOT 操作。

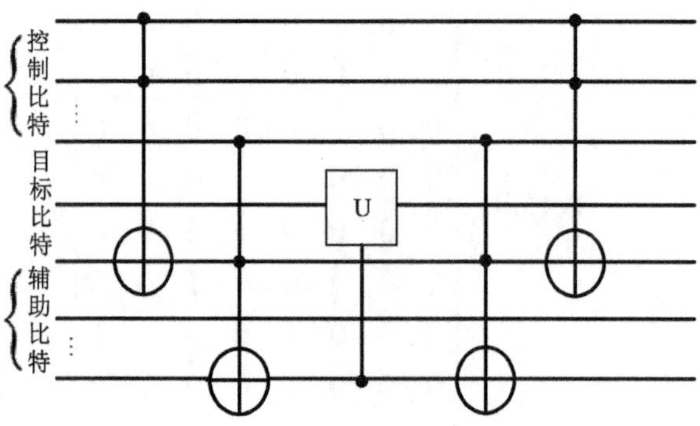

图 3.17　C^n-U 门分解线路图

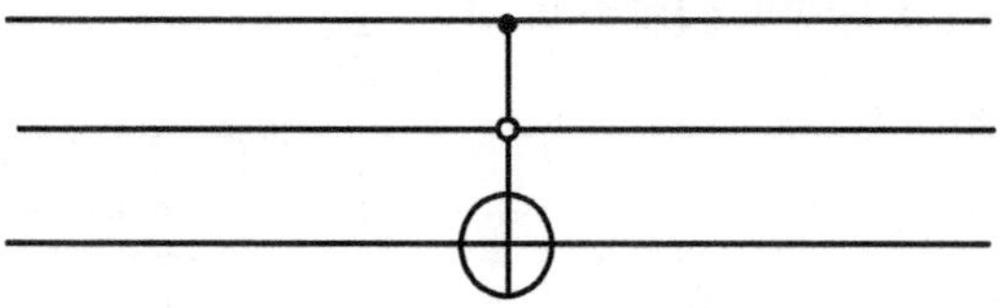

图 3.18　第一个控制比特的状态为$|1\rangle$、第二个控制比特的状态为$|0\rangle$的 Toffoli 门

3.1.4　通用量子门组

在经典计算中，可以用 AND、NOT、OR、NAND、XOR、FANOUT 等门构造任意的经典计算，通常称这种门或门组为通用门/门组。那么，在量子计算中，是否存在量子通用门组呢？即对于任意幺正变换$\boldsymbol{U}$，其是否能够用单个量子门的组合或一个集合中量子门的组合构造实现？答案是肯定的。早在 1989 年，Deutsch 就考虑了如何利用量子门构造量子计算机的问题，其将经典 Toffoli 门推广到了量子情况，得到了 Deutsch 门，即控制-控制-R 门，其中$\boldsymbol{R}=-\mathrm{i}\boldsymbol{R}_x(\theta)$。Deutsch 证明了 Deutsch 门是通用的，并进一步证明了大多数三比特量子门都是通用的。1995 年，Divincenzo 等人证明 Deutsch 门可以由两比特量子门实现。Tycho Sleator 和 Harald Weinfurter 进一步提出两比特量子门是通用的。后来，Barenco 进一步证明，几乎任意的两比特量子门都是通用的。

定义 3.1　(通用量子门组)给定一组有限的量子门集合W，若对于任意幺正矩阵$\boldsymbol{U}$，其均可在一定误差范围内由W中的量子门组合模拟，即对于任意给定$\varepsilon\in(0,1)$，$\boldsymbol{G}_i\in W$，$i=1,2,\cdots,n$，若对于任意量子态$|\psi\rangle$，有$\max\left\|(\boldsymbol{U}-\boldsymbol{G}_1\boldsymbol{G}_2\cdots\boldsymbol{G}_n)|\psi\rangle\right\|\leqslant\varepsilon$，则称$W$为一组通用量子门组。

定理 3.3　$\{\boldsymbol{H},\boldsymbol{S},\boldsymbol{T},\mathbf{CNOT}\}$构成一组通用量子门组。

定理 3.3 的证明分三步：首先证明任意的幺正矩阵均可表示为两级幺正矩阵的乘积，然后证明任意两级幺正矩阵均可由 CNOT 门和单比特量子门组合实现，最后证明对于任意给定的单比特量子门，其均可通过 H 门、S 门、T 门组合以一定精度$\varepsilon\in(0,1)$模拟实现。

1. 任意幺正矩阵 $\boldsymbol{U}$ 均可分解为两级幺正矩阵 $\boldsymbol{U}_{ij}$ 的乘积

所谓两级幺正矩阵 $\boldsymbol{U}_{ij}$，指的是 $\boldsymbol{U}_{ij}$ 仅改变计算基矢 $\{|x\rangle\}$ 中某两个态 $|i\rangle$、$|j\rangle$，即

$$\boldsymbol{U}_{ij}|i\rangle = a|i\rangle + b|j\rangle，\ \boldsymbol{U}_{ij}|j\rangle = c|i\rangle + d|j\rangle，\ \boldsymbol{U}_{ij}|x\rangle = |x\rangle，\ x \neq i,j \tag{3-53}$$

$\boldsymbol{U}' = \begin{pmatrix} a & b \\ c & d \end{pmatrix}$ 为 2×2 幺正矩阵，即两级幺正矩阵 $\boldsymbol{U}_{ij}$ 为

$$\boldsymbol{U}_{ij} = \begin{pmatrix} 1 & 0 & 0 & \cdots & \cdots & \cdots & \cdots & 0 \\ 0 & 1 & 0 & \cdots & \cdots & \cdots & \cdots & 0 \\ \vdots & \vdots & \vdots & \vdots & \vdots & & & \vdots \\ 0 & \cdots & 0 & a & \cdots & b & \cdots & 0 \\ \vdots & \vdots & \vdots & \vdots & & \vdots & & \vdots \\ 0 & \cdots & 0 & c & \cdots & d & \cdots & 0 \\ \vdots & \vdots & \vdots & \vdots & & \vdots & & \vdots \\ 0 & \cdots & \cdots & \cdots & \cdots & \cdots & \cdots & 1 \end{pmatrix} \tag{3-54}$$

显然，两级幺正矩阵的逆依然是两级幺正矩阵。

2×2 幺正矩阵显然是两级幺正矩阵。对于任意的 $n\times n$ 幺正矩阵 $\boldsymbol{U}$，记

$$\boldsymbol{U} = \begin{pmatrix} a_{11} & a_{12} & \cdots & a_{1n} \\ a_{21} & a_{22} & \cdots & a_{2n} \\ \vdots & \vdots & & \vdots \\ a_{n1} & a_{n2} & \cdots & a_{nn} \end{pmatrix} \tag{3-55}$$

由于 $\boldsymbol{U}^{+}\boldsymbol{U} = \boldsymbol{I}$，即 $\boldsymbol{U}$ 的第一列元素不全为 0，即存在某个 $a_{j1} \neq 0$。故可构造两级幺正矩阵

$$\boldsymbol{U}_1 = \begin{pmatrix} 0 & \cdots & 1 & 0 & \cdots & 0 \\ 0 & 1 & \cdots & \cdots & \cdots & 0 \\ \vdots & \vdots & \vdots & \vdots & \vdots & \vdots \\ 1 & \cdots & 0 & \cdots & \cdots & 0 \\ \vdots & & \vdots & & & \vdots \\ 0 & \cdots & \cdots & \cdots & \cdots & 1 \end{pmatrix} \tag{3-56}$$

即 $\boldsymbol{U}_1$ 的第一行除 $a_{1j} = 1$ 外，其他元素均为 0，第 j 行除 $a_{j1} = 1$ 外，其他元素均为 0，其他行的元素为 $a_{kl} = \delta_{kl}$（若 $a_{11} \neq 0$，则 $\boldsymbol{U}_1 = \boldsymbol{I}$），因此 $(\boldsymbol{U}_1\boldsymbol{U})_{11} = a_{j1} \neq 0$。即通过两级幺正矩阵 $\boldsymbol{U}_1$ 使得 $(\boldsymbol{U}_1\boldsymbol{U})_{11} \neq 0$。其中，

$$\boldsymbol{U}_1\boldsymbol{U} = \begin{pmatrix} a'_{11} & a'_{12} & \cdots & a'_{1n} \\ a'_{21} & a'_{22} & \cdots & a'_{2n} \\ \vdots & \vdots & & \vdots \\ a'_{n1} & a'_{n2} & \cdots & a'_{nn} \end{pmatrix} \tag{3-57}$$

接下来构造两级幺正矩阵$\boldsymbol{U}_2$，若$a'_{21}=0$，则$\boldsymbol{U}_2=\boldsymbol{I}$；若$a'_{21}\neq 0$，则构造

$$\boldsymbol{U}_2=\begin{pmatrix} \dfrac{a'^*_{11}}{\sqrt{|a'_{11}|^2+|a'_{21}|^2}} & \dfrac{a'^*_{21}}{\sqrt{|a'_{11}|^2+|a'_{21}|^2}} & \cdots & 0 \\ \dfrac{a'_{21}}{\sqrt{|a'_{11}|^2+|a'_{21}|^2}} & \dfrac{-a'_{11}}{\sqrt{|a'_{11}|^2+|a'_{21}|^2}} & \cdots & 0 \\ \vdots & \vdots & & \vdots \\ 0 & 0 & \cdots & 1 \end{pmatrix} \tag{3-58}$$

即第一行、第二行除前两个元素不为 0 外，其他元素均为 0，其他行元素为$(\boldsymbol{U}_2)_{kl}=\delta_{kl}$。因此

$$\boldsymbol{U}_2\boldsymbol{U}_1\boldsymbol{U}=\begin{pmatrix} a''_{11} & a''_{12} & \cdots & a''_{1n} \\ 0 & a''_{22} & \cdots & a''_{2n} \\ \vdots & \vdots & & \vdots \\ a''_{n1} & a''_{n2} & \cdots & a''_{nn} \end{pmatrix} \tag{3-59}$$

因此，经过两级幺正矩阵$\boldsymbol{U}_2$、$\boldsymbol{U}_1$作用，可得$(\boldsymbol{U}_2\boldsymbol{U}_1\boldsymbol{U})_{21}=0$。紧接着可以构造两级幺正矩阵$\boldsymbol{U}_3$，其中，若$a''_{31}=0$，则$\boldsymbol{U}_3=\boldsymbol{I}$；若$a''_{31}\neq 0$，则

$$\boldsymbol{U}_3=\begin{pmatrix} \dfrac{a''^*_{11}}{\sqrt{|a''_{11}|^2+|a''_{31}|^2}} & 0 & \dfrac{a''^*_{31}}{\sqrt{|a''_{11}|^2+|a''_{31}|^2}} & \cdots & 0 \\ 0 & 1 & 0 & \cdots & 0 \\ \dfrac{a''_{31}}{\sqrt{|a''_{11}|^2+|a''_{31}|^2}} & 0 & \dfrac{-a''_{11}}{\sqrt{|a''_{11}|^2+|a''_{31}|^2}} & \cdots & 0 \\ \vdots & \vdots & \vdots & & \vdots \\ 0 & \cdots & \cdots & \cdots & 1 \end{pmatrix} \tag{3-60}$$

因此$(\boldsymbol{U}_3\boldsymbol{U}_2\boldsymbol{U}_1\boldsymbol{U})_{31}=0$。接下来按照上述规则依次构造两级幺正矩阵$\boldsymbol{U}_4$、$\boldsymbol{U}_5$、…、$\boldsymbol{U}_n$，使得$(\boldsymbol{U}_n\cdots\boldsymbol{U}_2\boldsymbol{U}_1\boldsymbol{U})_{i1}=0$，$i=2,3,\cdots,n$，即经过$n$个两级幺正矩阵$\boldsymbol{U}_1$、$\boldsymbol{U}_2$、…、$\boldsymbol{U}_n$后，有

$$\boldsymbol{U}_n\cdots\boldsymbol{U}_1\boldsymbol{U}=\begin{pmatrix} 1 & 0 & \cdots & 0 \\ 0 & a'''_{22} & \cdots & a'''_{2n} \\ \vdots & \vdots & & \vdots \\ 0 & a'''_{n2} & \cdots & a'''_{nn} \end{pmatrix} \tag{3-61}$$

接下来按照上述步骤可以进一步依次构造两级幺正矩阵，最多经过$k=\dfrac{n(n+1)}{2}$步，即可使得$\boldsymbol{U}_k\cdots\boldsymbol{U}_1\boldsymbol{U}=\boldsymbol{I}$，因此，$\boldsymbol{U}=\boldsymbol{U}_1^{-1}\cdots\boldsymbol{U}_k^{-1}$。即任意幺正矩阵$\boldsymbol{U}$均可分解为两级幺正矩阵$\boldsymbol{U}_{ij}$的乘积。

例 3.6 将3×3幺正矩阵

$$U=\begin{pmatrix}1/\sqrt{3} & 1/\sqrt{3} & 1/\sqrt{3}\\ 1/\sqrt{6} & 1/\sqrt{6} & -2/\sqrt{6}\\ 1/\sqrt{2} & -1/\sqrt{2} & 0\end{pmatrix}$$

分解成两级幺正矩阵的乘积。

解：

（1）由于$1/\sqrt{3}\neq 0$，因此取$\boldsymbol{U}_1=\boldsymbol{I}$。

（2）取

$$\boldsymbol{U}_2=\begin{pmatrix}\frac{\sqrt{2}}{\sqrt{3}} & \frac{1}{\sqrt{3}} & 0\\ \frac{1}{\sqrt{3}} & -\frac{\sqrt{2}}{\sqrt{3}} & 0\\ 0 & 0 & 1\end{pmatrix} \tag{3-62}$$

因此

$$\boldsymbol{U}_2\boldsymbol{U}_1\boldsymbol{U}=\begin{pmatrix}\frac{\sqrt{2}}{3}+\frac{1}{\sqrt{18}} & \frac{\sqrt{2}}{3}+\frac{1}{\sqrt{18}} & 0\\ 0 & 0 & 1\\ \frac{1}{\sqrt{2}} & -\frac{1}{\sqrt{2}} & 0\end{pmatrix} \tag{3-63}$$

（3）取

$$\boldsymbol{U}_3=\begin{pmatrix}\frac{\frac{\sqrt{2}}{3}+\frac{1}{\sqrt{18}}}{\sqrt{\left(\frac{\sqrt{2}}{3}+\frac{1}{\sqrt{18}}\right)^2+\frac{1}{2}}} & 0 & \frac{\frac{1}{\sqrt{2}}}{\sqrt{\left(\frac{\sqrt{2}}{3}+\frac{1}{\sqrt{18}}\right)^2+\frac{1}{2}}}\\ 0 & 1 & 0\\ \frac{\frac{1}{\sqrt{2}}}{\sqrt{\left(\frac{\sqrt{2}}{3}+\frac{1}{\sqrt{18}}\right)^2+\frac{1}{2}}} & 0 & \frac{-\frac{\sqrt{2}}{3}-\frac{1}{\sqrt{18}}}{\sqrt{\left(\frac{\sqrt{2}}{3}+\frac{1}{\sqrt{18}}\right)^2+\frac{1}{2}}}\end{pmatrix} \tag{3-64}$$

由于

$$\left(\frac{\sqrt{2}}{3}+\frac{1}{\sqrt{18}}\right)^2+\frac{1}{2}=1 \tag{3-65}$$

因此

$$\boldsymbol{U}_3=\begin{pmatrix}\frac{\sqrt{2}}{3}+\frac{1}{\sqrt{18}} & 0 & \frac{1}{\sqrt{2}}\\ 0 & 1 & 0\\ \frac{1}{\sqrt{2}} & 0 & -\frac{\sqrt{2}}{3}-\frac{1}{\sqrt{18}}\end{pmatrix} \tag{3-66}$$

故而

$$\boldsymbol{U}_3\boldsymbol{U}_2\boldsymbol{U}_1\boldsymbol{U}=\begin{pmatrix}1 & 0 & 0\\ 0 & 0 & 1\\ 0 & 1 & 0\end{pmatrix} \tag{3-67}$$

（4）取

$$\boldsymbol{U}_4=\begin{pmatrix}1 & 0 & 0\\ 0 & 0 & 1\\ 0 & 1 & 0\end{pmatrix} \tag{3-68}$$

因此

$$\boldsymbol{U}_4\boldsymbol{U}_3\boldsymbol{U}_2\boldsymbol{U}_1\boldsymbol{U}=\begin{pmatrix}1 & 0 & 0\\ 0 & 1 & 0\\ 0 & 0 & 1\end{pmatrix} \tag{3-69}$$

故而$\boldsymbol{U}=\boldsymbol{U}_1^{-1}\boldsymbol{U}_2^{-1}\boldsymbol{U}_3^{-1}\boldsymbol{U}_4^{-1}$。

2. 任意两级幺正矩阵$\boldsymbol{U}_{ij}$均可由 CNOT 门和单比特量子门构造实现

对于任意给定两级幺正矩阵$\boldsymbol{U}_{ij}$，不失一般性，假定$\boldsymbol{U}_{ij}$是对n个量子比特作用的幺正矩阵，其作用为

$$\boldsymbol{U}_{ij}|i\rangle=a|i\rangle+b|j\rangle,\quad \boldsymbol{U}_{ij}|j\rangle=c|i\rangle+d|j\rangle,\quad \boldsymbol{U}_{ij}|x\rangle=|x\rangle,\quad x\neq i,j \tag{3-70}$$

式中，i、j、$x\in\{0,1\}^n$。其矩阵表示为

$$\boldsymbol{U}_{ij}=\begin{pmatrix}1 & 0 & 0 & \cdots & \cdots & \cdots & \cdots & 0\\ 0 & 1 & 0 & \cdots & \cdots & \cdots & \cdots & 0\\ \vdots & & \vdots & & & & & \vdots\\ 0 & \cdots & 0 & a & \cdots & b & \cdots & 0\\ \vdots & & \vdots & \vdots & & \vdots & & \vdots\\ 0 & \cdots & 0 & c & \cdots & d & \cdots & 0\\ \vdots & & \vdots & \vdots & & \vdots & & \vdots\\ 0 & \cdots & \cdots & \cdots & \cdots & \cdots & \cdots & 1\end{pmatrix} \tag{3-71}$$

由于i、j可表示为 0、1 二进制串，因此，每次翻转i的二进制串中的 1 比特，最

多经过 n 次翻转，i 总可以翻转为 j 的二进制串形式，即 $i \to i_1 \to \cdots \to j$。

例 3.7 6 比特长的二进制串 $i = 010011$，$j = 101010$，依次翻转 i 的第 1 比特、第 4 比特、第 5 比特、第 6 比特，即

$$i = 010011 \to 010010 \to 011010 \to 001010 \to j = 101010$$

根据顺序 $i \to i_1 \to \cdots \to j$，依次设计量子门。首先根据 $i \to i_1$ 设计 $n-1$ 比特控制非门 C^{n-1}-NOT_1，即 $i \to i_1$ 过程中翻转比特的相应位置为目标比特，剩余位置为控制比特，然后令 i 中剩余 $n-1$ 个未翻转比特二进制串为 i'，当控制比特信息为 $|i'\rangle$ 时，对目标比特实施 NOT 操作。例如，根据 6 比特二进制串 $i = 010011 \to 010010$ 的翻转过程，可以构造图 3.19 中的量子门。

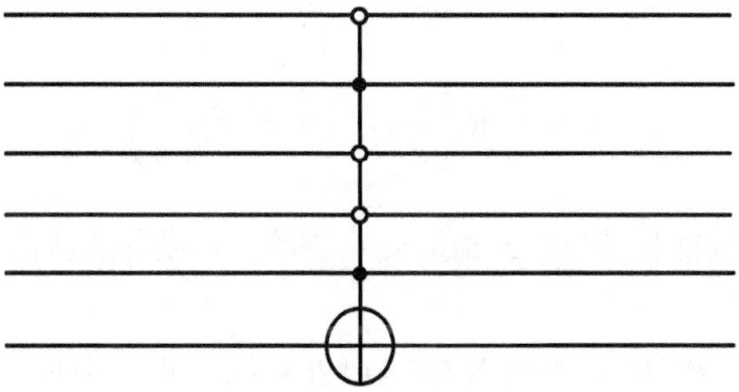

图 3.19　实现 $i = 010011 \to 010010$ 翻转过程的多比特控制非门

图 3.19 中的门只有当前 5 个比特的量子态为 $|\psi\rangle = |01001\rangle$ 时，才会翻转第 6 个比特，其他情况下不改变量子态。因此，可以根据 $i_1 \to i_2 \cdots i_k \to j$ 依次构造 C^{n-1}-NOT_1 门、…、C^{n-1}-NOT_{k-1} 门，根据 $i_k \to j$ 构造 C^{n-1}-U′ 门，其中 $\boldsymbol{U}' = \begin{pmatrix} a & b \\ c & d \end{pmatrix}$。最后，依次实施 C^{n-1}-NOT_{k-1} 门、……、C^{n-1}-NOT_1 门操作。

可以验证：

（1）当且仅当输入态为 $|i\rangle$ 时，其依次经过 C^{n-1}-NOT_1 门、……、C^{n-1}-NOT_{k-1} 门作用后，$|i\rangle$ 和 $|j\rangle$ 有 1 比特不同，此时以其他 $n-1$ 个相同的比特为控制比特，以不同的 1 比特为目标比特，实施 C^{n-1}-U′ 门操作，量子态变为 $a|i_k\rangle + b|j\rangle$；再经过 C^{n-1}-NOT_{k-1} 门、……、C^{n-1}-NOT_1 门作用后，$|j\rangle$ 不变，$|i_k\rangle$ 变为 $|i\rangle$，即经过上述 C^{n-1}-NOT_1 门、……、C^{n-1}-NOT_{k-1} 门、C^{n-1}-U′ 门、C^{n-1}-NOT_{k-1} 门、……、C^{n-1}-NOT_1 门构成的线路后，量子态 $|i\rangle$ 变成了 $a|i\rangle + b|j\rangle$；

（2）当输入态为 $|j\rangle$ 时，C^{n-1}-NOT_1 门、……、C^{n-1}-NOT_{k-1} 门对 $|j\rangle$ 不起作用，因此当实施 C^{n-1}-U′ 门操作后，量子态 $|j\rangle$ 变为 $c|i_k\rangle + d|j\rangle$；同样，再经过 C^{n-1}-NOT_{k-1} 门、…、C^{n-1}-NOT_1 门作用后，$|j\rangle$ 不变，$|i_k\rangle$ 变为 $|i\rangle$，因此经历上述量子线路后，量子态 $|j\rangle$ 变成了 $c|i\rangle + d|j\rangle$；

（3）当输入态为$|x\rangle$（$x \neq i, j$）时，C^{n-1}-NOT_1门、……、C^{n-1}-NOT_{k-1}门、C^{n-1}-U′门、C^{n-1}-NOT_{k-1}门、……、C^{n-1}-NOT_1门都不起作用，即经过上述量子线路，$|x\rangle$依然是$|x\rangle$。因此，上述量子线路可以实现两级幺正矩阵$\boldsymbol{U}_{ij}$的功能。

由定理 3.2 可知，C^{n-1}-NOT 门可由 Toffoli 门和 CNOT 门实现，由 3.1.3 节内容可知 Toffoli 门可由 CNOT 门、H 门、T 门、T^+门、S 门构造。因此，两级幺正矩阵$\boldsymbol{U}_{ij}$可由 CNOT 门、H 门、T 门、T^+门、S 门、C-U 门实现。进一步，由推论 3.2 可知，任意 C-U 门可最多由 4 个单比特量子门和 2 个 CNOT 门构造实现。故而，任意两级幺正矩阵$\boldsymbol{U}_{ij}$均可由 CNOT 门和单比特量子门构造实现。

3．任意单比特量子门均可在一定精度内由 H 门、S 门、T 门构造实现

由于

$$\boldsymbol{S}=\mathrm{e}^{\frac{\mathrm{i}\pi}{4}}\boldsymbol{R}_z\left(\frac{\pi}{2}\right),\quad \boldsymbol{T}=\mathrm{e}^{\frac{\mathrm{i}\pi}{8}}\boldsymbol{R}_z\left(\frac{\pi}{4}\right)$$

因此利用 T 门和 S 门只能构造出绕 z 轴旋转$\frac{\pi}{4}$整数倍角度的旋转门$\mathrm{R}_z(\theta)$。

由于$\boldsymbol{H}\boldsymbol{R}_z(\theta)\boldsymbol{H}=\boldsymbol{R}_x(\theta)$，可得$\boldsymbol{HTH}=\mathrm{e}^{\frac{\mathrm{i}\pi}{8}}\boldsymbol{R}_x\left(\frac{\pi}{4}\right)$，进一步有

$$\begin{aligned}\boldsymbol{THTH}&=\mathrm{e}^{\frac{\mathrm{i}\pi}{4}}\boldsymbol{R}_z\left(\frac{\pi}{4}\right)\boldsymbol{R}_x\left(\frac{\pi}{4}\right)\\&=\mathrm{e}^{\frac{\mathrm{i}\pi}{4}}\left(\cos\left(\frac{\pi}{8}\right)\boldsymbol{I}-\mathrm{i}\sin\left(\frac{\pi}{8}\right)\boldsymbol{Z}\right)\left(\cos\left(\frac{\pi}{8}\right)\boldsymbol{I}-\mathrm{i}\sin\left(\frac{\pi}{8}\right)\boldsymbol{X}\right)\\&=\mathrm{e}^{\frac{\mathrm{i}\pi}{4}}\left[\cos^2\left(\frac{\pi}{8}\right)\boldsymbol{I}-\mathrm{i}\sin\left(\frac{\pi}{8}\right)\left(\cos\left(\frac{\pi}{8}\right)(\boldsymbol{Z}+\boldsymbol{X})+\sin\left(\frac{\pi}{8}\right)\boldsymbol{Y}\right)\right]\end{aligned}\tag{3-72}$$

因此，必然存在三维向量$\vec{n}$和角度θ，使得

$$\begin{aligned}\boldsymbol{R}_{\vec{n}}(\lambda\pi)&=\exp\left(-\frac{\mathrm{i}\lambda\pi}{2}\vec{n}\cdot\vec{\sigma}\right)\\&\equiv\mathrm{e}^{-\frac{\mathrm{i}\pi}{4}}\boldsymbol{THTH}\end{aligned}\tag{3-73}$$

式中，$\vec{\sigma}$是由 3 个泡利矩阵组成的向量$(\boldsymbol{X},\boldsymbol{Y},\boldsymbol{Z})$。式（3-72）与式（3-73）对比可得等式

$$\begin{aligned}\cos\left(\frac{\lambda\pi}{2}\right)&=\cos^2\left(\frac{\pi}{8}\right)\\&=\frac{1}{2}\left(1+\frac{1}{\sqrt{2}}\right)\end{aligned}\tag{3-74}$$

$$\vec{n}=\left(\frac{1}{\sqrt{5-2\sqrt{2}}},\frac{\sqrt{2}-1}{\sqrt{5-2\sqrt{2}}},\frac{1}{\sqrt{5-2\sqrt{2}}}\right)\tag{3-75}$$

简单验证可知，$\vec{n}$为三维单位向量。Boykin 等人证明[26]，λ为无理数（书中不再证明），故而对于绕$\vec{n}$旋转任意相位ϕ的旋转门$\mathrm{R}_{\vec{n}}(\phi)$和任意小数$\delta$，总存在整数$w$、$k$，使得

$$w(\lambda\pi)-k(2\pi)=\phi+\delta \tag{3-76}$$

即可以通过实施w次$\boldsymbol{R}_{\vec{n}}(\lambda\pi)$操作，模拟旋转门$\mathrm{R}_{\vec{n}}(\phi)$，其中相位差为$\delta$。

另外，$\boldsymbol{H}\boldsymbol{R}_{\vec{n}}(\lambda\pi)\boldsymbol{H}=\boldsymbol{R}_{\vec{m}}(\lambda\pi)$，其中

$$\vec{m}=\left(\frac{1}{\sqrt{5-2\sqrt{2}}},\frac{1-\sqrt{2}}{\sqrt{5-2\sqrt{2}}},\frac{1}{\sqrt{5-2\sqrt{2}}}\right) \tag{3-77}$$

显然，向量$\vec{n}$和$\vec{m}$不是平行向量。因此，绕$\vec{m}$旋转任意相位ϕ的旋转门$\mathrm{R}_{\vec{m}}(\phi)$，同样可以通过有限次$\boldsymbol{R}_{\vec{m}}(\lambda\pi)$操作实现。由 3.1.1 节内容可知，对于任意单比特幺正变换$\boldsymbol{U}$，给定三维空间中任意两个非平行向量$\vec{n}$、$\vec{m}$，存在实数α、β、γ、δ，使得

$$\boldsymbol{U}=\mathrm{e}^{\mathrm{i}\alpha}\boldsymbol{R}_{\vec{n}}(\beta)\boldsymbol{R}_{\vec{m}}(\gamma)\boldsymbol{R}_{\vec{n}}(\delta) \tag{3-78}$$

因此，任意单比特量子门可以通过有限次$\boldsymbol{R}_{\vec{n}}(\lambda\pi)$、$\boldsymbol{R}_{\vec{m}}(\lambda\pi)$操作以一定精度实现。

综上所述，对于任意幺正矩阵$\boldsymbol{U}$，其可分解为有限个两级幺正矩阵的乘积；任意两级幺正矩阵可由 Toffoli 门和 C-U 门实现；Toffoli 门可由 CNOT 门、H 门、T 门实现，任意的 C-U 门最多可由 4 个单比特量子门和 2 个 CNOT 门实现；任意单比特量子门可由 H 门、T 门的有限次组合以一定精度实现。因此，CNOT 门、H 门、T 门构成了一组量子通用门组。然而，需要注意的是，对于任意$2^n\times 2^n$的幺正矩阵$\boldsymbol{U}$，上述过程中所需的基本门个数并不一定是n的多项式。因此，尽管量子通用门组存在，但是如何将其在多项式步数内分解成基本门组，仍然是有待进一步研究的问题。

3.2 基于量子线路模型的量子算法

自从费曼提出量子计算概念以来，Deutsch 一直在思考如何设计能够在量子计算机上运行的算法，其先后于 1985 年、1989 年提出量子图灵机、量子线路模型，给出了量子算法所需具备的一些细节。1992 年，Deutsch 与 Jozsa 合作提出了 Deutsch-Jozsa 算法[27]，该算法比在经典计算机上运行的算法更快，首次显示出了量子算法的优势。1993 年，Vazirani 和其学生 Bernstein 针对 Deutsch-Jozsa 算法中允许出现计算错误的情况提出了 BV 算法[28]，该算法比经典算法具有明显优势。Bernstein 在 1993 年的论文中还提出了量子傅里叶变换（QFT），该工作直接启发 Simon 随后在 1994 年提出了 Simon 算法[29]，该算法与经典算法相比，具有指数级加速的效果。之后，Shor 在 Simon 工作的基础上提出了可以在多项式时间内分解整数的 Shor 算法[5,30]，Grover 针对无序数据库搜索问题提出了相比经典算法具有开平方加速效果的 Grover 算法[6,31]。与此同时，学术界在研究如何

实现量子计算机。1995 年，Cirac 和 Zoller 提出可以利用囚禁离子系统实现量子计算机所需的单比特量子门、两比特量子门，2000 年，DiVincenzo 针对量子计算机的物理实现要求提出了 5 条著名的 DiVincenzo 标准。

3.2.1 量子并行性与黑盒

考虑某个函数 $f: F_{2^m} \to F_{2^n}$，该过程可以用线路图简单记为图 3.20。

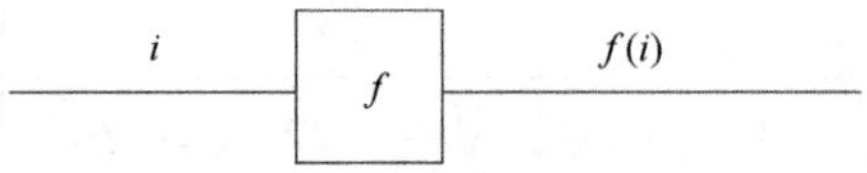

图 3.20 一般函数线路示意图

如果该计算过程遵循经典力学规律，则在该计算过程中，每输入一个 i，就相应输出一个 $f(i)$，即一次输入，经过某个线路，对应一个具体的输出函数值。

然而，如果上述计算过程遵循量子力学规律，对应的计算过程 f 变为某个幺正矩阵 $\boldsymbol{U}_f$（如果能够实现的话），即计算过程是可逆的，则若每次输入的量子态 $|i\rangle$ 之间是正交的，那么相应的每次输出的量子态 $|i,f(i)\rangle$ 之间也应该是正交的（由于函数 f 可能不是一一映射的，因此将量子计算后的量子态标记为 $|i,f(i)\rangle$）。另外，在量子力学中，输入的量子态可以是等概率的量子叠加态，即

$$|\psi_{\text{in}}\rangle = \frac{1}{\sqrt{2^m}}\sum_i |i\rangle \tag{3-79}$$

此时，其对应的输出态也是量子叠加态，即

$$|\psi_{\text{out}}\rangle = \frac{1}{\sqrt{2^m}}\sum_i \boldsymbol{U}_f |i\rangle \tag{3-80}$$

因此，上述量子计算过程可以理解为同时对 2^m 个输入态 $|i\rangle$ 进行计算，计算结果以叠加态形式存储在量子计算机中。而在经典计算过程中，每次计算过程只能对某个输入 i 输出计算结果 $f(i)$，若要输出全部的 $f(i)$，则需要计算 2^m 次。从这一方面来看，量子计算过程似乎天然优于经典计算过程，量子计算的这一特征称为量子并行性。然而，需要注意的是，直接从 $|\psi_{\text{out}}\rangle$ 中提取计算结果的话，即直接对 $|\psi_{\text{out}}\rangle$ 进行测量的话，根据量子测量假设，此时系统会概率性地塌缩到某个计算结果 $|i,f(i)\rangle$。如果 $|\psi_{\text{out}}\rangle$ 是 $|i,f(i)\rangle$ 的等概率叠加态，则测得量子态 $|i,f(i)\rangle$ 的概率为 $\frac{1}{2^m}$，即平均需要测量 2^m 次，才会得到 $|i,f(i)\rangle$。因此，直接从 $|\psi_{\text{out}}\rangle$ 中提取计算结果并没有量子优势。在实际的量子算法设计中，要利用量子并行性，通过巧妙地设计，利用量子相干相消或相干相长，使得需要的结果在量子态中以较大的概率出现。

由于在经典计算过程中，很多计算单元并不是可逆的，而量子计算过程是可逆的，

因此一个自然的疑问是：经典计算过程 f 能否转化为量子计算过程 $\boldsymbol{U}_f$ 呢？答案是肯定的，任意经典线路均可由仅包含 Toffoli 门的可逆线路替代，从而可以转化为量子线路（具体转化过程超出了本书的讲解范围）。因此，对于任何功能函数 f，只要在经典计算机上可以在多项式个基本门操作下实现，则一定存在多项式个量子基本门的等价量子线路 $\boldsymbol{U}_f$。故而在本章后面的讨论中，不再专门讨论某些功能函数如何用量子线路实现，而只关注其功能及在算法中的调用次数。更一般地，甚至不关注函数 f 的具体功能，而是引入新的概念——量子黑盒 $\boldsymbol{O}_f$，其功能是

$$\boldsymbol{O}_f|x\rangle|y\rangle=|x\rangle|y\oplus f(x)\rangle \tag{3-81}$$

量子黑盒这一概念在分析量子算法复杂度方面是方便的，因为只需要关注量子黑盒 $\boldsymbol{O}_f$ 的调用次数，即只关注量子算法相比经典算法是否存在计算优势。这是因为只要存在有效的经典线路实现函数 f，则一定存在有效的量子线路实现 $\boldsymbol{O}_f$，从而在设计量子算法时只需要关注算法复杂度，而不必将精力过多地放在具体线路的实现上。

3.2.2 Deutsch-Jozsa 算法

Deutsch 算法是首个简单地展示了量子计算优势的量子算法，该算法是针对 Deutsch 构造的数学问题——Deutsch 问题而设计的量子算法。

Deutsch 问题：给定函数 $f:F_2\to F_2$，判断函数 f 是常函数还是对称函数。

显然，函数 $f:F_2\to F_2$ 仅有以下两种可能。

$$\text{Case 1：}\ f(0)=f(1)=0 \text{ 或 } f(0)=f(1)=1 \tag{3-82}$$

$$\text{Case 2：}\ f(0)=f(1)\oplus 1=0 \text{ 或 } f(0)=1\oplus f(1)=1 \tag{3-83}$$

对于 Case 1，f 为常函数；对于 Case 2，f 为对称函数。显然，利用经典计算机判断上述问题至少需要调用两次 f 函数才能最终给出结果。Deutsch 证明，如果使用其设计的量子算法，则只需要调用一次 $\boldsymbol{O}_f$ 即可给出结果。

Deutsch 算法需要两个量子比特，两个量子比特的初始量子态分别为 $|0\rangle$ 和 $|1\rangle$。下面给出 Deutsch 算法线路，如图 3.21 所示。

（1）对两个量子比特分别实施 H 门操作，系统量子态演化为

$$|\psi_1\rangle=\frac{1}{2}(|00\rangle-|01\rangle+|10\rangle-|11\rangle) \tag{3-84}$$

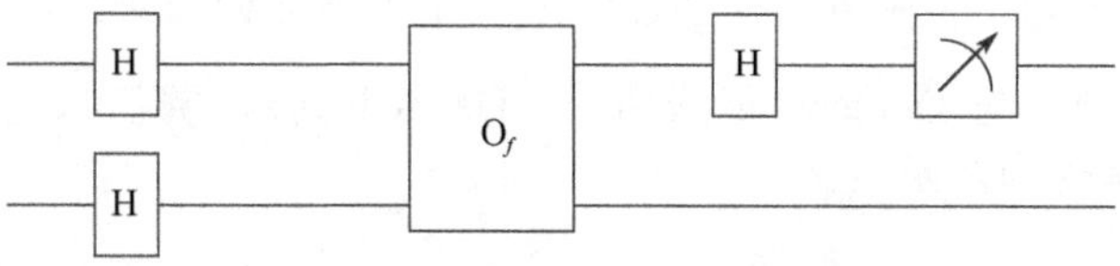

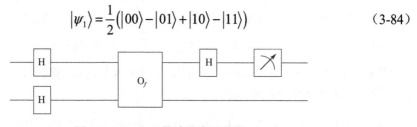

图 3.21　Deutsch 算法线路示意图

（2）对两个量子比特整体实施量子黑盒 $\boldsymbol{O}_f$ 操作，系统量子态演化为

$$|\psi_2\rangle = \frac{1}{2}\left(|0\rangle|f(0)\rangle - |0\rangle|1\oplus f(0)\rangle + |1\rangle|f(1)\rangle - |1\rangle|1\oplus f(1)\rangle\right) \tag{3-85}$$

（3）对第一个量子比特实施 H 门操作，系统量子态演化为

$$\begin{aligned}|\psi_3\rangle &= \frac{1}{2\sqrt{2}}\left((|0\rangle+|1\rangle)(|f(0)\rangle - |1\oplus f(0)\rangle) + (|0\rangle-|1\rangle)(|f(1)\rangle - |1\oplus f(1)\rangle)\right)\\ &= \frac{1}{2\sqrt{2}}|0\rangle\left(|f(0)\rangle + |f(1)\rangle - |1\oplus f(0)\rangle - |1\oplus f(1)\rangle\right) + \\ &\quad \frac{1}{2\sqrt{2}}|1\rangle\left(|f(0)\rangle - |f(1)\rangle - |1\oplus f(0)\rangle + |1\oplus f(1)\rangle\right)\end{aligned} \tag{3-86}$$

因此，当

Case 1：f 为常函数时，即 $f(0)=f(1)$，则 $f(0)\oplus 1 = f(1)\oplus 1$，于是

$$|\psi_3\rangle = \frac{1}{\sqrt{2}}|0\rangle\left(|f(0)\rangle - |1\oplus f(0)\rangle\right) \tag{3-87}$$

Case 2：f 为对称函数时，即 $f(0)=f(1)\oplus 1$，则 $f(1)=f(0)\oplus 1$，于是

$$|\psi_3\rangle = \frac{1}{\sqrt{2}}|1\rangle\left(|f(0)\rangle - |f(1)\rangle\right) \tag{3-88}$$

（4）对第一个量子比特在 $|0\rangle$、$|1\rangle$ 基矢下进行测量，若测得 $|0\rangle$，则 f 为常函数；若测得 $|1\rangle$，则 f 为对称函数。

显然，Deutsch 算法在运行过程中只调用了一次量子黑盒 $\boldsymbol{O}_f$，尽管该工作实际应用意义不大，但是该算法显示出了量子算法在处理某些数学问题时可能存在量子优势。1992 年，Deutsch 和 Jozsa 在上述问题的基础上，进一步将函数 f 推广到输入为 n 比特二进制串的情况，针对推广的 Deutsch 问题提出了 Deutsch-Jozsa 算法，该算法进一步证明了量子算法相对经典算法存在计算优势。

Deutsch-Jozsa 算法针对如下数学问题。

给定函数 $f:\{0,1\}^n \to \{0,1\}$，且 f 只能是两种函数之一，即：

（1）f 是常函数，对所有的 n 比特二进制串 x，$f(x)=0$ 或 $f(x)=1$；

（2）f 是对称函数，一半的 $x\in\{0,1\}^n$ 使得 $f(x)=0$，另一半的 $x\in\{0,1\}^n$ 使得 $f(x)=1$。

显然针对这一问题，经典算法在最坏情况下至少需要调用 $2^{n-1}+1$ 次函数 f 才能最终判定其是否为常函数。与 Deutsch 算法相同，Deutsch-Jozsa 算法只需要调用一次量子黑盒 $\boldsymbol{O}_f$ 即可判定其是否为常函数。

Deutsch-Jozsa 算法需要 $n+1$ 个量子比特，初始量子态为 $|0\rangle^{\otimes n}|1\rangle$，即前 n 个量子比特

的态都为$|0\rangle$，第$n+1$个量子比特的态为$|1\rangle$。Deutsch-Jozsa 算法线路如图 3.22 所示，下面进行具体分析。

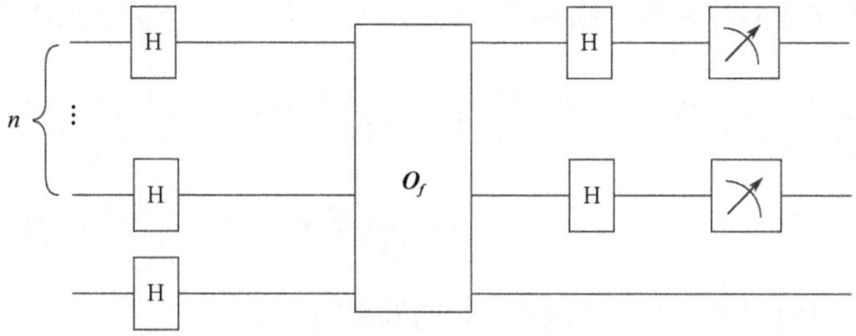

图 3.22　Deutsch-Jozsa 算法线路

与 Deutsch 算法类似，Deutsch-Jozsa 算法需要执行以下算法步骤。

（1）对所有量子比特实施 H 门操作，系统量子态为

$$|\psi_1\rangle = \frac{1}{\sqrt{2^n}}\left(\sum_{x=0}^{2^n-1}|x\rangle\right)\otimes\frac{1}{\sqrt{2}}\left(|0\rangle-|1\rangle\right) \tag{3-89}$$

为方便书写，将上式中n比特二进制串x按二进制记为区间$\left[0,2^n-1\right]$中的整数，即

$$x = 2^{n-1}x_1 + 2^{n-2}x_2 + \cdots + 2^0 x_n，\quad x_i \in \{0,1\}，\quad 1 \leqslant i \leqslant n \tag{3-90}$$

（2）对所有量子比特实施量子黑盒$\boldsymbol{O}_f$操作，系统量子态为

$$|\psi_2\rangle = \frac{1}{\sqrt{2^{n+1}}}\left(\sum_{x=0}^{2^n-1}|x\rangle\left(|f(x)\rangle-|1\oplus f(x)\rangle\right)\right) \tag{3-91}$$

（3）对前n个量子比特再次实施 H 门操作，系统量子态为

$$|\psi_3\rangle = \frac{1}{2^n\sqrt{2}}\left(\sum_{z=0}^{2^n-1}\sum_{x=0}^{2^n-1}(-1)^{z\cdot x}|z\rangle\left(|f(x)\rangle-|1\oplus f(x)\rangle\right)\right) \tag{3-92}$$

Case 1：若f是常函数，则对于$z=|00\cdots0\rangle$，第$n+1$个量子比特的量子态为

$$\frac{1}{2^n\sqrt{2}}\left(\sum_{x=0}^{2^n-1}\left(|f(x)\rangle-|1\oplus f(x)\rangle\right)\right) = \frac{1}{\sqrt{2}}\left(|f(0)\rangle-|1\oplus f(0)\rangle\right) \tag{3-93}$$

而对于其他非全零的$|z\rangle$，第$n+1$个量子比特的量子态为

$$\frac{1}{2^n\sqrt{2}}\sum_{x=0}^{2^n-1}(-1)^{z\cdot x}\left(|f(x)\rangle-|1\oplus f(x)\rangle\right) = \frac{1}{2^n\sqrt{2}}\left\{\sum_{x=0}^{2^n-1}(-1)^{z\cdot x}\right\}\left(|f(0)\rangle-|1\oplus f(0)\rangle\right) \tag{3-94}$$

由于$z\neq0$，故而

$$\left\{\sum_{x=0}^{2^n-1}(-1)^{z\cdot x}\right\}=0 \tag{3-95}$$

即对于常函数 f，经过 Deutsch-Jozsa 算法后，其前 n 个量子比特的态只能测量得到 $|00\cdots0\rangle$ 态，而不会得到其他量子态。

Case 2：若 f 是对称函数，则对于 $z=|00\cdots0\rangle$，第 $n+1$ 个量子比特的态为

$$\begin{aligned}\frac{1}{2^n\sqrt{2}}\left(\sum_{x=0}^{2^n-1}\left(|f(x)\rangle-|1\oplus f(x)\rangle\right)\right)&=\frac{1}{2^n\sqrt{2}}\sum_{x=0}^{2^n-1}|f(x)\rangle-\frac{1}{2^n\sqrt{2}}\sum_{x=0}^{2^n-1}|1\oplus f(x)\rangle\\&=\frac{1}{2\sqrt{2}}(|0\rangle+|1\rangle)-\frac{1}{2\sqrt{2}}(|0\rangle+|1\rangle)=0\end{aligned}\tag{3-96}$$

即此时前 n 个量子比特的态中，态 $|00\cdots0\rangle$ 的概率幅为 0。

（4）对前 n 个量子比特在 $|0\rangle$、$|1\rangle$ 基矢下进行测量，若测得量子态 $|00\cdots0\rangle$，则 f 为常函数；否则 f 为对称函数。

在 Deutsch-Jozsa 算法中，只需要调用量子黑盒 $\boldsymbol{O}_f$ 一次，然而经典算法在最坏情况下需要调用计算函数至少 $2^{n-1}+1$ 次。如果完全随机选择输入 x，则仅调用 t 次计算函数便可以以一定概率确定 f 是否为常函数。

3.2.3 BV 算法

受 Deutsch-Jozsa 算法启发，Bernstein 和 Vazirani 构造了一种典型的数学问题，并提出了 BV 算法。BV 算法针对的数学问题描述如下。

BV 问题：给定未知二进制串 $a=a_{n-1}a_{n-2}\cdots a_0$ 及函数 $f:\{0,1\}^n\to\{0,1\}$，其中

$$f(x)=a\cdot x=a_0x_0+a_1x_1+\cdots+a_{n-1}x_{n-1}\pmod 2\tag{3-97}$$

问调用几次函数 f，才能确定未知二进制串 a。

显然，若 $a=0$，则 f 是常函数；若 $a\neq0$，则 f 是对称函数，因此可用 Deutsch-Jozsa 算法轻松判定 f 的性质。但与 3.2.2 节问题稍有不同的是，这里需要求得二进制串 a 的具体值。根据经典算法，若要确定 a，则至少需要计算 n 次，即

$$\begin{aligned}f(10\cdots0)&=a\cdot x=a_0\\f(010\cdots0)&=a\cdot x=a_1\\&\vdots\\f(00\cdots01)&=a\cdot x=a_{n-1}\end{aligned}\tag{3-98}$$

BV 算法证明，其只需要调用量子黑盒 $\boldsymbol{U}_f$ 一次即可确定 a。

类似于 Deutsch-Jozsa 算法，BV 算法需要 $n+1$ 个量子比特，其初始输入态为 $|0\rangle^{\otimes n}|1\rangle$，即前 n 个量子比特的态都为 $|0\rangle$，第 $n+1$ 个量子比特的态为 $|1\rangle$。BV 算法线路如图 3.23 所示，算法具体过程如下。

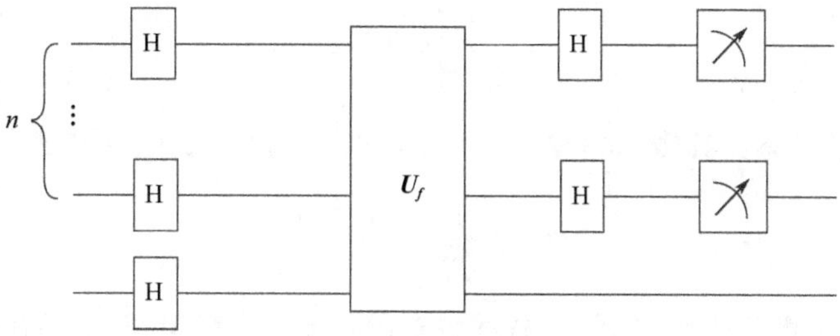

图 3.23　BV 算法线路

（1）对所有量子比特实施 H 门操作，系统量子态为

$$|\psi_1\rangle = \frac{1}{\sqrt{2^n}}\left(\sum_{x=0}^{2^n-1}|x\rangle\right)\otimes\frac{1}{\sqrt{2}}\left(|0\rangle-|1\rangle\right) \tag{3-99}$$

（2）对所有量子比特实施量子黑盒 $\boldsymbol{U}_f$ 操作，其作用是

$$\boldsymbol{U}_f|x\rangle|y\rangle = |x\rangle|ax\oplus y\rangle \tag{3-100}$$

经过第（2）步操作，系统量子态为

$$|\psi_2\rangle = \frac{1}{\sqrt{2^{n+1}}}\left(\sum_{x=0}^{2^n-1}|x\rangle\left(|ax\rangle-|1\oplus ax\rangle\right)\right) \tag{3-101}$$

由于 $ax = a_0x_0 + a_1x_1 + \cdots + a_{n-1}x_{n-1}\pmod 2$，即 ax 只能为 0 或 1，因此，上式可以改写为

$$|\psi_2\rangle = \frac{1}{\sqrt{2^{n+1}}}\left(\sum_{x=0}^{2^n-1}(-1)^{ax}|x\rangle\left(|0\rangle-|1\rangle\right)\right) \tag{3-102}$$

（3）对前 n 个量子比特再次实施 H 门操作，系统量子态为

$$\begin{aligned}|\psi_3\rangle &= \frac{1}{2^n\sqrt{2}}\left(\sum_{z=0}^{2^n-1}\sum_{x=0}^{2^n-1}(-1)^{z\cdot x}(-1)^{ax}|z\rangle\left(|0\rangle-|1\rangle\right)\right)\\ &= \frac{1}{2^n\sqrt{2}}\left(\sum_{z=0}^{2^n-1}\sum_{x=0}^{2^n-1}(-1)^{(z+a)\cdot x}|z\rangle\left(|0\rangle-|1\rangle\right)\right)\end{aligned} \tag{3-103}$$

其中，

$$z + a = \left(z_1\oplus a_1, z_2\oplus a_2,\cdots,z_n\oplus a_n\right)$$

$\oplus$ 表示模 2 加法。

因此，当 $z\neq a$ 时，$|\psi_3\rangle$ 中 $|z\rangle$ 态的概率幅为

$$\frac{1}{2^n\sqrt{2}}\sum_{x=0}^{2^n-1}(-1)^{(z+a)\cdot x} = 0 \tag{3-104}$$

即在 $z\neq a$ 时，发生了量子相干相消。

当 $z=a$ 时，$z+a=(0,0,\cdots,0)$，$|\psi_3\rangle$ 中 $|a\rangle$ 态的概率幅为

$$\frac{1}{2^n\sqrt{2}}\sum_{x=0}^{2^n-1}(-1)^0=\frac{1}{\sqrt{2}} \tag{3-105}$$

即对于 $z=a$ 的量子态，其概率幅发生了相干相长。因此，$|\psi_3\rangle$ 可以改写为

$$|\psi_3\rangle=\frac{1}{\sqrt{2}}|a\rangle(|0\rangle-|1\rangle) \tag{3-106}$$

（4）对前 n 个量子比特在 $|0\rangle$、$|1\rangle$ 基矢下进行测量，即可得到 a 的值。

从复杂度角度来看，n 次调用和 1 次调用并没有跨越复杂度界限，经典算法和 BV 算法都是多项式算法。但是，BV 算法相比经典算法确实具有加速性这一结论及在算法设计中使用量子相干性，启发了后续其他量子算法的设计。

3.2.4 量子傅里叶变换

在经典计算中，傅里叶变换可以用来分析信号，提高乘法运算速度等。在不同的研究领域，傅里叶变换具有多种不同的变体形式，如连续傅里叶变换、离散傅里叶变换等。经典的离散傅里叶变换将复向量 $(x_0,x_1,\cdots,x_{N-1})$ 变换为复向量 $(y_0,y_1,\cdots,y_{N-1})$，其中

$$y_k=\frac{1}{\sqrt{N}}\sum_{j=0}^{N-1}\mathrm{e}^{\mathrm{i}2\pi jk/N}x_j \tag{3-107}$$

量子傅里叶变换（QFT，用算子 $\hat{\boldsymbol{F}}$ 表示）是经典离散傅里叶变换的量子形式，量子傅里叶变换将量子态 $|k\rangle$ 变换为

$$\hat{\boldsymbol{F}}|k\rangle=\frac{1}{\sqrt{N}}\sum_{j=0}^{N-1}\mathrm{e}^{\mathrm{i}2\pi jk/N}|j\rangle \tag{3-108}$$

显然，对于任意量子态 $|\psi\rangle=\sum_{k=0}^{N-1}\alpha_k|k\rangle$，经过量子傅里叶变换后，量子态变换为

$$|\tilde{\psi}\rangle=\frac{1}{\sqrt{N}}\sum_{k,j=0}^{N-1}\alpha_k\mathrm{e}^{\mathrm{i}2\pi jk/N}|j\rangle=\sum_{j=0}^{N-1}\tilde{\alpha}_j|j\rangle \tag{3-109}$$

其中

$$\tilde{\alpha}_j=\frac{1}{\sqrt{N}}\sum_{k=0}^{N-1}\alpha_k\mathrm{e}^{\mathrm{i}2\pi jk/N}$$

即系数变换和经典离散傅里叶变换是一致的。

对于 n 个量子比特的量子系统，当 $|k\rangle=|0\rangle^{\otimes n}$ 时，

$$\hat{\boldsymbol{F}}|0\rangle^{\otimes n}=\frac{1}{\sqrt{2^n}}\sum_{j=0}^{N-1}\mathrm{e}^{\mathrm{i}2\pi jk/2^n}|j\rangle=\frac{1}{\sqrt{2^n}}\sum_{j=0}^{N-1}|j\rangle \tag{3-110}$$

量子傅里叶变换将 $|k\rangle$ 变换为所有计算基矢态的等概率叠加，相当于对每个量子比特实施了一次 H 门操作。但是，任意态的量子傅里叶变换能否在物理上实现？要回答这一

问题，首先需要清楚上述定义的量子傅里叶变换是否是幺正变换。根据量子傅里叶变换的定义可知，算子 $\hat{\boldsymbol{F}}$ 可以写成如下外积形式：

$$\hat{\boldsymbol{F}}=\sum_{j,k=0}^{N-1}\frac{\mathrm{e}^{\mathrm{i}2\pi jk/N}}{\sqrt{N}}|j\rangle\langle k| \tag{3-111}$$

因此，$\hat{\boldsymbol{F}}^{+}=\sum_{j,k=0}^{N-1}\frac{\mathrm{e}^{-\mathrm{i}2\pi jk/N}}{\sqrt{N}}|k\rangle\langle j|$，故

$$\begin{aligned}\hat{\boldsymbol{F}}\hat{\boldsymbol{F}}^{+}&=\sum_{j,j',k,k'=0}^{N-1}\frac{\mathrm{e}^{\mathrm{i}2\pi(jk-j'k')/N}}{N}|j\rangle\langle k||k'\rangle\langle j'|\\&=\sum_{j,j',k,k'=0}^{N-1}\frac{\mathrm{e}^{\mathrm{i}2\pi(jk-j'k')/N}}{N}|j\rangle\langle j'|\delta_{kk'}\\&=\frac{1}{N}\sum_{j,j'=0}^{N-1}\left(\sum_{k=0}^{N-1}\mathrm{e}^{\mathrm{i}2\pi(j-j')k/N}\right)|j\rangle\langle j'|\\&=\sum_{j,j'=0}^{N-1}\delta_{jj'}|j\rangle\langle j'|=\boldsymbol{I}\end{aligned} \tag{3-112}$$

即量子傅里叶变换 $\hat{\boldsymbol{F}}$ 是幺正变换。

由 3.1.4 节结论可知，任意幺正变换均可分解为单比特量子门和两比特量子门的组合，那么量子傅里叶变换 $\hat{\boldsymbol{F}}$ 如何分解为单比特量子门和两比特量子门的组合呢？这种分解是否有效呢（所需门个数是否为 $\log_2 N$ 的多项式）？

下面考虑 $N=2^n$，即作用在 n 个量子比特的量子系统上的傅里叶变换。考虑 n 位量子比特串

$$|j\rangle=|j_1j_2\cdots j_n\rangle,\quad |k\rangle=|k_1k_2\cdots k_n\rangle$$

其中

$$j=j_1 2^{n-1}+j_2 2^{n-2}+\cdots+j_n 2^0,\quad k=k_1 2^{n-1}+k_2 2^{n-2}+\cdots+k_n 2^0$$

因此

$$\begin{aligned}\hat{\boldsymbol{F}}|j\rangle&=\frac{1}{\sqrt{2^n}}\sum_{k_1,k_2,\cdots,k_n=0}^{1}\mathrm{e}^{\mathrm{i}2\pi jk/2^n}|k_1k_2\cdots k_n\rangle\\&=\frac{1}{\sqrt{2^n}}\sum_{k_1,k_2,\cdots,k_n=0}^{1}\mathrm{e}^{\mathrm{i}2\pi j\left(k_1 2^{n-1}+k_2 2^{n-2}+\cdots+k_n 2^0\right)/2^n}|k_1\rangle\otimes|k_2\rangle\otimes\cdots\otimes|k_n\rangle\\&=\frac{1}{\sqrt{2^n}}\sum_{k_1,k_2,\cdots,k_n=0}^{1}\left(\mathrm{e}^{\mathrm{i}2\pi j\left(k_1 2^{n-1}\right)/2^n}|k_1\rangle\right)\otimes\left(\mathrm{e}^{\mathrm{i}2\pi j\left(k_2 2^{n-2}\right)/2^n}|k_2\rangle\right)\otimes\cdots\otimes\left(\mathrm{e}^{\mathrm{i}2\pi j\left(k_n 2^0\right)/2^n}|k_n\rangle\right)\\&=\left(\frac{|0\rangle+\mathrm{e}^{\mathrm{i}2\pi j_n/2}|1\rangle}{\sqrt{2}}\right)\otimes\left(\frac{|0\rangle+\mathrm{e}^{\mathrm{i}2\pi\left(j_{n-1}2^1+j_n 2^0\right)/2^2}|1\rangle}{\sqrt{2}}\right)\otimes\cdots\otimes\left(\frac{|0\rangle+\mathrm{e}^{\mathrm{i}2\pi\left(j_1 2^{n-1}+j_2 2^{n-2}+\cdots+j_n 2^0\right)/2^n}|1\rangle}{\sqrt{2}}\right)\end{aligned} \tag{3-113}$$

从上式可以看出，$\hat{\boldsymbol{F}}$ 的作用相当于先对每一个量子比特实施 H 门操作，再实施相应的相位门$\begin{bmatrix}1 & 0\\0 & \mathrm{e}^{\mathrm{i}\theta}\end{bmatrix}$操作，与通常的相位门不同的是，式(3-113)中的相位门与态$|j_1j_2\cdots j_n\rangle$中的某些量子比特是有关的。因此，可以用 H 门和控制相位门 R_k 实现 $\hat{\boldsymbol{F}}$，其中

$$\boldsymbol{R}_k=\begin{bmatrix}1 & 0\\0 & \mathrm{e}^{\mathrm{i}2\pi/2^k}\end{bmatrix}\tag{3-114}$$

即对于态$|j_1j_2\cdots j_n\rangle$，实施以下操作即可实现量子傅里叶变换。

（1）先对第 1 个量子比特实施 H 门操作，

$$|j_1j_2\cdots j_n\rangle\to\left(\frac{|0\rangle+\mathrm{e}^{\mathrm{i}2\pi j_1/2}|1\rangle}{\sqrt{2}}\right)\otimes|j_2j_3\cdots j_n\rangle\tag{3-115}$$

接着分别实施控制相位门 R_2、R_3、……、R_n 操作，控制比特相应分别为第 2 个量子比特、第 3 个量子比特、……、第 n 个量子比特，因此系统量子态演化为

$$\begin{aligned}&\to\left(\frac{|0\rangle+\mathrm{e}^{\mathrm{i}2\pi j_1/2+\mathrm{i}2\pi j_2/2^2+\cdots+\mathrm{i}2\pi j_n/2^n}|1\rangle}{\sqrt{2}}\right)\otimes|j_2j_3\cdots j_n\rangle\\&=\left(\frac{|0\rangle+\mathrm{e}^{\mathrm{i}2\pi\left(j_1 2^{n-1}+j_2 2^{n-2}+\cdots+j_n 2^0\right)/2^n}|1\rangle}{\sqrt{2}}\right)\otimes|j_2j_3\cdots j_n\rangle\end{aligned}\tag{3-116}$$

这一步共需要 n 次操作。

（2）对第 2 个量子比特先实施 H 门操作，系统量子态演化为

$$\to\left(\frac{|0\rangle+\mathrm{e}^{\mathrm{i}2\pi\left(j_1 2^{n-1}+j_2 2^{n-2}+\cdots+j_n 2^0\right)/2^n}|1\rangle}{\sqrt{2}}\right)\otimes\left(\frac{|0\rangle+\mathrm{e}^{\mathrm{i}2\pi j_2/2}|1\rangle}{\sqrt{2}}\right)\otimes|j_3j_4\cdots j_n\rangle\tag{3-117}$$

接着对第 2 个量子比特依次实施控制相位门 R_2、R_3、……、R_{n-1} 操作，控制比特相应分别为第 3 个量子比特、第 4 个量子比特、……、第 n 个量子比特，因此系统量子态演化为

$$\to\left(\frac{|0\rangle+\mathrm{e}^{\mathrm{i}2\pi\left(j_1 2^{n-1}+j_2 2^{n-2}+\cdots+j_n 2^0\right)/2^n}|1\rangle}{\sqrt{2}}\right)\otimes\left(\frac{|0\rangle+\mathrm{e}^{\mathrm{i}2\pi\left(j_2 2^{n-2}+j_3 2^{n-3}+\cdots+j_n 2^0\right)/2^{n-1}}|1\rangle}{\sqrt{2}}\right)\otimes|j_3j_4\cdots j_n\rangle\tag{3-118}$$

这一步共需要 $n-1$ 次操作。

（3）按照上述规律实施第 3 步、第 4 步、……、第 n 步，分别需要 $n-2$、$n-1$、……、1 次操作，系统量子态演化为

$$\to\left(\frac{|0\rangle+\mathrm{e}^{\mathrm{i}2\pi\left(j_1 2^{n-1}+j_2 2^{n-2}+\cdots+j_n 2^0\right)/2^n}|1\rangle}{\sqrt{2}}\right)\otimes\left(\frac{|0\rangle+\mathrm{e}^{\mathrm{i}2\pi\left(j_2 2^{n-2}+j_3 2^{n-3}+\cdots+j_n 2^0\right)/2^{n-1}}|1\rangle}{\sqrt{2}}\right)\otimes\cdots\otimes\left(\frac{|0\rangle+\mathrm{e}^{\mathrm{i}2\pi j_n/2}|1\rangle}{\sqrt{2}}\right)$$

（3-119）

最后，对第 1 个量子比特与第 n 个量子比特对，第 2 个量子比特与第 $n-1$ 个量子比特对……两两实施 Swap 门操作，系统态演化为

$$\to\left(\frac{|0\rangle+\mathrm{e}^{\mathrm{i}2\pi j_n/2}|1\rangle}{\sqrt{2}}\right)\otimes\left(\frac{|0\rangle+\mathrm{e}^{\mathrm{i}2\pi\left(j_{n-1}2+j_n\right)/2^2}|1\rangle}{\sqrt{2}}\right)\otimes\cdots\otimes\left(\frac{|0\rangle+\mathrm{e}^{\mathrm{i}2\pi\left(j_1 2^{n-1}+j_2 2^{n-2}+\cdots+j_n 2^0\right)/2^n}|1\rangle}{\sqrt{2}}\right)$$

（3-120）

当然，在实际的操作过程中，最后的 Swap 门操作可以不做，只要将量子比特从后往前依次排序即可。综上，先经过 $\frac{n(n+1)}{2}$ 次 H 门和控制相位门操作，再经过 $\left\lfloor\frac{n}{2}\right\rfloor$ 次 Swap 门操作，即可完成量子傅里叶变换。例如，$n=3$ 时的量子傅里叶变换线路如图 3.24 所示。

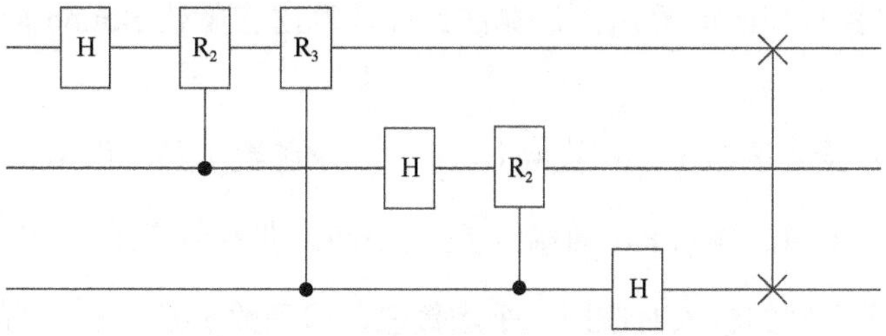

图 3.24　$n=3$ 时的量子傅里叶变换线路

经量子傅里叶变换后，计算基矢态成为所有基矢态的等概率叠加，每个基矢前具有相应的相位。如果直接测量，则得到某个态的概率为 $\frac{1}{N}$，其本身并没有计算优势。但是，量子傅里叶变换通常作为其他算法的一部分，利用变换后不同态的不同相位，发生量子相干相长或相干相消，使得所要观察的态的概率增大，达到某些算法的设计目的。例如，假定在某种量子算法的中间过程中，$|\varphi\rangle$ 态为周期态，即

$$|\varphi\rangle=\sqrt{\frac{r}{N}}\sum_{k=0}^{N/r-1}|kr+l\rangle \tag{3-121}$$

$|\varphi\rangle$ 中的周期 r 是感兴趣的对象，如果直接对 $|\varphi\rangle$ 进行测量，则只能以 $\frac{r}{N}$ 的概率得到某个态 $|kr+l\rangle$，而得不到周期 r。然而，如果对 $|\varphi\rangle$ 实施量子傅里叶变换，则

$$\begin{aligned}|\varphi\rangle\to|\tilde{\varphi}\rangle&=\frac{\sqrt{r}}{N}\sum_{j=0}^{N-1}\left(\sum_{k=0}^{N/r-1}\mathrm{e}^{\mathrm{i}2\pi j(kr+l)/N}\right)|j\rangle\\&=\frac{\sqrt{r}}{N}\sum_{j=0}^{N-1}\alpha_j|j\rangle\end{aligned} \tag{3-122}$$

其中

$$\begin{aligned}\alpha_j &= \sum_{k=0}^{N/r-1} \mathrm{e}^{\mathrm{i}2\pi j(kr+l)/N} \\ &= \mathrm{e}^{\mathrm{i}2\pi jl/N} \sum_{k=0}^{N/r-1} \mathrm{e}^{\mathrm{i}2\pi jkr/N}\end{aligned}$$

显然，当 j 不是 $\frac{N}{r}$ 的整数倍时，$\alpha_j=0$，即概率幅发生了量子相干相消；当 $j=\frac{N}{r}n$ 时，其中 n 为整数，$\alpha_j=\frac{N}{r}\mathrm{e}^{\mathrm{i}2\pi jl/N}$，概率幅发生了量子相干相涨。因此，$|\tilde{\varphi}\rangle$ 是 $\left|j=\frac{N}{r}n\right\rangle$ 态的等概率叠加，即对 $|\tilde{\varphi}\rangle$ 测量，得到的一定是 $\frac{N}{r}$ 的整数倍。

3.2.5 Simon 算法

受 Bernstein 和 Vazirani 工作的启发，1994 年 Simon 构造了 Simon 问题，并针对这一问题设计了著名的 Simon 算法，该算法比经典算法在解决 Simon 问题上具有更快的速度。

Simon 问题：给定函数 $f:\{0,1\}^n \to \{0,1\}^n$，要求函数 f 是下面两种函数之一。

Case 1：对于不同的输入 x，函数值 $f(x)$ 不同，即函数 f 是一一映射函数；

Case 2：两个不同的输入对应同一个函数值，即函数 f 是二对一的映射函数，且当

$$f(x)=f(x_0) \tag{3-123}$$

时，x、x_0 需要满足 $x=s\oplus x_0$，其中 $\oplus$ 为模 2 加法，此时称 s 为函数 f 的周期。请给出一种算法区分函数 f 是哪种函数，且如果是第二种函数，找出函数周期 s。

例如，当 $n=2$ 时，函数 $f(x)$ 的取值如表 3.1 所示。

表 3.1　函数 $f(x)$ 的取值

x	00	01	10	11
$f(x)$	01	10	01	10

显然，函数 $f(x)$ 的周期 $s=10$。在经典算法中，若要确定 $f(x)$ 的周期，则至少需要调用两次函数 $f(x)$。更一般地，对于 n 个量子比特的 Simon 问题，在最坏情况下，需要调用 $2^{n-1}+1$ 次函数 $f(x)$ 才能确定周期。而在 Simon 算法中，每次 Simon 算法只需要调用一次量子黑盒 $\boldsymbol{U}_f$，调用 $O(n)$ 次 Simon 算法即可确定函数周期 s。

与 Deutsch-Jozsa 算法、BV 算法一样，在 Simon 算法中，同样需要量子黑盒 $\boldsymbol{U}_f$，不同的是，这里需要 $2n$ 个量子比特，初始态制备为 $|0\rangle^{\otimes n}|0\rangle^{\otimes n}$，Simon 算法线路如图 3.25

所示，具体步骤如下。

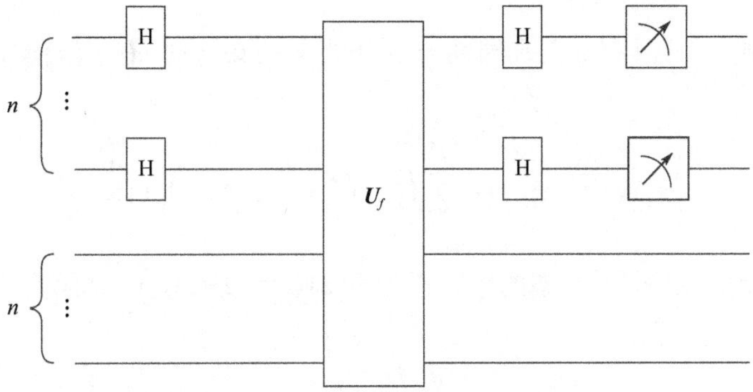

图 3.25　Simon 算法线路

（1）对前 n 个量子比特实施 H 门操作，系统量子态为

$$|\psi_1\rangle = \frac{1}{\sqrt{2^n}}\left(\sum_{x=0}^{2^n-1}|x\rangle\right)\otimes|0\rangle^n \tag{3-124}$$

（2）对所有 $2n$ 个量子比特实施量子黑盒 $\boldsymbol{U}_f$ 操作，其作用是

$$\boldsymbol{U}_f|x\rangle|y\rangle = |x\rangle|f(x)\oplus y\rangle \tag{3-125}$$

经过这一步操作，系统量子态为

$$|\psi_2\rangle = \frac{1}{\sqrt{2^n}}\left(\sum_{x=0}^{2^n-1}|x\rangle|f(x)\rangle\right) \tag{3-126}$$

（3）对前 n 个量子比特再次实施 H 门操作，系统量子态为

$$|\psi_3\rangle = \frac{1}{2^n}\sum_{z=0}^{2^n-1}\sum_{x=0}^{2^n-1}(-1)^{z\cdot x}|z\rangle|f(x)\rangle \tag{3-127}$$

（4）测量。

下面根据不同情况分析测量结果。

Case 1：若对于不同的输入，$f(x)$ 值不同，此时可视为 $s=0^n$，$|\psi_3\rangle$ 态可改写为

$$|\psi_3\rangle = \sum_{z=0}^{2^n-1}|z\rangle\left(\frac{1}{2^n}\sum_{x=0}^{2^n-1}(-1)^{z\cdot x}|f(x)\rangle\right) \tag{3-128}$$

则测得 $|z\rangle$ 态的概率为

$$p(z) = \mathrm{tr}(|z\rangle\langle z|\boldsymbol{\rho}) \tag{3-129}$$

其中

$$\boldsymbol{\rho} = |\psi_3\rangle\langle\psi_3| = \sum_{z,z'=0}^{2^n-1}|z\rangle\langle z'|\left(\frac{1}{2^{2n}}\sum_{x',x=0}^{2^n-1}(-1)^{z\cdot x+z'\cdot x'}|f(x)\rangle\langle f(x')|\right) \tag{3-130}$$

简单计算可得 $p(z)=\frac{1}{2^n}$，即所有 2^n 个不同的 $|z\rangle$ 是完全随机测得的。

Case 2：函数 $f(x)$ 具有非平凡周期 s，由于当 $x=s\oplus x_0$ 时，有 $f(x)=f(x_0)$，此时 $|\psi_3\rangle$ 态可记为

$$|\psi_3\rangle=\sum_{z=0}^{2^n-1}|z\rangle\left(\frac{1}{2^{n+1}}\sum_{x=0}^{2^n-1}\left((-1)^{z\cdot x}+(-1)^{z\cdot(x\oplus s)}\right)|f(x)\rangle\right) \tag{3-131}$$

若 $z\cdot s=0(\bmod 2)$，则测得 $|z\rangle$ 态的概率仍为 $p(z)=\operatorname{tr}(|z\rangle\langle z|\boldsymbol{\rho})$，简单计算可得

$$p(z)=\frac{1}{2^{n-1}} \tag{3-132}$$

若 $z\cdot s=1(\bmod 2)$，则此时 $|\psi_3\rangle$ 态中 $|z\rangle$ 态对应的

$$\frac{1}{2^{n+1}}\sum_{x=0}^{2^n-1}\left((-1)^{z\cdot x}-(-1)^{z\cdot x}\right)|f(x)\rangle=0 \tag{3-133}$$

即无法测量到满足 $z\cdot s=1(\bmod 2)$ 的 $|z\rangle$ 态。

综上所述，无论是 Case 1 还是 Case 2，测得的 $|z\rangle$ 态一定满足 $z\cdot s=0(\bmod 2)$，且每次测得的 $|z\rangle$ 态之间是相互独立的。重复 Simon 算法 n 次，则会得到一系列的 z_1、z_2、……、z_n，满足 $z_i\cdot s=0(\bmod 2)$，即得到 n 个 F_2 上的线性方程。因此，最后可以在多项式时间内通过求解 F_2 上的线性方程组得到周期 s。

3.2.6 量子相位估计算法

量子相位估计算法是量子傅里叶变换的一种重要应用，该算法是量子整数分解算法、量子线性方程组求解算法的基础。所谓相位估计，指的是对于任意给定幺正矩阵 $\boldsymbol{U}$ 及其本征态 $|u\rangle$，求满足精度要求的相应本征值 λ。由本征方程

$$\boldsymbol{U}|u\rangle=\lambda|u\rangle$$

可知，幺正矩阵 $\boldsymbol{U}$ 的本征值可以表示为 $\lambda=\mathrm{e}^{\mathrm{i}2\pi\phi}$，其中 $\phi\in[0,1]$，因此求本征值 λ 相当于求相位 ϕ。如何求出满足 n 比特精度的相位 ϕ 呢？

量子相位估计算法可以利用 H 门、C-U^{2^j} 门和逆量子傅里叶变换实现对相位 ϕ 的估计。不失一般性，假定 $\boldsymbol{U}$ 是作用在 m 个量子比特上的幺正矩阵，要求 ϕ 的精度是 n 比特，则量子相位估计算法需要两个寄存器，第一个寄存器需要用 n 个量子比特，第二个寄存器需要用 m 个量子比特，用来存储 $\boldsymbol{U}$ 的本征态 $|u\rangle$，线路示意图如图 3.26 所示。

量子相位估计算法基本步骤如下。

（1）制备初始态 $|0\rangle^{\otimes n}|u\rangle$，其中 $|u\rangle$ 为 $\boldsymbol{U}$ 的本征态（$|u\rangle$ 也可以认为是其他算法的输出态，即量子相位估计算法作为其他算法的一个模块），即

$$|\psi_1\rangle = |0\rangle^{\otimes n} \otimes |u\rangle \tag{3-134}$$

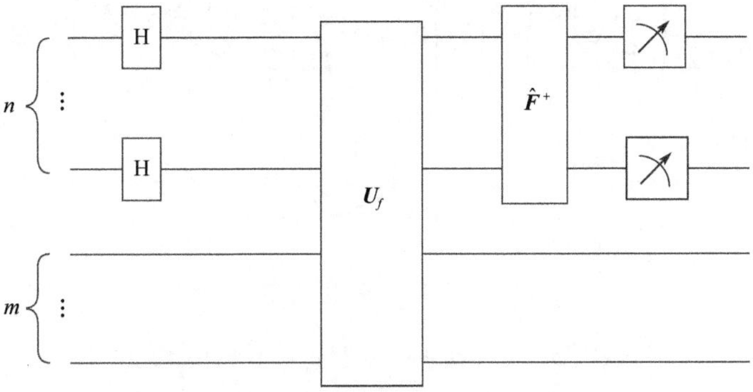

图 3.26　量子相位估计算法线路示意图

（2）对前 n 个量子比特实施 H 门操作，量子态为

$$|\psi_2\rangle = \frac{1}{\sqrt{2^n}}\left(|0\rangle + |1\rangle\right)^{\otimes n} \otimes |u\rangle \tag{3-135}$$

（3）对第一个寄存器和第二个寄存器中的所有量子比特实施联合幺正变换 $\boldsymbol{U}_f$，这里 $\boldsymbol{U}_f$ 是由一系列的控制幺正操作组成的幺正变换。具体而言，$\boldsymbol{U}_f$ 是通过依次实施 $\mathrm{C}_1\text{-}\mathrm{U}^{2^{n-1}}$ 门、$\mathrm{C}_2\text{-}\mathrm{U}^{2^{n-2}}$ 门、……、$\mathrm{C}_n\text{-}\mathrm{U}^{2^0}$ 门操作实现的，其中，$\mathrm{C}_j\text{-}\mathrm{U}^{2^{n-j}}$ 门表示以前 n 个量子比特中的第 j 个量子比特为控制比特、以后 m 个量子比特为目标比特实施 $\boldsymbol{U}^{2^{n-j}}$ 操作。由于

$$\begin{aligned}
\mathbf{C}_1\text{-}\mathbf{U}^{2^{n-1}}|\psi_2\rangle &= \frac{1}{\sqrt{2^n}}\left(|0\rangle \otimes \left(|0\rangle + |1\rangle\right)^{\otimes n-1} \otimes |u\rangle + |1\rangle \otimes \left(|0\rangle + |1\rangle\right)^{\otimes n-1} \otimes \boldsymbol{U}^{2^{n-1}}|u\rangle\right) \\
&= \frac{1}{\sqrt{2^n}}\left(|0\rangle \otimes \left(|0\rangle + |1\rangle\right)^{\otimes n-1} \otimes |u\rangle + |1\rangle \otimes \left(|0\rangle + |1\rangle\right)^{\otimes n-1} \otimes \mathrm{e}^{(\mathrm{i}2\pi\phi)2^{n-1}}|u\rangle\right) \\
&= \frac{1}{\sqrt{2^n}}\left(|0\rangle + \mathrm{e}^{(\mathrm{i}2\pi\phi)2^{n-1}}|1\rangle\right) \otimes \left(|0\rangle + |1\rangle\right)^{\otimes n-1} \otimes |u\rangle
\end{aligned} \tag{3-136}$$

即可将态 $|u\rangle$ 前的相位 $\mathrm{e}^{(\mathrm{i}2\pi\phi)2^{n-1}}$ 放到第一个量子比特中 $|1\rangle$ 态之前，因此依次经过 $\mathrm{C}_j\text{-}\mathrm{U}^{2^{n-j}}$ 门操作后，有

$$\begin{aligned}
|\psi_3\rangle &= \frac{1}{\sqrt{2^n}}\left(|0\rangle + \mathrm{e}^{(\mathrm{i}2\pi\phi)2^{n-1}}|1\rangle\right) \otimes \left(|0\rangle + \mathrm{e}^{(\mathrm{i}2\pi\phi)2^{n-2}}|1\rangle\right) \otimes \cdots \otimes \left(|0\rangle + \mathrm{e}^{(\mathrm{i}2\pi\phi)2^{0}}|1\rangle\right) \otimes |u\rangle \\
&= \frac{1}{\sqrt{2^n}}\left(\sum_{j_1=0}^{1}\mathrm{e}^{(\mathrm{i}2\pi\phi)j_1 2^{n-1}}|j_1\rangle\right) \otimes \left(\sum_{j_2=0}^{1}\mathrm{e}^{(\mathrm{i}2\pi\phi)j_2 2^{n-2}}|j_2\rangle\right) \otimes \cdots \otimes \left(\sum_{j_n=0}^{1}\mathrm{e}^{(\mathrm{i}2\pi\phi)j_t 2^{0}}|j_t\rangle\right) \otimes |u\rangle \\
&= \frac{1}{\sqrt{2^n}}\left(\sum_{j_1,j_2,\cdots,j_n=0}^{1}\mathrm{e}^{(\mathrm{i}2\pi\phi)\left(j_1 2^{n-1} + j_2 2^{n-2} + \cdots + j_n 2^0\right)}|j_1 j_2 \cdots j_n\rangle\right) \otimes |u\rangle = \frac{1}{\sqrt{2^n}}\left(\sum_{j=0}^{2^n-1}\mathrm{e}^{\mathrm{i}2\pi\phi j}|j\rangle\right) \otimes |u\rangle
\end{aligned} \tag{3-137}$$

式中，$j = j_1 2^{n-1} + j_2 2^{n-2} + \cdots + j_n 2^0$。

（4）对前n个量子比特进行逆量子傅里叶变换$\hat{\boldsymbol{F}}^{+}$，量子态演化为

$$\left|\psi_4\right\rangle=\frac{1}{2^n}\left(\sum_{j,k=0}^{2^n-1}\mathrm{e}^{\mathrm{i}2\pi\phi j-\frac{\mathrm{i}2\pi kj}{2^n}}|k\rangle\right)\otimes|u\rangle=\sum_{k=0}^{2^n-1}\left(\frac{1}{2^n}\sum_{j=0}^{2^n-1}\mathrm{e}^{\mathrm{i}2\pi\phi j-\frac{\mathrm{i}2\pi kj}{2^n}}\right)|k\rangle\otimes|u\rangle \tag{3-138}$$

令

$$\phi=\frac{\tilde{\phi}}{2^n}+\delta \tag{3-139}$$

其中

$$\tilde{\phi}=2^{n-1}\phi_1+2^{n-2}\phi_2+\cdots+2^0\phi_n，\quad 0\leqslant|\delta|\leqslant 2^{-n-1} \tag{3-140}$$

即$\dfrac{\tilde{\phi}}{2^n}$是$\phi$的最优$n$比特精度近似值。

（5）对前n个量子比特在计算基矢下测量。测量结果如下。

Case 1：$\delta=0$，显然，

$$\frac{1}{2^n}\sum_{j=0}^{2^n-1}\mathrm{e}^{\mathrm{i}2\pi\phi j-\frac{\mathrm{i}2\pi kj}{2^n}}=\frac{1}{2^n}\sum_{j=0}^{2^n-1}\mathrm{e}^{\mathrm{i}2\pi\left(\frac{\tilde{\phi}-k}{2^n}\right)j}=\delta_{\tilde{\phi}k} \tag{3-141}$$

因此，在这种情况下会确定性地测量得到$|\tilde{\phi}\rangle=|k\rangle$的态，其他的态由于量子相干相消效应在$|\psi_4\rangle$中都消失了。

Case 2：$\delta\neq 0$，此时测量得到$|\tilde{\phi}\rangle=|k\rangle$态的概率为

$$P_k=\left|\frac{1}{2^n}\sum_{j=0}^{2^n-1}\mathrm{e}^{\mathrm{i}2\pi\delta j}\right|^2=\frac{1}{2^{2n}}\left|\frac{1-\mathrm{e}^{\mathrm{i}2\pi\delta 2^n}}{1-\mathrm{e}^{\mathrm{i}2\pi\delta}}\right|^2=\frac{1}{2^{2n}}\frac{\left|1-\mathrm{e}^{\mathrm{i}2\pi\delta 2^n}\right|^2}{4\sin^2(\pi\delta)} \tag{3-142}$$

由于

$$\left|1-\mathrm{e}^{\mathrm{i}\theta}\right|=2\left|\sin\frac{\theta}{2}\right| \tag{3-143}$$

当$\theta=0$和$\theta=\pi$时，有

$$2\left|\sin\frac{\theta}{2}\right|=\frac{2|\theta|}{\pi} \tag{3-144}$$

当$\theta=\pi/2$时，有

$$2\left|\sin\frac{\pi}{4}\right|=\sqrt{2}>\frac{2\frac{\pi}{2}}{\pi}=1 \tag{3-145}$$

因此利用sin函数性质可知，对于任意$-\pi\leqslant\theta\leqslant\pi$，有

$$\left|1-\mathrm{e}^{\mathrm{i}\theta}\right|=2\left|\sin\frac{\theta}{2}\right|\geqslant\frac{2|\theta|}{\pi} \tag{3-146}$$

因此

$$P_k\geqslant\frac{1}{2^{2n}}\frac{1}{4\sin^2(\pi\delta)}\frac{4\left(2\pi\delta 2^n\right)^2}{\pi^2}=\frac{(\pi\delta)^2}{\sin^2(\pi\delta)}\frac{4}{\pi^2} \tag{3-147}$$

由于$0\leqslant|\delta|\leqslant 2^{-n-1}$，故$\dfrac{(\pi\delta)^2}{\sin^2(\pi\delta)}\approx 1$，最终可证明$P_k\geqslant\dfrac{4}{\pi^2}\approx 0.405$。此时，测量前$n$个量子比特可以以较大的概率得到符合精度要求的相位。

习题

3.1　记$|+\rangle=\frac{1}{\sqrt{2}}(|0\rangle+|1\rangle)$，$|-\rangle=\frac{1}{\sqrt{2}}(|0\rangle-|1\rangle)$，分别计算 X 门、Y 门、Z 门作用到$|+\rangle$、$|-\rangle$后得到的量子态。

3.2　在习题 3.1 的基础上，分别计算 H 门、S 门、T 门作用到$|+\rangle$、$|-\rangle$后得到的量子态。

3.3　证明：$\boldsymbol{HXH}=\boldsymbol{Z}$，$\boldsymbol{HYH}=-\boldsymbol{Y}$，$\boldsymbol{HZH}=\boldsymbol{X}$。

3.4　证明：$\boldsymbol{XR}_y(\theta)\boldsymbol{X}=\boldsymbol{R}_y(-\theta)$，$\boldsymbol{XR}_z(\theta)\boldsymbol{X}=\boldsymbol{R}_z(-\theta)$，

$\boldsymbol{YR}_x(\theta)\boldsymbol{Y}=\boldsymbol{R}_x(-\theta)$，$\boldsymbol{YR}_z(\theta)\boldsymbol{Y}=\boldsymbol{R}_z(-\theta)$，

$\boldsymbol{ZR}_x(\theta)\boldsymbol{Z}=\boldsymbol{R}_x(-\theta)$，$\boldsymbol{ZR}_y(\theta)\boldsymbol{Z}=\boldsymbol{R}_y(-\theta)$。

3.5　证明：$\boldsymbol{HR}_x(\theta)\boldsymbol{H}=\boldsymbol{R}_x(\theta)$，$\boldsymbol{HR}_y(\theta)\boldsymbol{H}=\boldsymbol{R}_y(-\theta)$，$\boldsymbol{HR}_z(\theta)\boldsymbol{H}=\boldsymbol{R}_z(\theta)$。

3.6　证明：$\boldsymbol{H}\otimes\boldsymbol{H}|00\rangle=\frac{1}{2}(|00\rangle+|01\rangle+|10\rangle+|11\rangle)$，

$\boldsymbol{H}\otimes\boldsymbol{H}|01\rangle=\frac{1}{2}(|00\rangle-|01\rangle+|10\rangle-|11\rangle)$，

$\boldsymbol{H}\otimes\boldsymbol{H}|10\rangle=\frac{1}{2}(|00\rangle+|01\rangle-|10\rangle-|11\rangle)$，

$\boldsymbol{H}\otimes\boldsymbol{H}|11\rangle=\frac{1}{2}(|00\rangle-|01\rangle-|10\rangle+|11\rangle)$，

即$\boldsymbol{H}\otimes\boldsymbol{H}|x\rangle=\frac{1}{2}\sum_y(-1)^{x\cdot y}|y\rangle$，其中$x$、$y$为2比特二进制串，$x\cdot y=x_1y_1+x_2y_2\pmod 2$。

更一般地，对于 n 比特二进制串 x、y，证明 $\boldsymbol{H}^{\otimes n}|x\rangle=\frac{1}{\sqrt{2^n}}\sum_y(-1)^{x\cdot y}|y\rangle$，其中 $x\cdot y=\sum_i x_i y_i(\bmod 2)$。

3.7　证明：式（3-30）成立。

3.8　分别将 X 门、Y 门、Z 门、S 门、T 门写成式（3-31）的形式。

3.9　利用 CNOT 门构造 Swap 门，画出量子线路图并写出 Swap 门的矩阵表示。

3.10　利用单比特量子门、CNOT 门构造 C-Z 门，其中 C-Z 门的作用为

$$\mathbf{C\text{-}Z}\begin{array}{l}|00\rangle=|00\rangle\\|01\rangle=|01\rangle\\|10\rangle=|10\rangle\\|11\rangle=-|11\rangle\end{array}$$

并写出 C-Z 门的矩阵表示。

3.11　写出 0 控制两比特 X 门的作用及矩阵表示。

3.12　写出 0 控制两比特 Z 门的作用及矩阵表示。

3.13　证明：图 3.16 中的量子线路实现了 Toffoli 门。

3.14　将 4 比特 C^3-X 门分解成由 Toffoli 门、CNOT 门组成的量子线路。

3.15　将 5 比特 C^3-Swap 门分解成由 Toffoli 门、CNOT 门组成的量子线路并写出 C^3-Swap 门的矩阵表示，其中 C^3-Swap 门的控制比特为前 3 个量子比特，目标比特为第 4、5 个量子比特，其作用是当前 3 个量子比特全为 1 时，交换第 4、5 个量子比特的值，否则不做任何操作。

3.16　写出图 3.18 中量子门的矩阵表示。

3.17　给定幺正矩阵 $\boldsymbol{U}$，其中 $\boldsymbol{U}$ 的作用为

$$\boldsymbol{U}|100001\rangle=\frac{1}{\sqrt{2}}(|100001\rangle+|100101\rangle),\quad \boldsymbol{U}|100101\rangle=\frac{1}{\sqrt{2}}(|100001\rangle-|100101\rangle)$$

$$\boldsymbol{U}|x\rangle=|x\rangle,\quad x\neq 100101,100001$$

给出 $\boldsymbol{U}$ 的矩阵表示及量子线路。

3.18　在 Deutsch 算法中，如果第 2 个量子比特的输入态为 $|1\rangle$，那么该算法是否还能工作，请给出依据。

3.19　在 Deutsch-Jozsa 问题中，如果计算装置中输出的函数值为 $\tilde{f}(x)=f(x)+\varepsilon$，其中 $f(x)$ 为正确函数值，$\varepsilon\in\{0,1\}$ 是以概率 p 随机出现的。分析此时 Deutsch-Jozsa 算法需要调用量子黑盒 $\boldsymbol{O}_f$ 多少次才能确定函数 f 是否为常函数。

3.20　在 BV 问题中，如果计算装置中输出的函数值为 $\tilde{f}(x)=a\cdot x+\varepsilon$，其中 $\varepsilon\in\{0,1\}$ 是以概率 p 随机出现的。分析此时 BV 算法需要调用量子黑盒 $\boldsymbol{O}_f$ 多少次才能确定 a 的值。

3.21　证明计算基矢 $\{|k\rangle\}$ 经过量子傅里叶变换后得到的 $\{|\tilde{k}\rangle\}$ 仍然是一组正交向量，称 $\{|\tilde{k}\rangle\}$ 为量子傅里叶基，其中 $|\tilde{k}\rangle=\hat{\boldsymbol{F}}|k\rangle$。

3.22　写出 $N=2^3$ 时量子傅里叶变换的矩阵表示。更一般地，写出对于任意正整数 N 的量子傅里叶变换的矩阵表示。

3.23　当 $n=2$ 时，函数为

x	00	01	10	11
$f(x)$	01	11	11	01

请给出 $f(x)$ 的线路表示，并进一步给出求解 $f(x)$ 周期的量子线路。

3.24　在 Simon 算法中，如果初始态为 $|0\rangle^{\otimes n}|1\rangle^{\otimes n}$，试问 Simon 算法能否求出周期？初始态为 $|1\rangle^{\otimes n}|1\rangle^{\otimes n}$ 呢？

3.25　设计量子线路，求泡利矩阵 $\boldsymbol{Z}$ 的本征值。

3.26　设计量子线路，求矩阵 $\boldsymbol{H}$ 的本征值。

第 4 章　Shor 算法及其应用

自从 20 世纪 70 年代 Diffie、Hellman 提出公钥密码系统构想以来，基于整数分解问题和离散对数问题的公钥密码系统相继被提出并逐步得到实践检验。相应地，针对整数分解问题和离散对数问题的攻击算法一直在持续研究中。截至目前，针对这两类数学问题的最优经典攻击算法的复杂度都是亚指数量级的。1994 年，受 Simon 算法启发，贝尔实验室的 Peter Shor 提出了一种能够在多项式时间内分解整数、求解离散对数的量子算法，即 Shor 算法[30]。Shor 算法提出后，立即引起了密码学领域、量子计算领域专家学者的兴趣，并直接激发了后续量子计算的研究热潮。然而，截至目前，实验上能够分解的整数远远小于实际密码系统中使用的整数。IBM、谷歌等国际公司计划在未来 10 年实现对百万量子比特的精准操控。在此基础上，随着量子纠错容错技术的发展，2030 年左右利用 Shor 算法有可能实现对 1024 比特整数、2048 比特整数的分解。但是，在此之前，如果没有重大量子理论及技术突破，利用 Shor 算法分解上千比特整数基本没有希望。因此，从这一点来看，尽管 Shor 算法理论上具有经典算法无与伦比的分解整数能力，但受限于目前量子计算技术水平，利用该算法分解整数的实际能力有待提高。Shor 算法就如悬于基于整数分解问题、离散对数问题公钥密码系统头顶的达摩克利斯之剑，使得基于这两类问题的公钥密码系统始终笼罩在量子时代不再安全的巨大阴影中。了解 Shor 算法及其背后的设计思想，对设计量子算法及分析后量子密码安全性具有重要意义。

4.1　Shor 算法与整数分解问题

RSA 算法的安全性基于整数分解问题的困难性。众所周知，给定两个整数 p 、q ，计算其乘积 $p\times q$ 是一件容易的事情，如 $p=13$ 、 $q=29$ ，很容易计算出 $p\times q=377$ 。更一般地，对于任意 n 比特二进制整数 p 、 q ， $p\times q$ 可以在 $O\left(n^2\right)$ 次基本操作后得到计算结果。如果采用 Schonhage-Strassen 算法，乘法的复杂度可以进一步降低到 $O\left(n(\log n)(\log\log n)\right)$ ，本章中的 log 均以 2 为底。然而，给定整数 N ，想要计算出其是哪两个整数的乘积通常是困难的，尤其是当 N 仅有一种分解方式时。例如， $N=143$ ，最直接的办法是试除法，尽管对于 $N=143$ 经过几次试除得 $143=11\times 13$ ，但是这一方法大约需要 $O\left(\sqrt{N}\right)$ 次试除。因此当 N 很大时，如 $N=14999992000001$ ，需要试除上百万

次才能找到 N 的分解。对于目前 RSA 系统实际应用中的整数，其比特数多达 2000 多比特（二进制），试除法显然是一种无法胜任的算法。除试除法外，经典的整数分解算法还有欧拉算法、Coppersmith 基于格的整数分解算法、连分数算法、二次筛法、数域筛法、ρ 算法等，但这些算法都是指数或亚指数时间算法。以目前最快的数域筛法为例，当分解一般整数时，其复杂度为

$$O\left(\exp\left(c(\log N)^{1/3}(\log\log N)^{2/3}\right)\right)$$

式中，$c=(64/9)^{1/3}$。对于 2048 比特的整数，目前已知的经典算法所需的计算时间都超出了人们所能承受的时间范围。然而，如果存在一台能够运行 Shor 算法的量子计算机，则分解整数的复杂度可以降低为 $O\left((\log N)^3\right)$。因此对于 2048 比特的整数，Shor 算法仅需 10^9 次基本量子逻辑门操作即可实现整数分解。如果量子计算机基本逻辑门操作频率能够达到每秒百万次量级，则量子计算机分解 2048 比特整数仅需数千秒，这将大大威胁基于整数分解问题的公钥密码系统的安全性。

4.1.1 RSA 公钥密码算法

密码作为保护己方信息安全的重要工具，在人类历史及日常生活中都发挥了重要作用。例如，历史上出现的恺撒密码、维吉尼亚密码、Enigma 密码、DES 密码等。这些密码有一个共同特点，即当一方知道加密方的加密方式及初始加密密钥后就可以方便地破译出加密信息。因此，通信双方之间的密钥必须严格保密，这里包括密钥分发和管理。例如，在一个具有 N 个通信参与方的组织中，若任意两方的通信都要保密，那么需要管理的密钥多达 $\frac{N(N-1)}{2}$ 个。当 N 较小时，这并不构成问题，但是当 N 越来越大时，如在互联网中的用户多达数十亿个，分发和管理这种规模的密钥就是一件令人头疼的事了。

1976 年，Diffie 与 Hellman 在其划时代的论文《密码学的新方向》中提出：可以利用单向函数设计一对密钥，公开其中的一个（公钥），并不会危害到另一个（私钥）的秘密性质。受这一构想的启发，1978 年，Rivest、Shamir、Adleman 三人提出了著名的 RSA 公钥密码算法。2002 年，Rivest、Shamir、Adleman 三人因提出 RSA 算法获得了当年的图灵奖。

在 RSA 算法中，包含 3 个子算法。

1．密钥产生算法

（1）通信网络中的参与方 A 选择一个大的整数 $N=p\times q$，其中 p、q 是两个素数。由初等数论知识可知，N 的欧拉函数 $\varphi(N)=(p-1)\times(q-1)$；

（2）选择整数 e，其中 e 与 $\varphi(N)$ 互素，并将 N、e 作为公钥公开；

（3）利用欧几里得算法求 e 模 $\varphi(N)$ 的逆 d，即 $ed \equiv 1(\bmod \varphi(N))$，将 d 作为私钥秘密保管。

2．加密算法

当通信网络中的某个参与方B需要向参与方A发送明文 m 时（$0<m<N$），参与方B通过公开渠道查找参与方A发布的公钥 N、e，并计算 $m^e(\bmod N)$，将计算结果

$$c \equiv m^e(\bmod N) \tag{4-1}$$

通过公开渠道发送给参与方A，其中 c 称为密文。

3．解密算法

当参与方A接收到密文 c 时，参与方A通过计算 $c^d(\bmod N)$ 恢复明文 m。

证明：由于 $ed \equiv 1(\bmod \varphi(N))$，即 $ed = 1 + k\varphi(N)$，其中 k 是一个整数，因此

$$\begin{aligned} D &= c^d(\bmod N) = \left(m^e\right)^d(\bmod N) = m^{ed}(\bmod N) \\ &= m^{1+k\varphi(N)}(\bmod N) = m \cdot m^{k\varphi(N)}(\bmod N) \end{aligned} \tag{4-2}$$

（1）若 m 和 N 互素，即 m 和 N 的最大公因子为1，则由欧拉定理可知

$$m^{\varphi(N)}(\bmod N) \equiv 1 \tag{4-3}$$

因此 $D=m$；

（2）若 m 和 N 不互素，则 m 和 N 的最大公因子为 p 或 q，不失一般性，假定 $m=k_1 p$，其中 k_1 为一个整数且 $k_1<q$，即 m 和 q 互素。此时，计算 D 相当于求解同余方程组

$$\begin{cases} D = m \cdot m^{k\varphi(N)} = 0(\bmod p) \\ D = m \cdot m^{k\varphi(N)} = m(\bmod q) \end{cases} \tag{4-4}$$

其中，第二个式子中用到了欧拉定理（$m^{q-1} \equiv 1(\bmod q)$，$k\varphi(N) = k(p-1)(q-1)$，故而 $m^{k\varphi(N)} = \left(m^{q-1}\right)^{k(p-1)} \equiv 1(\bmod q)$）。

因此 $p|D$，$q|D-m$。根据整除基本性质可知

$$pq|qD,\quad pq|pD-pm \tag{4-5}$$

由于 p、q 是两个素数，故 p、q 互素，因此一定存在整数 s、t，使得

$$sp+tq=1 \tag{4-6}$$

因此

$$pq|s(pD-pm)+tqD \Rightarrow pq|D-spm \tag{4-7}$$

即

$$D = k'pq + spm = k'pq + (1 - tq)m = k'pq - tqm + m = (k' - tk_1)pq + m \tag{4-8}$$

因此

$$D \equiv m \pmod N \tag{4-9}$$

即无论 m 和 N 是否互素，参与方 A 一定可以通过解密过程恢复出明文 m。

例 4.1 $N = 13 \times 17 = 221$，因此 $\varphi(221) = 12 \times 16 = 192$，选择 $e = 23$。

（1）计算私钥 d；

（2）给定明文 $m = 101$，计算密文 c；

（3）给定密文 $c = 160$，解密出明文 m。

解：

（1）由欧几里得算法可知

$$192 = 23 \times 8 + 8$$

$$23 = 8 \times 2 + 7$$

$$8 = 7 \times 1 + 1$$

因此

$$1 = 8 - 7 = 8 - (23 - 8 \times 2) = 8 \times 3 - 23 = (192 - 23 \times 8) \times 3 - 23$$

即

$$1 = 192 \times 3 - 23 \times 25$$

故

$$23 \times (-25) \equiv 23 \times (192 - 25) \equiv 1 \pmod{192}$$

即私钥 $d = 167$。

（2）由 RSA 加密机制可知，密文

$$c \equiv 101^{23} \pmod{221} = 186$$

（3）由 RSA 解密机制及私钥可知，明文

$$m \equiv c^{167} \pmod{221} = 160^{167} \pmod{221} = 114$$

在 RSA 公钥密码系统中，若第三方仅知道整数 N、公钥 e，则从密文 c 中恢复明文消息是不可行的，还需要知道私钥 d（当然，可以将每一个消息加密，然后对比其密文是否为 c，即对所有可能明文进行穷举搜索，但显然这不是一个好主意）。如果不知道整数 N 的分解，则 N 的欧拉函数 $\varphi(N)$ 是难以获得的，从而无法快速计算获得公钥 e 模 $\varphi(N)$ 的逆 d。然而，如果存在一种算法能够在多项式时间内分解整数 N，则可进一步

在多项式时间内利用欧几里得算法计算出私钥d。

对于 RSA 算法，其安全性基于分解大整数N的困难性，即

RSA 假设：给定 RSA 公钥e、整数N及密文c，恢复明文m和分解整数N一样困难。

有意思的是，RSA 公钥密码不仅可以用来加密信息，还可以用来进行数字签名。在现实世界中，一份文件经常需要通过签名来保证文件中所列条款的真实性，如每名学生在参加竞赛提交作品时，通常需要提交类似原创性声明的文件，以保证作品是自己的劳动成果。当现实世界的某些场景映射到网络世界时，便出现了数字签名的应用需求。下面简要介绍一种基于 RSA 的数字签名协议。

令M表示需要签名的数字文件，RSA 签名包含 3 个子算法。

1. 密钥生成算法

（1）选择大整数$N = p \times q$，其中p、q是两个素数；

（2）选择整数e，其中e与$\varphi(N)$互素，并将e作为公钥公开；

（3）利用欧几里得算法求e模$\varphi(N)$的逆d，将d作为私钥秘密保管。

因此，e、d的产生方式与 RSA 密码一样，但不同的是，在 RSA 签名中，d用来进行签名，e用来进行验证。

2. 签名算法

计算

$$S \equiv M^d \pmod N \tag{4-10}$$

式中，S为文件M的签名。

3. 签名验证算法

当验证方拿到文件M及相应的签名S时，便可通过公开渠道查询签名方的公钥e和模数N，并计算

$$M' \equiv S^e \pmod N \tag{4-11}$$

若$M' = M$，则可证明文件M是由签章拥有方签名的。由于e是公开的，因此任何人都可以对签名S进行验证。由于d是由合法用户秘密保存的私钥，因此只有合法用户才能对文件M产生合法签名。

与 RSA 公钥密码算法的安全性一样，RSA 签名算法的安全性同样基于整数分解问题的困难性，即若存在多项式时间的整数分解算法，则存在多项式时间的 RSA 签名破解算法。

4.1.2 经典整数分解算法

众所周知，整数可以分为以下 3 类：

（1）0、±1；

（2）素数；

（3）合数。

早在 2000 多年前，人们已经意识到，对于任何 $n>1$ 的整数，n 一定可以分解为

$$n=p_1^{\alpha_1}p_2^{\alpha_2}\cdots p_k^{\alpha_k} \tag{4-12}$$

式中，$\alpha_i\geqslant 0$，p_i 为素数。但是，如何快速地将 n 分解为上述形式一直没有有效的求解算法，尤其是当 n 仅是两个不同素数的乘积时，其快速分解算法一直没有找到。针对一般的整数，现有最快的经典整数分解算法是数域筛法，其复杂度为[32]

$$O\left(\exp\left(c\sqrt[3]{\log n}\sqrt[3]{\left(\log\log n\right)^2}\right)\right) \tag{4-13}$$

式中，$c\approx\left(64/9\right)^{1/3}\approx 1.922999$，即目前已知最快的经典整数分解算法仍是亚指数量级的，因此基于整数分解问题的 RSA 公钥密码协议及数字签名理论上都是安全的。

下面，简要介绍几种常见的经典整数分解算法。

1．试除法

由于任何整数 $n>1$ 均可写成素数乘积的形式，因此最朴素的想法是用 n 试除所有大于 2 且小于或等于 $\sqrt{n}$ 的整数 d，若 $d|n$，则 $n=dn_1$，继续对 n_1 利用试除法，直到将 n 分解成素数乘积的形式。利用该想法构造的算法，在最坏情况下需要试除 $\sqrt{n}$ 次，因此试除法的效率非常低。

例 4.2 利用试除法分解整数 $n=10379$。

解：明显，n 是奇数。因此令 $d=3$，计算 $x=n\left(\bmod d\right)=2$，即 d 不整除 n；

$d=d+1$，计算 $x=n\left(\bmod d\right)$；

当 $d=97$ 时，$x=n\left(\bmod d\right)=0$，因此 $n=10379=97\times 107$，继续利用试除法可知 107 是素数。

例 4.3 当 $n=14999992000001$ 时，利用试除法需要试除 2999998 次。

例 4.4 当 n 的规模为 2^{1024} 时，利用试除法需要试除的次数规模约为 2^{512} 次，以 2020 年世界排名第一的日本富岳超级计算机为例，其峰值运算速度达到每秒 44.2 亿亿次，即每秒计算次数不超过 2^{59} 次，利用试除法在富岳超级计算机上需要耗时 2^{453} 秒，这一时间远远超过了太阳的寿命。

2. ρ 算法

试除法从小到大依次一个个试除整数 d，其在最坏情况下的复杂度为 $O(\sqrt{n})$。有一种想法类似于试除法对整数进行试除，不过这里试除整数时不再是依次增大进行试除，而是随机选择 $(2,n-1)$ 之间的整数进行试除。ρ 算法就是基于这一想法的算法，该算法是由 John Pollard 首先提出的。

ρ 算法的思想如下。

首先随机选择一个整数 x_0 及整系数多项式 $f(x)=x^2+c$，其中 $c \neq -2$、0，接着计算

$$x_1 \equiv f(x_0) \pmod{n}$$

$$x_2 \equiv f(x_1) \pmod{n}$$

$$\vdots$$

$$x_k \equiv f(x_{k-1}) \pmod{n}$$

从表面上看，通过上述过程可以生成 $[0,n-1]$ 之间的伪随机序列。然而，实际上其并不随机。其实这是显然的，由于每一个数都是由前一个数决定的，且模 n 后构成的整数集合是有限的，因此当 k 增大到一定程度时，一定有 $x_k = x_i$，其中 $i<k$，即从第 k 步开始会陷入循环，其循环周期为 $k-i$。由于这个循环序列通常可以写成希腊字母“ρ”的形式（x_0～x_{i-1} 构成 ρ 字母的“尾巴”，x_i 为 ρ 字母中斜线与圆形的第一个交点，x_{i+1}～x_k 构成圆形），因此 John Pollard 将此算法称为 ρ 算法。例如，$n=573$，$f(x)=x^2+1$，取 $x_0=0$，有

$x_1 \equiv 1 \pmod{573}$，　$x_2 \equiv 2 \pmod{573}$，　$x_3 \equiv 5 \pmod{573}$，

$x_4 \equiv 26 \pmod{573}$，　$x_5 \equiv 104 \pmod{573}$，　$x_6 \equiv 503 \pmod{573}$，

$x_7 \equiv 317 \pmod{573}$，　$x_8 \equiv 215 \pmod{573}$，　$x_9 \equiv 386 \pmod{573}$，

$x_{10} \equiv 17 \pmod{573}$，　$x_{11} \equiv 290 \pmod{573}$，　$x_{12} \equiv 338 \pmod{573}$，

$x_{13} \equiv 218 \pmod{573}$，　$x_{14} \equiv 539 \pmod{573}$，　$x_{15} \equiv 11 \pmod{573}$，

$x_{16} \equiv 122 \pmod{573}$，　$x_{17} \equiv 560 \pmod{573}$，　$x_{18} \equiv 170 \pmod{573}$，

$x_{19} \equiv 251 \pmod{573}$，　$x_{20} \equiv 545 \pmod{573}$，　$x_{21} \equiv 212 \pmod{573}$，

$x_{22} \equiv 251 \pmod{573}$，　$x_{23} \equiv 545 \pmod{573}$，　……

可以将上述过程用图 4.1 表示。

在上述过程中，x_0～x_{18} 构成了 ρ 字母的“尾巴”，x_{19} 为 ρ 字母中斜线与圆形的第一个交点，x_{19}、x_{20}、x_{21} 构成了 ρ 字母中的圆形。接下来介绍 ρ 算法的基本步骤。

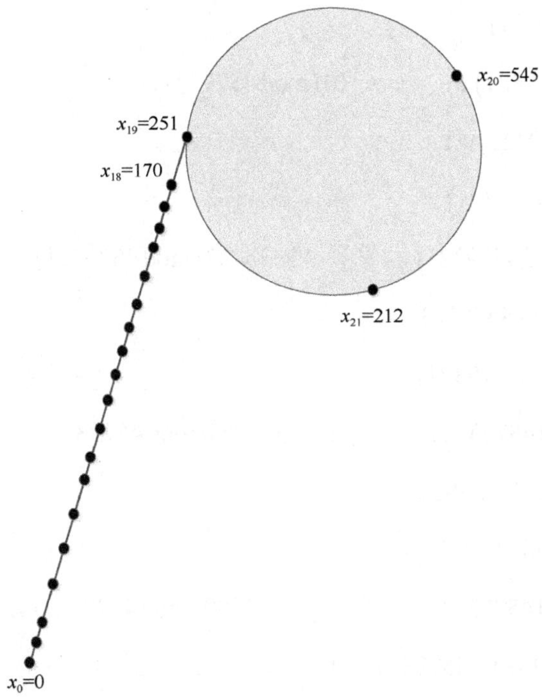

图 4.1　ρ 算法分解 573 的过程

给定待分解整数 n 后，ρ 算法的基本步骤为：

（1）选定整系数多项式 $f(x)=x^2+c$；

（2）随机选择初始点 x_0，并令 $y_0=x_0$。开始迭代过程，$x_k\equiv f(x_{k-1})(\bmod n)$，并令 $y_k=x_{2k}$，每迭代两次，计算 $\gcd(y_k-x_k,n)$，若 $\gcd(y_k-x_k,n)>1$，则极可能得到 n 的非平凡因子 p。

可以证明，在一定条件下，ρ 算法的复杂度为 $O\left(n^{1/4}(\log n)^2\right)$。

例 4.5　利用 ρ 算法分解整数 $n=1147$。

解：取 $f(x)=x^2+1$，$x_0=3$，因此有

$x_1\equiv 10(\bmod 1147)$，

$x_2\equiv 101(\bmod 1147)$，　　$y_1\equiv 101(\bmod 1147)$，　　$\gcd(101-10,1147)=1$

$x_3\equiv 1026(\bmod 1147)$，

$x_4\equiv 878(\bmod 1147)$，　　$y_2\equiv 878(\bmod 1147)$，　　$\gcd(878-101,1147)=37$

因此可得 $n=1147=37\times 31$。

例 4.6　利用 ρ 算法分解整数 $n=4579321$。

解：取 $f(x)=x^2+1$，$x_0=3$，因此有

$x_1 \equiv 10 \pmod{4579321}$,

$x_2 \equiv 101 \pmod{4579321}$,　　$y_1 \equiv 101 \pmod{4579321}$,

$\gcd(101-10, 4579321) = 1$

$x_3 \equiv 10202 \pmod{4579321}$,

$x_4 \equiv 3335743 \pmod{4579321}$,　　$y_2 \equiv 3335743 \pmod{4579321}$,

$\gcd(3335743-101, 4579321) = 1$

$x_5 \equiv 3747175 \pmod{4579321}$,

$x_6 \equiv 360981 \pmod{4579321}$,　　$y_3 \equiv 360981 \pmod{4579321}$,

$\gcd(360981-10202, 4579321) = 1$

$x_7 \equiv 2703307 \pmod{4579321}$,

$x_8 \equiv 532289 \pmod{4579321}$,　　$y_4 \equiv 532289 \pmod{4579321}$,

$\gcd(532289-3335743, 4579321) = 1$

$x_9 \equiv 4409931 \pmod{4579321}$,

$x_{10} \equiv 3526036 \pmod{4579321}$,　　$y_5 \equiv 3526036 \pmod{4579321}$,

$\gcd(3526036-3747175, 4579321) = 1$

$x_{11} \equiv 89161 \pmod{4579321}$,

$x_{12} \equiv 4561987 \pmod{4579321}$,　　$y_6 \equiv 4561987 \pmod{4579321}$,

$\gcd(4561987-360981, 4579321) = 1$

$x_{13} \equiv 2811692 \pmod{4579321}$,

$x_{14} \equiv 349453 \pmod{4579321}$,　　$y_7 \equiv 349453 \pmod{4579321}$,

$\gcd(349453-2703307, 4579321) = 1$

$x_{15} \equiv 646103 \pmod{4579321}$,

$x_{16} \equiv 2763571 \pmod{4579321}$,　　$y_8 \equiv 2763571 \pmod{4579321}$,

$\gcd(2763571-532289, 4579321) = 1$

$x_{17} \equiv 2763571 \pmod{4579321}$,

$x_{18} \equiv 3769929 \pmod{4579321}$,　　$y_9 \equiv 3769929 \pmod{4579321}$,

$\gcd(3769929-4409931, 4579321) = 1$

$x_{19} \equiv 2326726 \pmod{4579321}$,

$x_{20} \equiv 3489482 \pmod{4579321}$，　　$y_{10} \equiv 3489482 \pmod{4579321}$，

$\gcd(3489482 - 3526036, 4579321) = 373$

因此可得 $n = 4579321 = 373 \times 12277$。

经典整数分解算法除前面介绍的试除法、ρ 算法外，还有欧拉算法、连分数算法、二次筛法、数域筛法等，但是这些算法都难以在多项式时间内分解一般的整数，其复杂度分别如下。

（1）欧拉算法的复杂度为 $O\left(n^{1/3+\varepsilon}\right)$；

（2）在一定的合理假设下，连分数算法的预期复杂度为 $O\left(\exp\left(c\sqrt{\log n \log\log n}\right)\right)$，其中 c 是一个与算法有关的常数，通常 $c = \sqrt{2}$；

（3）在一定的合理假设下，二次筛法的预期复杂度为 $O\left(\exp\left(c\sqrt{\log n \log\log n}\right)\right)$，其中 c 是一个与算法有关的常数；

（4）数域筛法的复杂度为 $O\left(\exp\left(c\sqrt[3]{\log n}\sqrt[3]{(\log\log n)^2}\right)\right)$，对于一般的整数，$c = (64/9)^{1/3}$；对于某些具有特殊形式的整数，$c = (32/9)^{1/3}$。

4.1.3 Shor 算法

由 4.1.2 节内容可知，目前所有已知的经典整数分解算法，其在分解整数时，无法在多项式时间内完成。1994 年，Peter Shor 提出了一种量子整数分解算法——Shor 算法，该算法利用量子叠加原理，通过量子傅里叶变换和量子模幂运算，可以在多项式时间内分解整数，引发了量子计算的研究热潮。

在介绍 Shor 算法之前，先引入几个简单的数学概念。

定义 4.1　给定整数 a、n，且 a 与 n 互素，若 r 是使得 $a^x \pmod n = 1$ 成立的最小正整数，则称 r 为 a 模 n 的阶，记为 $r = \mathrm{ord}_n(a)$。

例 4.7　计算 $\mathrm{ord}_{11}(5)$、$\mathrm{ord}_{17}(7)$。

解：由于 $5^2 \pmod{11} = 3$，$5^3 \pmod{11} = 4$，$5^4 \pmod{11} = 9$，$5^5 \pmod{11} = 1$，因此 $\mathrm{ord}_{11}(5) = 5$。同理，$\mathrm{ord}_{17}(7) = 16$。

定理 4.1　给定整数 a、n，且 a 与 n 互素，若整数 k 可使得 $a^k = 1 \pmod n$，则 $\mathrm{ord}_n(a) | k$。

证明：对于整数 k、$\mathrm{ord}_n(a)$，必存在整数 c、d，使得

$$k = c \times \mathrm{ord}_n(a) + d \tag{4-14}$$

式中，$0 \leqslant d < \mathrm{ord}_n(a)$。由阶的定义可知

$$a^{\mathrm{ord}_n(a)} = 1(\bmod n) \tag{4-15}$$

因此

$$a^k = a^{c \times \mathrm{ord}_n(a)+d} = \left(a^{\mathrm{ord}_n(a)}\right)^c \times a^d = a^d = 1(\bmod n) \tag{4-16}$$

又由于$\mathrm{ord}_n(a)$是使得$a^x(\bmod n) = 1$成立的最小正整数，故$d = 0$，即

$$\mathrm{ord}_n(a) | k \tag{4-17}$$

引理 4.1 给定整数a、n，且a与n互素，则$\mathrm{ord}_n(a) | \varphi(n)$，其中$\varphi(n)$为$n$的欧拉函数。

证明：由欧拉定理可知，当a与n互素时，有

$$a^{\varphi(n)} = 1(\bmod n) \tag{4-18}$$

因此由定理 4.1 可知，$\mathrm{ord}_n(a) | \varphi(n)$，即$a$模$n$的阶一定是$\varphi(n)$的因子。

由引理 4.1 可知，在求解$\mathrm{ord}_n(a)$时，不需要从$k = 2$开始遍历计算$a^k(\bmod n)$，只需要找出$\varphi(n)$的所有因子，并判断这些因子中使得$a^k = 1(\bmod n)$成立的最小整数即可。

例 4.8 计算$\mathrm{ord}_{101}(13)$、$\mathrm{ord}_{401}(13)$。

解：由于101、401是素数，因此

$$\varphi(101) = 100 = 2^2 \times 5^2 \qquad \varphi(401) = 400 = 2^4 \times 5^2$$

故而$\varphi(101)$的正因子有1、2、4、5、10、20、25、50、100，依次计算$13^k(\bmod 101)$可得

$13^1 = 13(\bmod 101)$　　$13^2 = 68(\bmod 101)$　　$13^4 = 79(\bmod 101)$

$13^5 = 17(\bmod 101)$　　$13^{10} = 87(\bmod 101)$　　$13^{20} = 95(\bmod 101)$

$13^{25} = 100(\bmod 101)$　　$13^{50} = 1(\bmod 101)$

即$\mathrm{ord}_{101}(13) = 50$。

同理$\varphi(401)$的正因子有1、2、4、5、8、10、16、20、25、40、50、80、100、200、400，依次计算$13^k(\bmod 401)$，可得$\mathrm{ord}_{401}(13) = 400$。

尽管利用引理 4.1 求解$\mathrm{ord}_n(a)$可以简化计算，但前提是需要知道欧拉函数$\varphi(n)$及其分解。而在实际问题中，若不知道整数n的分解，则计算欧拉函数$\varphi(n)$是困难的。根据阶的性质，实际问题中还可简化计算，但是这些方法都依赖于整数n的分解。因此，实际问题中求解$\mathrm{ord}_n(a)$通常是困难的。

接下来引入函数

$$f(x)=a^x \pmod n \tag{4-19}$$

式中，a 与 n 互素 。由定义 4.1 可知，$f(x)$ 是周期函数，其周期为 $r=\mathrm{ord}_n(a)$，即

$$f(x+kr)=a^{x+kr} \pmod n = a^x\left(a^r\right)^k = a^x = f(x) \tag{4-20}$$

式中，k 是任意一个正整数。由 3.2.5 节内容可知，Simon 算法可以在多项式时间内确定函数周期。Shor 算法受 Simon 算法的启发，利用量子傅里叶变换、量子模幂操作等求出函数 $f(x)=a^x \pmod n$ 的周期。若 r 为偶数，由于

$$a^r = 1 \pmod n \tag{4-21}$$

即

$$n \mid a^r - 1 \tag{4-22}$$

因此

$$n \mid \left(a^{r/2}-1\right)\left(a^{r/2}+1\right) \tag{4-23}$$

由阶的定义可知

$$a^{r/2} \neq 1 \pmod n \tag{4-24}$$

进一步，若

$$a^{r/2} \neq -1 \pmod n \tag{4-25}$$

则由整除特性可知，必有

$$\gcd\left(a^{r/2}+1, n\right) > 1 \tag{4-26}$$

或

$$\gcd\left(a^{r/2}-1, n\right) > 1 \tag{4-27}$$

成立。因此，若能够求出函数 $f(x)=a^x \pmod n$ 的偶数周期，则有可能求出 n 的因子。

例 4.9 试通过计算 a 模 $n=1909$ 的阶分解 1909 。

解：令 $a=2$，显然 $\gcd(2,1909)=1$，利用遍历方法可计算得出

$$r=\mathrm{ord}_{1909}(2)=902$$

因此，利用欧几里得算法计算可得

$$\gcd\left(2^{451}-1, 1909\right)=23$$

故可将 $n=1909$ 分解为 $1909=23\times 83$ 。

由前面的分析可知，当用量子算法求出的周期 r 为奇数或 $a^{r/2} \equiv -1 \pmod n$ 时，则通

过上述方法无法求出 n 的因子，即量子整数分解算法失败。理论证明，若

$$n=\prod_{i=1}^{k} p_i^{\alpha_i}$$

则量子整数分解算法失败的概率小于 $1-\frac{1}{2^{k-1}}$。

下面开始介绍 Shor 算法，为分析方便，令 n 为待分解整数，a 与 n 互素，引入整数 q，其中

$$n^2 \leqslant q=2^t<2n^2 \tag{4-28}$$

理论上，Shor 算法需要两个寄存器，其中第一个寄存器由 t 个量子比特组成，第二个寄存器由 $t_2=\lceil \log n \rceil$ 个量子比特组成。Shor 算法线路示意图如图 4.2 所示。

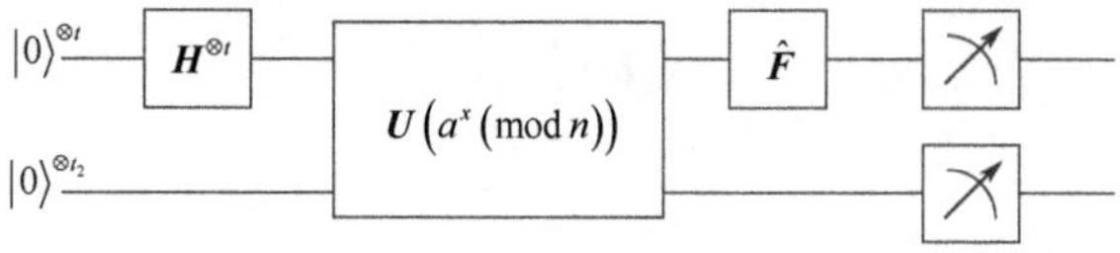

图 4.2　Shor 算法线路示意图

由图 4.2 可以看出，Shor 算法可分为以下几个步骤。

（1）制备初始态 $|\psi\rangle_1=|0\rangle^{\otimes(t+t_2)}$，即两个寄存器中的所有量子比特都制备为 $|0\rangle$ 态。

（2）对第一个寄存器中的 t 个量子比特分别实施 H 门操作，经此操作后，系统量子态为

$$|\psi\rangle_2=\frac{1}{q^{1/2}}\sum_{x=0}^{q-1}|x\rangle \otimes |0\rangle^{\otimes t_2} \tag{4-29}$$

即第一个寄存器中的量子比特是 $0 \sim q-1$ 的等概率叠加态。

（3）对两个寄存器中的所有量子比特实施量子模幂操作 $\boldsymbol{U}\left(a^x(\bmod n)\right)$，其中，$\boldsymbol{U}\left(a^x(\bmod n)\right)$ 的作用为

$$\boldsymbol{U}\left(a^x(\bmod n)\right)|y\rangle|0\rangle=|y\rangle\left|a^y(\bmod n)\right\rangle \tag{4-30}$$

因此，经过量子模幂操作后，系统量子态为

$$|\psi\rangle_3=\frac{1}{q^{1/2}}\sum_{x=0}^{q-1}|x\rangle \otimes \left|a^x(\bmod n)\right\rangle \tag{4-31}$$

这一步体现了量子计算的并行性，即通过一次量子模幂操作，将 x 从 0 到 $q-1$ 的所有模幂运算结果 $a^x(\bmod n)$ 都计算出来，并以纠缠态的形式存储在两个寄存器中。尽管所有的 $a^x(\bmod n)$ 都计算出来了，但是要提取其周期并不能直接进行测量。此时若测量，则系统会以 $\frac{1}{q}$ 的概率随机塌缩到某个态 $|x\rangle \otimes \left|a^x(\bmod n)\right\rangle$，无法提取出周期信息，因此需

要进行第（4）步操作。

（4）对第一个寄存器中的量子比特实施量子傅里叶变换 $\hat{\boldsymbol{F}}_q$，其中 $\hat{\boldsymbol{F}}_q$ 的作用为

$$\hat{\boldsymbol{F}}_q|x\rangle=\frac{1}{q^{1/2}}\sum_{c=0}^{q-1}\exp\left(\frac{\mathrm{i}2\pi xc}{q}\right)|c\rangle \tag{4-32}$$

因此，系统量子态为

$$|\psi\rangle_4=\frac{1}{q}\sum_{x=0}^{q-1}\sum_{c=0}^{q-1}\exp\left(\frac{\mathrm{i}2\pi xc}{q}\right)|c\rangle\otimes\left|a^x(\mathrm{mod}\,n)\right\rangle \tag{4-33}$$

（5）对两个寄存器中的所有量子比特实施计算基矢下的测量操作，由量子力学的测量假设可知，此时系统以一定概率 P_{c,a^k} 塌缩为某个态 $|c\rangle\otimes\left|a^k(\mathrm{mod}\,n)\right\rangle$，其中 $0\leqslant k<r$。下面分析概率 P_{c,a^k} 的大小。

由测量假设可知

$$P_{c,a^k}=\left|\frac{1}{q}\sum_{x:a^x\equiv a^k}\exp\left(\frac{\mathrm{i}2\pi xc}{q}\right)\right|^2 \tag{4-34}$$

上式中的求和符号对所有满足 $a^x\equiv a^k(\mathrm{mod}\,n)$ 的 x 进行求和，$0\leqslant x\leqslant q-1$。由阶的定义可知，当

$$a^x\equiv a^k(\mathrm{mod}\,n) \tag{4-35}$$

成立时，有

$$x\equiv k(\mathrm{mod}\,r) \tag{4-36}$$

因此，可将 x 写为 $x=br+k$，其中

$$0\leqslant b\leqslant\left\lfloor\frac{q-k-1}{r}\right\rfloor \tag{4-37}$$

故概率 P_{c,a^k} 可进一步记为

$$\begin{aligned}P_{c,a^k}&=\left|\frac{1}{q}\sum_{b=0}^{\lfloor q-k-1/r\rfloor}\exp\left(\frac{\mathrm{i}2\pi(br+k)c}{q}\right)\right|^2\\&=\left|\frac{1}{q}\exp\left(\frac{\mathrm{i}2\pi kc}{q}\right)\sum_{b=0}^{\lfloor q-k-1/r\rfloor}\exp\left(\frac{\mathrm{i}2\pi brc}{q}\right)\right|^2=\left|\frac{1}{q}\sum_{b=0}^{\lfloor q-k-1/r\rfloor}\exp\left(\frac{\mathrm{i}2\pi brc}{q}\right)\right|^2\end{aligned} \tag{4-38}$$

进一步，记

$$rc=\{rc\}_q+mq \tag{4-39}$$

式中，m 为整数；$\{rc\}_q$ 为 rc 模 q 的绝对值最小剩余，即

$$-q/2<\{rc\}_q \leqslant q/2 \tag{4-40}$$

因此

$$P_{c,a^k}=\left|\frac{1}{q}\sum_{b=0}^{\lfloor q-k-1/r \rfloor}\exp\left(\frac{\mathrm{i}2\pi b\{rc\}_q}{q}\right)\right|^2 \tag{4-41}$$

将上式中的求和写成积分的形式，可得

$$\frac{1}{q}\int_0^{\lfloor (q-k-1)/r \rfloor}\exp\left(\mathrm{i}2\pi b\{rc\}_q/q\right)\mathrm{d}b+O\left(\frac{1}{q}\lfloor (q-k-1)/r \rfloor\left(\exp\left(\mathrm{i}2\pi\{rc\}_q/q\right)-1\right)\right) \tag{4-42}$$

式中，O 符号中的项表示用积分代替求和带来的误差。若

$$\left|\{rc\}_q\right| \leqslant r/2 \tag{4-43}$$

则由求和变为积分带来的误差最大为 $O\left(\frac{1}{q}\right)$。进行变量替换，将 $u=rb/q$ 代入上面的积分中，积分部分可写为

$$\frac{1}{r}\int_0^{\lfloor (q-k-1)/r \rfloor r/q}\exp\left(\mathrm{i}2\pi\frac{\{rc\}_q}{r}u\right)\mathrm{d}u \tag{4-44}$$

进一步，可将积分放宽为

$$\frac{1}{r}\int_0^1\exp\left(\mathrm{i}2\pi\frac{\{rc\}_q}{r}u\right)\mathrm{d}u \tag{4-45}$$

由于 $k<r$，因此将积分的上限改为 1 会带来 $O\left(\frac{1}{q}\right)$ 范围内的误差。对式（4-45）积分可得态 $\left|c,a^k(\bmod n)\right\rangle$ 的振幅约为

$$\frac{1}{r}\frac{r}{\mathrm{i}2\pi\{rc\}_q}\left\{\exp\left(\frac{\mathrm{i}2\pi\{rc\}_q}{r}\right)-1\right\} \tag{4-46}$$

对上式取复数模方，可得态 $\left|c,a^k(\bmod n)\right\rangle$ 的概率为

$$\frac{1}{r^2}\frac{r^2}{2\pi^2\left(\{rc\}_q\right)^2}\left\{1-\cos\left(\frac{2\pi\{rc\}_q}{r}\right)\right\}=\frac{1}{r^2}\frac{r^2}{\pi^2\left(\{rc\}_q\right)^2}\sin^2\left(\frac{\pi\{rc\}_q}{r}\right) \tag{4-47}$$

由于 $\frac{\{rc\}_q}{r}$ 在 $-\frac{1}{2}\sim\frac{1}{2}$ 之间变化，因此再次进行变量替换

$$y=\frac{\{rc\}_q}{r} \tag{4-48}$$

式中，$-\frac{1}{2} \leqslant y \leqslant \frac{1}{2}$。式（4-47）可重新写为

$$P(y)=\frac{1}{r^2}\frac{1}{\pi^2 y^2}\sin^2(\pi y) \tag{4-49}$$

由最优化理论可知，$P(y)$ 在 $y=\pm\frac{1}{2}$，即 $\frac{\{rc\}_q}{r}=\pm\frac{1}{2}$ 时最小，此时

$$P=4/\pi^2 r^2 \geqslant 1/3r^2$$

因此，当 $\left|\{rc\}_q\right| \leqslant r/2$ 时，测量得到态 $\left|c,a^k(\bmod n)\right\rangle$ 的概率至少为 $1/3r^2$。故而，若

$$\left|\{rc\}_q\right| \leqslant r/2 \tag{4-50}$$

则存在整数 d，使得

$$-\frac{r}{2} \leqslant rc-dq \leqslant \frac{r}{2} \tag{4-51}$$

将上式两边同时除以 qr，则有

$$\left|\frac{c}{q}-\frac{d}{r}\right| \leqslant \frac{1}{2q} \tag{4-52}$$

由于 q 和 c 是已知的，且 $q>2n^2$，因此由连分数定理可知，当 $r<n$ 时，至少存在一个分数 $\frac{d}{r}$ 满足式（4-52）。所以，可以通过对 $\frac{c}{q}$ 进行连分数展开，寻找分母小于 n 的、距离 $\frac{c}{q}$ 小于 $\frac{1}{2q}$ 的分数。这一过程可以通过多项式时间的连分数算法完成。

如果找到了一个 $\frac{d}{r}$，且 d 和 r 是互素的，则可以找到元素 a 的阶 r。与 r 互素的元素个数有 $\phi(r)$ 个，其中 $\phi(r)$ 为 r 的欧拉函数。因此，对于每一个与 r 互素的 d，会有一个 $\frac{d}{r}$，$\frac{d}{r}$ 必与某个 $\frac{c}{q}$ 满足 $\left|\frac{c}{q}-\frac{d}{r}\right| \leqslant \frac{1}{2q}$，因此就可以得到阶 r。即给定一个与 r 互素的 d，必存在 c 满足 $\left|\{rc\}_q\right| \leqslant r/2$，故至少有 $\phi(r)$ 个 c 满足式（4-50）。

由于 $x^k(\bmod n)$ 共有 r 种可能，对于测得的每一种 $\left|x^k(\bmod n)\right\rangle$，有 $\phi(r)$ 个 $|c\rangle$ 能够满足式（4-50），每一个满足式（4-50）的 $\left|c,x^k(\bmod n)\right\rangle$ 出现的概率不低于 $1/3r^2$，因此通过一次 Shor 算法得到阶 r 的概率不低于 $\phi(r)/3r$。可以证明[33]：对于某个固定的数 l，有

$$\frac{\phi(r)}{r}>\frac{l}{\log\log r} \tag{4-53}$$

因此，通过$O(\log\log r)$次的测量，就可以得到阶r。

例 4.10 利用 Shor 算法分解整数$n=15$。

解：选择随机整数$a=2$，$15^2<q=2^8<2\times15^2$，$t_2=\lceil\log n\rceil=4$，即共需要 12 个量子比特。

（1）制备初始态$|\psi\rangle_1=|0\rangle^{\otimes12}$，即所有 12 个量子比特都制备为$|0\rangle$态；

（2）对第一个寄存器中的 8 个量子比特分别实施 H 门操作，经此操作后，系统态为

$$|\psi\rangle_2=\frac{1}{\sqrt{256}}\sum_{x=0}^{255}|x\rangle\otimes|0\rangle^{\otimes4}$$

（3）对两个寄存器中的所有量子比特实施量子模幂操作$\boldsymbol{U}\left(2^x(\bmod 15)\right)$，系统态为

$$\begin{aligned}|\psi\rangle_3&=\frac{1}{\sqrt{256}}\sum_{x=0}^{255}|x\rangle\otimes\left|2^x(\bmod 15)\right\rangle\\&=\frac{1}{\sqrt{256}}\big(|0\rangle\otimes|1\rangle+|1\rangle\otimes|2\rangle+|2\rangle\otimes|4\rangle+|3\rangle\otimes|8\rangle+\\&\quad|4\rangle\otimes|1\rangle+|5\rangle\otimes|2\rangle+|6\rangle\otimes|4\rangle+|7\rangle\otimes|8\rangle+|8\rangle\otimes|1\rangle+\\&\quad|9\rangle\otimes|2\rangle+\cdots+|254\rangle\otimes|4\rangle+|255\rangle\otimes|8\rangle\big)\\&=\frac{1}{\sqrt{256}}\big(|0\rangle+|4\rangle+|8\rangle+\cdots+|252\rangle\big)\otimes|1\rangle+\\&\quad\frac{1}{\sqrt{256}}\big(|1\rangle+|5\rangle+|9\rangle+\cdots+|253\rangle\big)\otimes|2\rangle+\\&\quad\frac{1}{\sqrt{256}}\big(|2\rangle+|6\rangle+|10\rangle+\cdots+|254\rangle\big)\otimes|4\rangle+\\&\quad\frac{1}{\sqrt{256}}\big(|3\rangle+|7\rangle+|11\rangle+\cdots+|255\rangle\big)\otimes|8\rangle\end{aligned}$$

（4）对第一个寄存器中的量子比特实施量子傅里叶变换$\hat{\boldsymbol{F}}_{256}$，其中$\hat{\boldsymbol{F}}_{256}$的作用为

$$\hat{\boldsymbol{F}}_{256}|x\rangle=\frac{1}{\sqrt{256}}\sum_{c=0}^{255}\exp\left(\frac{\mathrm{i}2\pi xc}{256}\right)|c\rangle$$

因此，系统态为

$$\begin{aligned}|\psi\rangle_4&=\frac{1}{256}\sum_{x=0}^{255}\sum_{c=0}^{255}\exp\left(\frac{\mathrm{i}2\pi xc}{256}\right)|c\rangle\otimes\left|2^x\bmod 15\right\rangle\\&=\frac{1}{256}\left(\sum_{c=0}^{255}\exp\left(\frac{\mathrm{i}2\pi c}{256}\times0\right)|c\rangle+\sum_{c=0}^{255}\exp\left(\frac{\mathrm{i}2\pi c}{256}\times4\right)|c\rangle+\cdots+\sum_{c=0}^{255}\exp\left(\frac{\mathrm{i}2\pi c}{256}\times252\right)|c\rangle\right)\otimes|1\rangle+\\&\quad\frac{1}{256}\left(\sum_{c=0}^{255}\exp\left(\frac{\mathrm{i}2\pi c}{256}\times1\right)|c\rangle+\sum_{c=0}^{255}\exp\left(\frac{\mathrm{i}2\pi c}{256}\times5\right)|c\rangle+\cdots+\sum_{c=0}^{255}\exp\left(\frac{\mathrm{i}2\pi c}{256}\times253\right)|c\rangle\right)\otimes|2\rangle+\end{aligned}$$

$$\frac{1}{256}\left(\sum_{c=0}^{255}\exp\left(\frac{i2\pi c}{256}\times 2\right)|c\rangle+\sum_{c=0}^{255}\exp\left(\frac{i2\pi c}{256}\times 6\right)|c\rangle+\cdots+\sum_{c=0}^{255}\exp\left(\frac{i2\pi c}{256}\times 254\right)|c\rangle\right)\otimes|4\rangle+$$
$$\frac{1}{256}\left(\sum_{c=0}^{255}\exp\left(\frac{i2\pi c}{256}\times 3\right)|c\rangle+\sum_{c=0}^{255}\exp\left(\frac{i2\pi c}{256}\times 7\right)|c\rangle+\cdots+\sum_{c=0}^{255}\exp\left(\frac{i2\pi c}{256}\times 255\right)|c\rangle\right)\otimes|8\rangle$$
$$=\frac{1}{4}(|0\rangle+|64\rangle+|128\rangle+|192\rangle)\otimes|1\rangle+\frac{1}{4}(|0\rangle+i|64\rangle-|128\rangle-i|192\rangle)\otimes|2\rangle+$$
$$\frac{1}{4}(|0\rangle-|64\rangle+|128\rangle-|192\rangle)\otimes|4\rangle+\frac{1}{4}(|0\rangle-i|64\rangle-|128\rangle+i|192\rangle)\otimes|8\rangle$$

（5）对两个寄存器中的所有量子比特实施计算基矢下的测量操作，系统会以$\frac{1}{16}$的概率随机塌缩为$|c\rangle\otimes|l\rangle$，其中$c=0,64,128,192$，$l=1,2,4,8$。不失一般性，假设测量得到态$|192\rangle\otimes|4\rangle$，则将$\frac{c}{q}$化为连分数，即

$$\frac{c}{q}=\frac{192}{256}=\frac{1}{1+\frac{1}{3}}$$

其可记为$\left[0,1,\frac{3}{4}\right]$。因此$r=4=\mathrm{ord}_{15}(2)$，进一步可通过欧几里得算法计算

$$\gcd\left(2^2+1,15\right)=5,\quad \gcd\left(2^2-1,15\right)=5$$

即15分解为$15=3\times 5$。

4.1.4 模幂的量子线路实现

由 4.1.3 节内容可知，Shor 算法线路中包括 3 个模块：H 门操作模块、量子模幂$\boldsymbol{U}\left(a^x \bmod n\right)$操作模块和量子傅里叶变换$\hat{\boldsymbol{F}}$模块。因此，Shor 算法的操作次数为 3 个模块操作次数之和。H 门操作模块由t个 H 门构成（$n^2\leqslant 2^t<2n^2$），量子傅里叶变换$\hat{\boldsymbol{F}}$模块由$O\left(t^2\right)$个单比特门和两比特控制相位门构成。量子模幂$\boldsymbol{U}\left(a^x \bmod n\right)$操作模块需要的操作次数规模与 Shor 算法的效率息息相关。

1996 年，Vedral 等人提出[34]，量子模幂$\boldsymbol{U}\left(a^x \bmod n\right)$可由基本的量子加法运算实现，其基本思路是：先用量子加法器作为基本构件构造量子模加器，再用量子模加器作为基本构件构造量子控制模乘器，最后用量子控制模乘器作为基本构件构造量子模幂$\boldsymbol{U}\left(a^x \bmod n\right)$操作模块。

1. 量子加法器

量子加法器的作用为

$$|a,b\rangle\rightarrow|a,a+b\rangle \tag{4-54}$$

即给定两个量子寄存器，其状态分别为a、b，量子加法器对它们作用后，第一个寄存器状态不变，第二个寄存器状态演化为$a+b$。

量子加法器可由非进位加法模块 SUM 和进位加法模块 CARRY 作为基本构件实现，其中，非进位加法模块 SUM 示意图如图 4.3 所示。

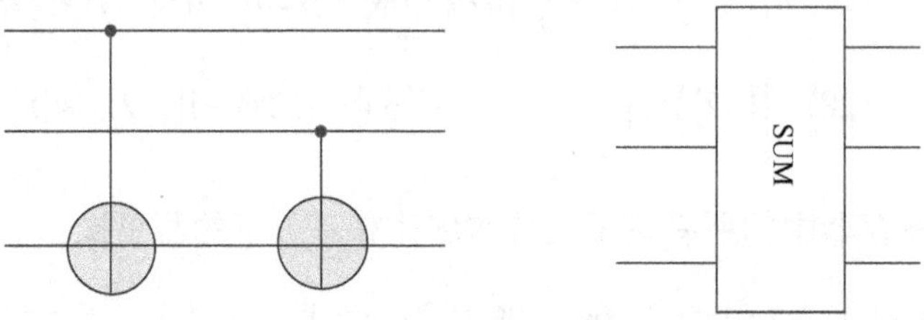

图 4.3　非进位加法模块 SUM 示意图（左边为具体线路，右边为简图）

在图 4.3 左图中，若 3 个量子比特的输入态为$|c\rangle|a\rangle|b\rangle$，则经过左图的两个 CNOT 门操作后，3 个量子比特的态为$|c\rangle|a\rangle|b\oplus a\oplus c\rangle$，后文将用 SUM 表示该模块，在线路图中通常用图 4.3 右图作为简图。

进位加法模块 CARRY 示意图如图 4.4 所示。

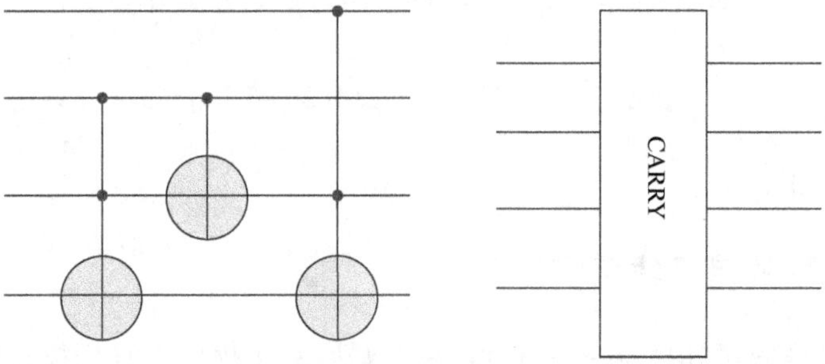

图 4.4　进位加法模块 CARRY 示意图（左边为具体线路，右边为简图）

CARRY 模块的作用是，给定输入$|c\rangle|a\rangle|b\rangle|0\rangle$，输出$|c\rangle|a\rangle|a\oplus b\rangle|ab\oplus ac\oplus bc\rangle$，后文在量子线路中将用图 4.4 右图作为简图。

对于任何正整数a、b，$a+b=s$，令

$$a=a_{n-1}2^{n-1}+\cdots+a_1 2+a_0,\quad b=b_{n-1}2^{n-1}+\cdots+b_1 2+b_0,\quad s=s_n 2^n+\cdots+s_1 2+s_0 \tag{4-55}$$

其中

$$s_0=a_0\oplus b_0，s_k=a_k\oplus b_k\oplus c_{k-1}，c_{k-1}=a_{k-1}b_{k-1}\oplus a_{k-1}c_{k-2}\oplus b_{k-1}c_{k-2}（1\leqslant k\leqslant n），s_{n+1}=c_n \tag{4-56}$$

故量子加法器可由图 4.5 中的线路实现。

图 4.5 中的 CARRY^{-1} 模块表示 CARRY 模块的逆操作，其作用为将输入$|c\rangle|a\rangle|a\oplus b\rangle$

$|ab \oplus ac \oplus bc\rangle$ 变为 $|c\rangle|a\rangle|b\rangle|0\rangle$ 。CARRY^{-1} 模块的线路实现较为简单，读者可自行构造。图 4.5 中的输入为

$$|0, a_0, b_0, 0, a_1, b_1, 0, \cdots, 0, a_{n-2}, b_{n-2}, 0, a_{n-1}, b_{n-1}, 0\rangle \tag{4-57}$$

即需要 $n+1$ 个辅助比特，输出为

$$|0, a_0, s_0, 0, a_1, s_1, 0, \cdots, 0, a_{n-2}, s_{n-2}, 0, a_{n-1}, s_{n-1}, s_n\rangle \tag{4-58}$$

读者可进行如下简单验证：当式（4-57）经过第一个 CARRY 模块操作时，由于第一个 CARRY 模块操作仅作用在第 1～4 个量子比特上，因此经此操作后，系统态变为

$$|0, a_0, a_0 \oplus b_0, a_0 b_0\rangle \otimes |a_1, b_1, 0, \cdots, 0, a_{n-2}, b_{n-2}, 0, a_{n-1}, b_{n-1}, 0\rangle \tag{4-59}$$

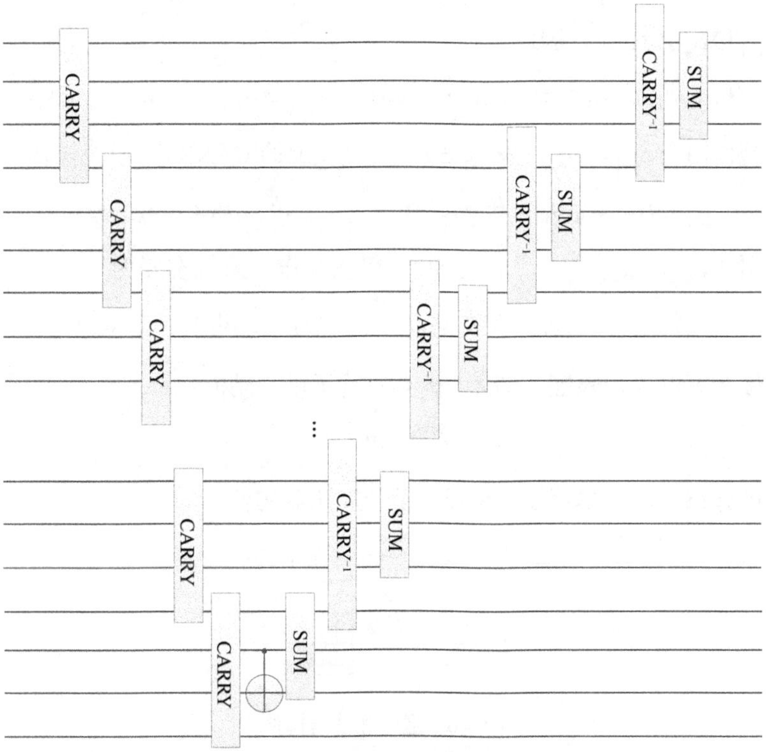

图 4.5　量子加法器线路

由于 $c_0 = a_0 b_0$ ， $s_0 = a_0 \oplus b_0$ ，因此式（4-59）亦可记为

$$|0, a_0, s_0, c_0\rangle \otimes |a_1, b_1, 0, \cdots, 0, a_{n-2}, b_{n-2}, 0, a_{n-1}, b_{n-1}, 0\rangle \tag{4-60}$$

经过第二个 CARRY 模块操作后，系统态变为

$$|0, a_0, s_0, c_0, a_1, a_1 \oplus b_1, a_1 b_1 \oplus a_1 c_0 \oplus b_1 c_0, \cdots, 0, a_{n-2}, b_{n-2}, 0, a_{n-1}, b_{n-1}, 0\rangle \tag{4-61}$$

同理，由于 $c_1 = a_1 b_1 \oplus a_1 c_0 \oplus b_1 c_0$ ，因此式（4-61）可记为

$$|0, a_0, s_0, c_0, a_1, a_1 \oplus b_1, c_1, \cdots, 0, a_{n-2}, b_{n-2}, 0, a_{n-1}, b_{n-1}, 0\rangle \tag{4-62}$$

依次经过后续的 CARRY 模块操作后，系统态变为

$$\left|0,a_0,s_0,c_0,a_1,a_1\oplus b_1,c_1,\cdots,c_{n-3},a_{n-2},a_{n-2}\oplus b_{n-2},c_{n-2},a_{n-1},a_{n-1}\oplus b_{n-1},c_{n-1}\right\rangle \quad (4\text{-}63)$$

式中，$c_{n-1}=s_n$。即经过所有 CARRY 模块操作后，系统态变为

$$\left|0,a_0,s_0,c_0,a_1,a_1\oplus b_1,c_1,\cdots,c_{n-3},a_{n-2},a_{n-2}\oplus b_{n-2},c_{n-2},a_{n-1},a_{n-1}\oplus b_{n-1},s_n\right\rangle \quad (4\text{-}64)$$

接着实施从 a_{n-1} 到 $a_{n-1}\oplus b_{n-1}$ 的 CNOT 门操作，系统态变为

$$\left|0,a_0,s_0,c_0,a_1,a_1\oplus b_1,c_1,\cdots,c_{n-3},a_{n-2},a_{n-2}\oplus b_{n-2},c_{n-2},a_{n-1},b_{n-1},s_n\right\rangle \quad (4\text{-}65)$$

然后实施 SUM 模块操作，系统态变为

$$\left|0,a_0,s_0,c_0,a_1,a_1\oplus b_1,c_1,\cdots,c_{n-3},a_{n-2},a_{n-2}\oplus b_{n-2},c_{n-2},a_{n-1},b_{n-1}\oplus a_{n-1}\oplus c_{n-2},s_n\right\rangle \quad (4\text{-}66)$$

由于 $s_{n-1}=b_{n-1}\oplus a_{n-1}\oplus c_{n-2}$，因此

$$\left|0,a_0,s_0,c_0,a_1,a_1\oplus b_1,c_1,\cdots,c_{n-3},a_{n-2},a_{n-2}\oplus b_{n-2},c_{n-2},a_{n-1},s_{n-1},s_n\right\rangle \quad (4\text{-}67)$$

接着依次实施作用在 c_{n-3}、a_{n-2}、$a_{n-2}\oplus b_{n-2}$、c_{n-2} 上的 CARRY^{-1} 模块操作，系统态变为

$$\left|0,a_0,s_0,c_0,a_1,a_1\oplus b_1,c_1,\cdots,c_{n-3},a_{n-2},b_{n-2},0,a_{n-1},s_{n-1},s_n\right\rangle \quad (4\text{-}68)$$

然后实施作用在 c_{n-3}、a_{n-2}、b_{n-2} 上的 SUM 模块操作，系统态变为

$$\left|0,a_0,s_0,c_0,a_1,a_1\oplus b_1,c_1,\cdots,c_{n-3},a_{n-2},s_{n-2},0,a_{n-1},s_{n-1},s_n\right\rangle \quad (4\text{-}69)$$

之后的步骤读者可以自行验证，图 4.5 确实实现了以下功能：

$$|a,b\rangle\rightarrow|a,a+b\rangle \quad (4\text{-}70)$$

在后续的介绍中，简单用图 4.6 表示量子加法器构件。

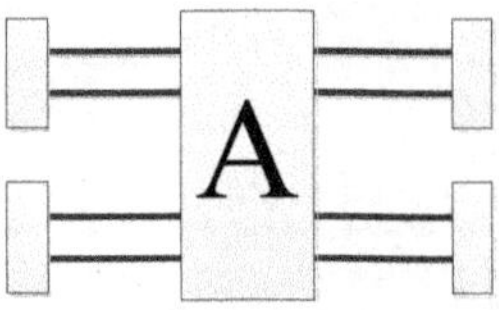

图 4.6　量子加法器构件

量子加法器的逆运算模块用 A-表示，其作用是

$$|a,b\rangle\rightarrow|a,s=b-a\rangle \quad (4\text{-}71)$$

总结：在 n 比特量子加法器中，需要 $3n+1$ 个量子比特、n 个 CARRY 模块、n 个 CARRY^{-1} 模块、n 个 SUM 模块和 1 个 CNOT 门。

2. 量子模加器

在如图 4.7 所示的量子模加器线路中，从上到下分为 4 个部分，4 个部分总的输入为 $|a\rangle|b\rangle|N\rangle|0\rangle$，4 个部分所需量子比特分别为：前两部分 $|a\rangle|b\rangle$ 需要 $3n+1$ 个量子比特，第三部分 $|N\rangle$ 需要 n 个量子比特，第四部分 $|0\rangle$ 需要 1 个量子比特，共需要 $4n+2$ 个量子比

特。经过第一个 A 模块后，系统态演化为

$$|a\rangle|b\rangle|N\rangle|0\rangle \to |a\rangle|a+b\rangle|N\rangle|0\rangle \tag{4-72}$$

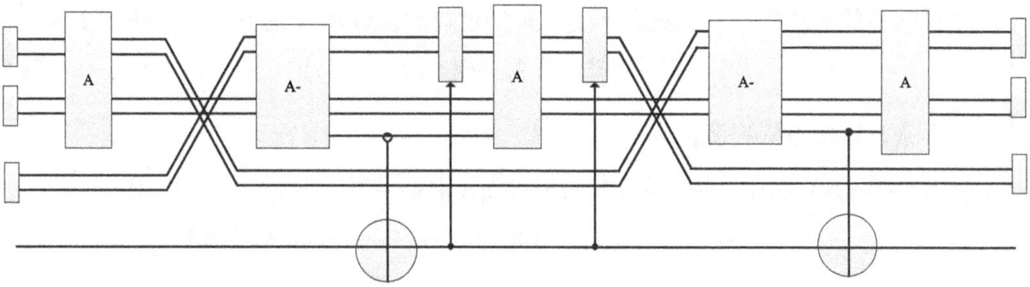

图 4.7　量子模加器线路

中间的 Swap 门的作用是交换第一部分和第三部分的信息。经过 Swap 门后，系统态演化为

$$|a\rangle|a+b\rangle|N\rangle|0\rangle \to |N\rangle|a+b\rangle|a\rangle|0\rangle \tag{4-73}$$

经过 A-模块后，系统态演化为

$$|N\rangle|a+b\rangle|a\rangle|0\rangle \to |N\rangle|a+b-N\rangle|a\rangle|0\rangle \tag{4-74}$$

此时，若 $a+b \geqslant N$，则编码 $|a+b-N\rangle$ 的最后一个量子比特的值为 0，因此经过 0 控制 CNOT 门操作后，系统态演化为

$$|N\rangle|a+b-N\rangle|a\rangle|0\rangle \to |N\rangle|a+b-N\rangle|a\rangle|1\rangle \tag{4-75}$$

若 $a+b<N$，则编码 $|a+b-N\rangle$ 的最后一个量子比特的值为 1，此时 0 控制 CNOT 门不起作用，系统态演化为

$$|N\rangle|a+b-N\rangle|a\rangle|0\rangle \to |N\rangle|a+b-N\rangle|a\rangle|0\rangle \tag{4-76}$$

控制比特为最后一个辅助比特、目标比特为第一部分的量子比特，相应操作为：当控制比特为 1 时，将目标比特重置加 N；当控制比特为 0 时，不做任何操作。N 的二进制分解值为 $x_{n-1}x_{n-2}\cdots x_1$，重置加 N 操作只需将二进制分解值中 1 对应的比特实施 X 门操作即可。例如，$N=5$，则控制重置加 5 操作线路可用图 4.8 实现。

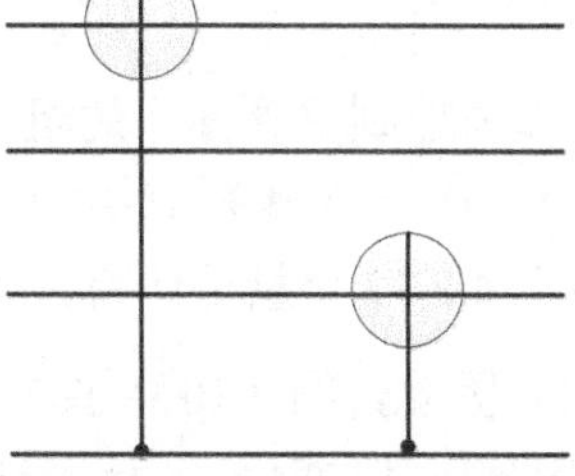

图 4.8　控制重置加 5 操作线路（前三个量子比特为目标比特，最后一个量子比特为控制比特）

因此，当$a+b \geqslant N$时，系统态经过控制重置加N操作后变为

$$|N\rangle|a+b-N\rangle|a\rangle|1\rangle \to |0\rangle|a+b-N\rangle|a\rangle|1\rangle \tag{4-77}$$

经过随后的加法操作，系统态不变，再经过控制重置加N操作后，系统态变为

$$|0\rangle|a+b-N\rangle|a\rangle|1\rangle \to |N\rangle|a+b-N\rangle|a\rangle|1\rangle \tag{4-78}$$

接下来，系统态依次演化为

$$\begin{aligned}|N\rangle|a+b-N\rangle|a\rangle|1\rangle &\xrightarrow{\text{Swap门}} |a\rangle|a+b-N\rangle|N\rangle|1\rangle \xrightarrow{\text{A-模块}} |a\rangle|b-N\rangle|N\rangle|1\rangle \\ &\xrightarrow{\text{CNOT门}} |a\rangle|b-N\rangle|N\rangle|0\rangle \xrightarrow{\text{A模块}} |a\rangle|a+b-N\rangle|N\rangle|0\rangle\end{aligned} \tag{4-79}$$

同理，当$a+b<N$时，系统态后续的演化依次为

$$\begin{aligned}|N\rangle|a+b-N\rangle|a\rangle|0\rangle &\to |N\rangle|a+b-N\rangle|a\rangle|0\rangle \to |N\rangle|a+b\rangle|a\rangle|0\rangle \to |N\rangle|a+b\rangle|a\rangle|0\rangle \\ &\to |a\rangle|a+b\rangle|N\rangle|0\rangle \to |a\rangle|b\rangle|N\rangle|0\rangle \to |a\rangle|b\rangle|N\rangle|0\rangle \to |a\rangle|a+b\rangle|N\rangle|0\rangle\end{aligned} \tag{4-80}$$

因此，图 4.7 中的线路可实现$a+b(\bmod N)$功能，在该线路中，需要 3 次 A 模块操作、2 次 A-模块操作、2 次 Swap 门操作、2 次 CNOT 门操作、2 次控制重置加N操作。在后续的讨论中，用图 4.9 作为量子模加器线路简图。

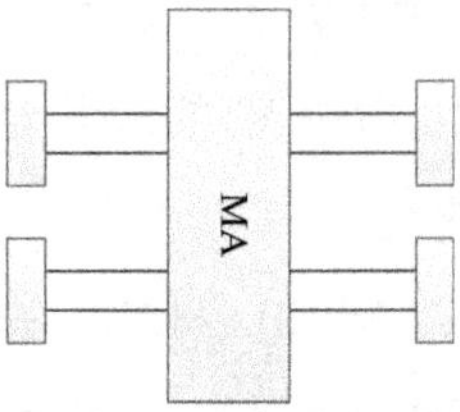

图 4.9　量子模加器线路简图

3. 量子控制模乘器

量子控制模乘器（Control-Multiply-Modulo，CMM）实现以下功能：

$$\begin{aligned}&\text{CMM}|1\rangle|x\rangle|0\rangle|0\rangle = |1\rangle|x\rangle|0\rangle|ax(\bmod N)\rangle \\ &\text{CMM}|0\rangle|x\rangle|0\rangle|0\rangle = |0\rangle|x\rangle|0\rangle|x\rangle\end{aligned} \tag{4-81}$$

式中，a是可根据实际情况设定的整数。总结起来，CMM 的作用为

$$\text{CMM}|c\rangle|x\rangle|0\rangle|0\rangle = |c\rangle|x\rangle|0\rangle|a^c x(\bmod N)\rangle \tag{4-82}$$

CMM 操作可由量子模加操作与控制重置操作的组合实现，如图 4.10 所示，其中最上面一条线表示一个控制比特$|c\rangle$；中间 5 条线表示输入态$|x\rangle$，$|x\rangle = |x_{n-1}x_{n-2}\cdots x_0\rangle$，需要$n$个量子比特；最后 4 条线表示$4n+2$个量子比特，其输入态全都是$|0\rangle$，所有的模加操作都在这部分量子比特上完成。因此，图 4.10 中共需要$5n+3$个量子比特。图 4.10 中的控制-控制k操作表示当两个控制比特同时为 1 时，对目标比特实施控制重置$a2^k$操作；Cx 操作表示当控制比特为 0 时，对目标比特实施控制重置x操作。

由图 4.10 可知，对于输入态$|1\rangle|x\rangle|0\rangle|0\rangle$，经过控制-控制 0 操作后，系统态演化为

$$|1\rangle|x\rangle|0\rangle|0\rangle \rightarrow |1\rangle|x\rangle\left|a2^0 x_0\right\rangle|0\rangle \tag{4-83}$$

经过 MA 操作后，系统态演化为

$$|1\rangle|x\rangle\left|a2^0 x_0\right\rangle|0\rangle \rightarrow |1\rangle|x\rangle\left|a2^0 x_0\right\rangle\left|a2^0 x_0\right\rangle \tag{4-84}$$

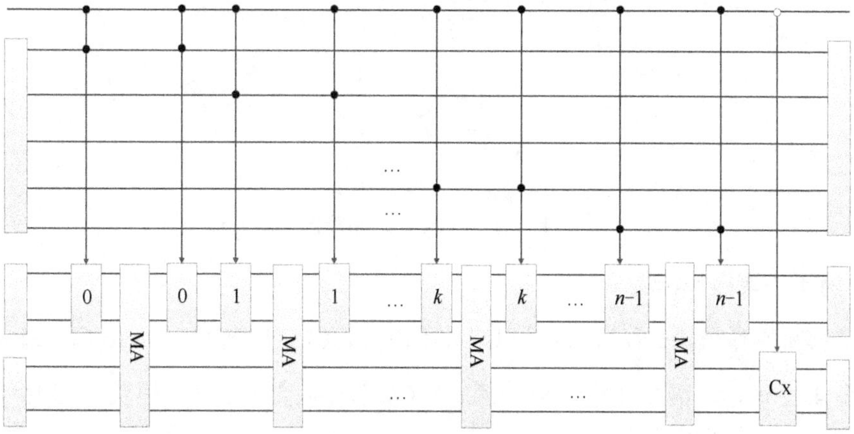

图 4.10 CMM 线路图

再次实施控制-控制 0 操作后，系统态演化为

$$|1\rangle|x\rangle\left|a2^0 x_0\right\rangle\left|a2^0 x_0\right\rangle \rightarrow |1\rangle|x\rangle|0\rangle\left|a2^0 x_0\right\rangle \tag{4-85}$$

实施控制-控制 1 操作，系统态演化为

$$|1\rangle|x\rangle|0\rangle\left|a2^0 x_0\right\rangle \rightarrow |1\rangle|x\rangle\left|a2^1 x_1\right\rangle\left|a2^0 x_0\right\rangle \tag{4-86}$$

经过 MA 操作后，系统态演化为

$$|1\rangle|x\rangle\left|a2^1 x_1\right\rangle\left|a2^0 x_0\right\rangle \rightarrow |1\rangle|x\rangle\left|a2^1 x_1\right\rangle\left|a2^1 x_1 + a2^0 x_0 \pmod N\right\rangle \tag{4-87}$$

再次实施控制-控制 1 操作后，系统态演化为

$$|1\rangle|x\rangle\left|a2^1 x_1\right\rangle\left|a2^1 x_1 + a2^0 x_0 \pmod N\right\rangle \rightarrow |1\rangle|x\rangle|0\rangle\left|a2^1 x_1 + a2^0 x_0 \pmod N\right\rangle \tag{4-88}$$

之后按照上述过程依次实施控制-控制 k 操作、MA 操作、控制-控制 k 操作，系统态演化为

$$\begin{aligned}
|1\rangle|x\rangle|0\rangle\left|a2^1 x_1 + a2^0 x_0 \pmod N\right\rangle &\rightarrow |1\rangle|x\rangle|0\rangle\left|a2^2 x_2 + a2^1 x_1 + a2^0 x_0 \pmod N\right\rangle \\
&\rightarrow |1\rangle|x\rangle|0\rangle\left|a2^3 x_3 + a2^2 x_2 + a2^1 x_1 + a2^0 x_0 \pmod N\right\rangle \\
&\cdots \\
&\rightarrow |1\rangle|x\rangle|0\rangle\left|a2^{n-1} x_{n-1} + \cdots + a2^2 x_2 + a2^1 x_1 + a2^0 x_0 \pmod N\right\rangle
\end{aligned} \tag{4-89}$$

最后得到$ax(\bmod N)=a\left(2^{n-1}x_{n-1}+\cdots+2^2x_2+2^1x_1+2^0x_0\right)(\bmod N)$。另外，当$c=0$时，图 4.10 中线路的前面部分都不起作用，只有最后一步操作起作用，即将态$|0\rangle|x\rangle|0\rangle|0\rangle$转换为态$|0\rangle|x\rangle|0\rangle|x\rangle$。因此，图 4.10 中的线路实现了量子控制模乘功能。在下面的讨论中，将 CMM 模块作为单独模块用于实现量子模幂操作模块。CMM 线路简记为图 4.11 的形式。

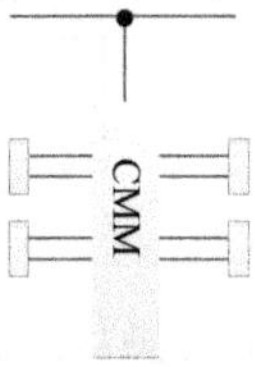

图 4.11 CMM 线路简图

4．量子模幂操作模块

量子模幂操作模块$\boldsymbol{U}\left(a^x \bmod n\right)$以 CMM 模块、$\mathrm{CMM}^{-1}$模块、Swap 门为基本单元模块，如图 4.12 所示。需要注意的是，第i个（从前往后数）CMM 模块、CMM^{-1}模块中的模乘为$a^{2^{i-1}}y(\bmod N)$，即

$$\mathrm{CMM}_i|c\rangle|y\rangle|0\rangle|0\rangle=|c\rangle|y\rangle|0\rangle\left|a^{2^{i-1}c}y(\bmod N)\right\rangle \tag{4-90}$$

$$\mathrm{CMM}_i^{-1}|c\rangle|y\rangle|0\rangle\left|a^{2^{i-1}c}y(\bmod N)\right\rangle=|c\rangle|y\rangle|0\rangle|0\rangle \tag{4-91}$$

在图 4.12 中，前 3 条线表示编码$|x\rangle=|x_{n-1}x_{n-2}\cdots x_0\rangle$的$n$个量子比特，编码方式为从上到下依次为$x_0$、$x_1$、……、$x_{n-1}$；下面的 CMM 模块和$\mathrm{CMM}^{-1}$模块的部分由$5n+2$个量子比特组成。因此，量子模幂操作模块线路中有$6n+2$个量子比特。量子模幂操作模块线路的输入态为$|x\rangle|1\rangle|0\rangle$，经过第一个 CMM 模块后（其中控制比特为$x_0$），系统态演化为

$$|x_{n-1}x_{n-2}\cdots x_0\rangle|1\rangle|0\rangle\rightarrow|x_{n-1}x_{n-2}\cdots x_0\rangle|1\rangle\left|a^{x_0}(\bmod N)\right\rangle \tag{4-92}$$

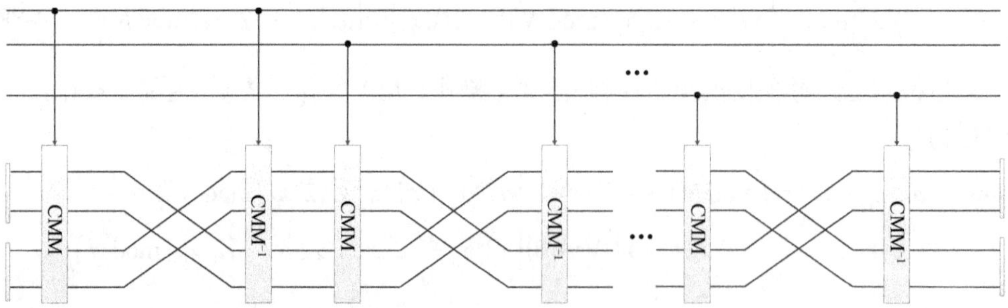

图 4.12 量子模幂操作模块线路示意图

经过 Swap 门后，系统态演化为

$$\left|x_{n-1}x_{n-2}\cdots x_0\right\rangle|1\rangle\left|a^{x_0}\left(\bmod N\right)\right\rangle \to \left|x_{n-1}x_{n-2}\cdots x_0\right\rangle\left|a^{x_0}\left(\bmod N\right)\right\rangle|1\rangle \tag{4-93}$$

经过CMM^{-1}模块后（其中控制比特为x_0），系统态演化为

$$\left|x_{n-1}x_{n-2}\cdots x_0\right\rangle\left|a^{x_0}\left(\bmod N\right)\right\rangle|1\rangle \to \left|x_{n-1}x_{n-2}\cdots x_0\right\rangle\left|a^{x_0}\left(\bmod N\right)\right\rangle|0\rangle \tag{4-94}$$

接着依次以x_1、x_2、……、x_{n-1}为控制比特，实施CMM模块操作、Swap门操作、CMM^{-1}模块操作，系统态演化为

$$\begin{aligned}\left|x_{n-1}x_{n-2}\cdots x_0\right\rangle\left|a^{x_0}\left(\bmod N\right)\right\rangle|0\rangle &\to \left|x_{n-1}x_{n-2}\cdots x_0\right\rangle\left|a^{x_0}\left(\bmod N\right)\right\rangle\left|a^{2x_1}a^{x_0}\left(\bmod N\right)\right\rangle \\ &\to \left|x_{n-1}x_{n-2}\cdots x_0\right\rangle\left|a^{2x_1}a^{x_0}\left(\bmod N\right)\right\rangle\left|a^{x_0}\left(\bmod N\right)\right\rangle \\ &\to \left|x_{n-1}x_{n-2}\cdots x_0\right\rangle\left|a^{2x_1}a^{x_0}\left(\bmod N\right)\right\rangle|0\rangle \\ &\cdots \\ &\to \left|x_{n-1}x_{n-2}\cdots x_0\right\rangle\left|a^{2^{n-1}x_{n-1}}\cdots a^{2x_1}a^{x_0}\left(\bmod N\right)\right\rangle|0\rangle\end{aligned} \tag{4-95}$$

即实现了量子模幂功能：

$$\boldsymbol{U}\left(a^x\left(\bmod n\right)\right)|x\rangle|1\rangle|0\rangle = |x\rangle\left|a^x\left(\bmod N\right)\right\rangle|0\rangle \tag{4-96}$$

由前面介绍可知，量子模幂功能可由$6n+2$个量子比特、n次CMM模块操作、n次Swap门操作、n次CMM^{-1}模块操作实现。CMM模块操作、CMM^{-1}模块操作可由n次模加操作、$2n$次控制重置操作实现；模加操作可由3次加法运算、2次加法逆运算、2次控制重置加N操作、2次Swap门操作和2次CNOT门操作实现；加法运算可由n次进位加法运算和n次非进位加法运算、一次CNOT门操作实现；进位和非进位加法运算都可由常数次Toffoli门操作、CNOT门操作实现。因此，量子模幂功能可由$O\left(n^3\right)$规模的基本门实现。当然，具体所需基本门个数与定义哪些是基本门有关。另外，图4.12实现量子模幂功能的线路并非是最优的，如果采用其他算法，如Schonhage-Strassen算法，则可能会得到更加有效的量子线路。

4.2 Shor算法与离散对数问题

模p乘法群上的离散对数问题是一类典型的计算困难问题，早在20世纪70年代Diffie就提出其可用作公钥密码系统中的单向函数。截至目前，密码学家基于这一困难问题提出了相应的密钥协商、加密、数字签名等算法。由于这些算法所基于的离散对数问题是困难的，因此这些算法都是计算上安全的。然而，1994年Shor指出，如果存在一台能够运行量子算法的量子计算机，则离散对数问题可以在多项式时间内求解，因此基于离散对数问题密码系统的安全性面临来自量子计算机的威胁。

4.2.1 离散对数问题

实数集合上的对数定义为

当 $x^k=y$ 时，称 k 是 y 以 x 为底的对数，通常记为 $k=\log_x y$

例如，$5=\log_2 32$。

对于实数域上的对数，对等式 $x^k=y$ 两边同时取自然对数可得

$$k\ln x=\ln y \tag{4-97}$$

因此，$k=\dfrac{\ln y}{\ln x}$。对于任意 $x_0\in(0,\infty)$，可以将 $\ln x$ 通过泰勒公式展开为

$$\ln x=\ln x_0+\sum_{n=1}\frac{(\ln x)^{(n)}\big|_{x=x_0}}{n!}(x-x_0)^n \tag{4-98}$$

由于 $(\ln x)^{(n)}=(-1)^{n+1}\{(n-1)!\}x^{-n}$，将 $x_0=1$ 代入上式可得

$$\ln x=\sum_{n=1}\frac{(-1)^{n+1}}{n}(x-1)^n \tag{4-99}$$

故而任意实数域上的对数都可以很快地求出。

例 4.11 计算 $\log_2 15$。

解：$\log_2 15=\dfrac{\ln 15}{\ln 2}\approx\dfrac{2.7080502011}{0.69314718056}\approx 3.90689$。

由实数域上的对数定义可知，对数 k 指的是在相应实数集合及乘法运算规则下，k 个 x 的乘积为 y。与实数域上的对数类似，在模 n 完全剩余系构成的集合中，若运算为模 n 加法，则模 n 加法意义下的离散对数可以定义为

给定 $a,b\in\mathbb{Z}_n$，模 n 加法意义下的离散对数 x 指的是使得

$$\underbrace{a\oplus_n a\oplus_n\cdots\oplus_n a}_{x}=b(\bmod n)$$

成立的整数，即求解一次同余方程 $ax=b(\bmod n)$，记为 $x=\log_a b(\bmod n)$。

由数论知识可知，一次同余方程可利用欧几里得算法在多项式时间内求解。因此模 n 加法群上的离散对数问题不是困难问题。

例 4.12 在模 1001 加法群上求解 $x=\log_{136}987(\bmod 1001)$。

解：求解 $x=\log_{136}987(\bmod 1001)$，即求解一次同余方程

$$136x\equiv 987(\bmod 1001)$$

可以通过以下步骤求解：

（1）计算 136 和 1001 的最大公因子，即计算 $\gcd(136,1001)$。由于

$$1001 = 136 \times 7 + 49$$

$$136 = 49 \times 2 + 38$$

$$49 = 38 \times 1 + 11$$

$$38 = 11 \times 3 + 5$$

$$11 = 5 \times 2 + 1$$

因此，$\gcd(136,1001) = 1$。

（2）由计算 $\gcd(136,1001)$ 的过程可知

$$\begin{aligned} 1 &= 11 - 5 \times 2 \\ &= 11 - (38 - 11 \times 3) \times 2 = 11 \times 7 - 38 \times 2 \\ &= (49 - 38) \times 7 - 38 \times 2 = 49 \times 7 - 38 \times 9 \\ &= 49 \times 7 - (136 - 49 \times 2) \times 9 = 49 \times 25 - 136 \times 9 \\ &= (1001 - 136 \times 7) \times 25 - 136 \times 9 = 1001 \times 25 - 136 \times 184 \end{aligned}$$

因此，$1001 \times 25 - 136 \times 184 \equiv 1 \pmod{1001}$，即 136 模 1001 的乘法逆元为 817。

（3）计算模 1001 加法群上的离散对数，即

$$x = 817 \times 136x = 817 \times 987 = 574 \pmod{1001}$$

与实数域上的对数和模 n 加法群上的离散对数不同，密码学中所称的离散对数（DLP）指的是模 n 乘法群上的离散对数，即给定模 n 简化剩余系中的两个元素 a、b，求整数 x 使得 $a^x \equiv b \pmod{n}$，记为 $x = \log_a b \pmod{n}$。

下面给出几个简单的模 n 乘法群上离散对数求解的例子。

例 4.13 求解 $x = \log_{13} 27 \pmod{55}$。

解：该离散对数 x 为方程 $13^x \equiv 27 \pmod{55}$ 的解，即一次同余方程组

$$\begin{cases} 13^x \equiv 27 \pmod{5} \\ 13^x \equiv 27 \pmod{11} \end{cases}$$

的解。上式化简可得

$$\begin{cases} 3^x \equiv 2 \pmod{5} \\ 2^x \equiv 5 \pmod{11} \end{cases}$$

可解出

$$\begin{cases} x \equiv 3 \pmod{4} \\ x \equiv 4 \pmod{10} \end{cases}$$

由中国剩余定理可知，上面的一次同余方程组无解，即不存在整数 x 使得 $13^x \equiv 27 \pmod{55}$，也就是说 $x = \log_{13} 27 \pmod{55}$ 不存在。

例 4.14 求解 $x = \log_{13} 18 \pmod{31}$。

解：该离散对数 x 为方程 $13^x \equiv 18 \pmod{31}$ 的解。由于 31 是素数，因此 $\mathrm{ord}_{31}(13) | 30$，即 $\mathrm{ord}_{31}(13)$ 可能是

$$2,3,5,6,10,15,30$$

中的一个，通过计算可知 $\mathrm{ord}_{31}(13) = 30$，即 13 是模 31 的简化剩余系的生成元。因此对于模 31 简化剩余系中的任何元素 a，离散对数 $x = \log_{13} a \pmod{31}$ 一定存在。令 x 遍历 $\{1,2,\cdots,30\}$，则 $13^x \pmod{31}$ 的值依次为

$$\{13,14,27,10,6,16,22,7,29,5,3,8,11,19,30,18,17,4,21,25,15,9,24,2,26,28,23,20,12,1\}$$

因此可得 $x = \log_{13} 18 \pmod{31} = 16$。

由例 4.13 和例 4.14 可知，模 n 乘法群上的离散对数有可能不存在。即使其存在，其求解往往也是比较困难的。在例 4.14 中，离散对数的求解过程是首先求得 $\mathrm{ord}_{31}(13)$，然后依次遍历 $\{1,2,\cdots,\mathrm{ord}_{31}(13)\}$，从中挑出满足要求的整数 x。在实际碰到的离散对数问题中，通常假定 $\mathrm{ord}_n(a)$ 是已知的，且 $\mathrm{ord}_n(a)$ 足够大，此时遍历 $\{1,2,\cdots,\mathrm{ord}_n(a)\}$ 是十分耗时的，即使利用其他经典算法，如大步小步算法、ρ 算法、数域筛法等，也无法在多项式时间内求解。截至目前，密码学中选用的模 n 乘法群上的离散对数问题一般认为是困难的。

除模 n 乘法群上的离散对数问题外，还有一种计算困难的离散对数问题是椭圆曲线群上的离散对数问题，该类离散对数定义为：给定椭圆曲线群 G 及群上的两个元素 a、b，求整数 x，使得 $\underbrace{a+a+\cdots+a}_{x} = b$，记为 $x = \log_a b$，与之前不同的是，这里的加法是定义在椭圆曲线上的加法。

现有的研究结论表明，无论是模 n 乘法群上的离散对数问题，还是椭圆曲线群上的离散对数问题，这两类离散对数问题通常都是计算困难的，因此密码学家基于这两类问题设计了安全的密钥交换协议、加密算法、数字签名算法等。今后，如无特别强调，本章后面的几节中提到的离散对数问题都是模 n 乘法群上的离散对数问题。

4.2.2 DH 密钥交换协议和 ElGamal 公钥密码系统

DH 密钥交换协议由 Diffie 和 Hellman 于 1976 年在其合作发表的论文《密码学的新方向》中首先提出，这篇论文的发表意味着公钥密码学思想的诞生。该论文讨论的核心是：

（1）如何在公开信道中进行安全的密钥分发；

（2）认证问题。

问题（1）的解决方法是 DH 密钥交换协议，问题（2）的解决方法是通过构造单向函数实现公钥加密和认证。当然，原文中对问题（2）的讨论较为抽象，仅提出了公钥密码系统的概念模型，但是这一新颖概念的提出启发了 RSA 公钥密码系统及随后公钥密码系统的一系列进展。接下来，我们重点介绍基于离散对数问题的 DH 密钥交换协议和 ElGamal 公钥密码系统。

1. DH 密钥交换协议

在一个公开网络中，两个用户，如用户 A 和用户 B，如果需要协商一个密钥为后续要传送的信息进行加解密，那么用户 A 和用户 B 就可以通过以下步骤协商出加解密所需的密钥。

（1）在公开信道中共享一对整数(g,p)，其中，p 是素数，g 是模 p 的原根，即模 p 简化剩余系可由 g 生成，因此 $\mathrm{ord}_p(g)=p-1$。这一步不需要经过加密，网络中的任何恶意或非恶意的第三方都可以知道。

（2）用户 A 从$\{1,2,\cdots,p-1\}$中随机选择一个整数a，注意a不能让任何其他人知道，即a要绝对保密。接下来用户 A 将$x=g^a\pmod p$通过公开信道传送给用户 B，在这一过程中，网络中的第三方能够看到的只是x的值，其并不知道a的值。

（3）用户 B 同样从$\{1,2,\cdots,p-1\}$中随机选择一个整数b，同样要求b不能让任何其他人知道，即b也要绝对保密。接下来用户 B 将$y=g^b\pmod p$通过公开信道传送给用户 A，在这一过程中，网络中的第三方同样只能够看到y的值，其并不知道b的值。

（4）用户 A 计算$K_{\mathrm{A}}=y^a\pmod p$；用户 B 计算$K_{\mathrm{B}}=x^b\pmod p$。显然可以证明

$$K_{\mathrm{A}}=y^a=\left(g^b\right)^a=g^{ab}=\left(g^a\right)^b=x^b=K_{\mathrm{B}}=K\pmod p \tag{4-100}$$

因此，经过上述 4 步后，用户 A 和用户 B 共享了一个密钥K。

例 4.15 用户 A 和用户 B 共享的(g,p)分别为$g=3$、$p=17$，经简单验证可知 3 是模 17 的原根，试利用(g,p)协商共享密钥。

解：用户 A 和用户 B 可通过以下步骤协商共享密钥。

（1）用户 A 随机选择$a=9$，计算$x=3^9=14\pmod{17}$，并将 14 传送给用户 B。

（2）用户 B 随机选择$b=13$，计算$y=3^{13}=12\pmod{17}$，并将 12 传送给用户 A。

（3）用户 A 和用户 B 分别计算出密钥K，即$K=12^9=5=14^{13}\pmod{17}$。

显然，在 DH 密钥交换协议中，任何第三方若想知道用户 A 和用户 B 协商出的密钥K，其需要具备以下能力：

（1）给定g、p、x，可以计算出$a=\log_g x(\bmod p)$；

或者

（2）给定g、p、y，可以计算出$b=\log_g y(\bmod p)$。

也就是说，第三方需要具备计算离散对数的能力。而当p特别大时，计算离散对数是特别困难的，在 Diffie 和 Hellman 提出 DH 密钥交换协议时，求解离散对数问题的算法复杂度大约为$O\left(\sqrt{p}\right)$，正是求解离散对数问题的困难性保证了 DH 密钥交换协议的安全性。

当然，DH 密钥交换协议也是有问题的，其并不能阻止中间人攻击。例如，若有网络中恶意的第三方 C，其可以通过公开信道知道用户 A 和用户 B 之间共享的g和p，并在用户 A 和用户 B 协商的过程中，截获用户 A 和用户 B 之间的通信信息，其可以做以下工作：

（1）第三方 C 截获用户 A 传送给用户 B 的消息x，并从$\{1,2,\cdots,p-1\}$中随机选择一个整数a'，将$x'=g^{a'}(\bmod p)$通过公开信道传送给用户 B；

（2）第三方 C 截获用户 B 传送给用户 A 的消息y，同样从$\{1,2,\cdots,p-1\}$中随机选择一个整数b'，并将$y'=g^{b'}(\bmod p)$通过公开信道传送给用户 A。

由前面的分析可知，这时，用户 A 和第三方 C 之间就协商出了共享密钥

$$K_1=y'^a=\left(g^{b'}\right)^a=x^{b'}(\bmod p) \tag{4-101}$$

同样，用户 B 和第三方 C 之间就协商出了共享密钥

$$K_2=y^{a'}=\left(g^b\right)^{a'}=x'^b(\bmod p) \tag{4-102}$$

因此，在之后的加密过程中，第三方 C 就可以将用户 A 本来传送给用户 B 的加密消息截获，并通过其与用户 A 共享的密钥K_1进行解密，得到明文M，然后利用其与用户 B 共享的密钥K_2将M加密后发送给用户 B，从而达到监控用户 A 和用户 B 通信的目的。当然，第三方 C 也可根据需要对明文M进行篡改后再加密发送给用户 B，以达到相应的某些目的。

从上面的分析可知，即使在数学上是计算安全的密钥协商算法，在实际应用过程中仍然是存在相应的攻击方法的，当然，这类攻击是可以通过一些改进进行防御的，这部分的内容已经超出了本书的讨论范围。

2. ElGamal 公钥密码系统

受 DH 密钥交换协议的启发，1985 年，Tather ElGamal 提出了一种基于离散对数问题的公钥密码系统，该系统由密钥生成算法、加密算法、解密算法 3 个部分构成。

（1）密钥生成算法。

用户 A 选择一个大的具有相应安全强度的素数 p，并选择一个模 p 的原根 g，将 p 和 g 公开。用户 A 随机地选择一个整数 a（$2 \leqslant a \leqslant p-2$）作为私钥，计算

$$x = g^a \pmod p \tag{4-103}$$

并将 x 作为公钥公开。

（2）加密算法。

用户 B 若需要向用户 A 传送消息 M，只需要通过公开渠道查获用户 A 的公开信息 p、g、x，并随机选择整数 b（$2 \leqslant b \leqslant p-2$），计算

$$y = g^b \pmod p，\quad c = Mx^b \pmod p \tag{4-104}$$

将密文对 (y,c) 通过公开信道传送给用户 A。

（3）解密算法。

用户 A 接收到密文对 (y,c) 后，只需要计算

$$k = y^a \pmod p \tag{4-105}$$

并通过欧几里得算法计算 k 模 p 的乘法逆元 $k^{-1} \pmod p$，最后通过计算 $k^{-1}c \pmod p$ 得到明文消息 M。

显然，由于

$$k = y^a = x^b \pmod p \tag{4-106}$$

因此

$$k^{-1}c \pmod p = k^{-1}Mx^b \pmod p = M \tag{4-107}$$

例 4.16 A 选择素数 $p = 101$，选择其原根 $g = 2$，并从 2～99 中随机选择整数 $a = 73$ 作为私钥，将 $x = 2^{73} = 48 \pmod{101}$ 作为公钥公开。

用户 B 向用户 A 传送消息 $M = 83$，用户 B 通过公开渠道查获用户 A 的公开信息 $p = 101$、$g = 2$、$x = 48 \pmod{101}$，接着用户 B 从 2～99 中随机选择整数 $b = 47$，并计算

$$y = 2^{47} = 63 \pmod{101}$$

接着计算

$$c = Mx^b = 83 \times 48^{47} = 95 \pmod p$$

然后将密文对 $(63,95)$ 通过公开信道传送给用户 A。

用户 A 接收到密文对 $(63,95)$ 后，首先计算

$$k = y^a = 63^{73} = 34 \pmod{101}$$

然后利用欧几里得算法计算

$$34^{-1}(\text{mod}101)=3$$

最后，计算

$$M=k^{-1}c=3\times 95=83(\text{mod}101)$$

从而得到明文消息 M 。

与 RSA 公钥密码类似，ElGamal 公钥密码也可以用来进行数字签名。不失一般性，假定用户 A 要对消息 m 进行签名，该签名系统包含 3 个算法。

（1）私钥生成算法。

用户 A 选择一个大的具有相应安全强度的素数 p ，并选择模 p 的一个原根 g ，将 p 和 g 公开。用户 A 随机选择一个整数 a（$2\leqslant a\leqslant p-2$）作为私钥，计算 $x=g^{a}(\text{mod}\,p)$ 并将 x 作为公钥公开。

（2）签名算法。

用户 A 从 1～$p-1$ 中选择一个与 $p-1$ 互素的整数 k ，并计算 $r=g^{k}(\text{mod}\,p)$ 和 k 模 $p-1$ 的乘法逆 $k^{-1}(\text{mod}\,p-1)$ ，进一步计算 $s=k^{-1}(h(m)-ar)(\text{mod}\,p-1)$ ，其中 $h(m)$ 是消息 m 的杂凑值，其所用杂凑函数是公开的。最后，用户 A 将 (r,s) 作为签名公开发布并供其他用户验证。

（3）签名验证算法。

当网络中的其他用户需要验证签名 (r,s) 是否是用户 A 对消息 m 的签名时，其可通过公开网络查获用户 A 的公开信息 p 、 g 、 x 、消息 m 及所用杂凑函数，其只需验证

$$x^{r}r^{s}=g^{h(m)}(\text{mod}\,p) \tag{4-108}$$

是否成立即可。

根据私钥产生算法及签名算法可知

$$x^{r}r^{s}=(g^{a})^{r}(g^{k})^{s}=g^{ar+ks}(\text{mod}\,p) \tag{4-109}$$

且

$$ks=kk^{-1}(h(m)-ar)=h(m)-ar(\text{mod}\,p-1) \tag{4-110}$$

即

$$ar+ks=h(m)(\text{mod}\,p-1) \tag{4-111}$$

因此

$$g^{ar+ks}=g^{h(m)}(\text{mod}\,p) \tag{4-112}$$

故其他用户可经过简单计算验证签名真伪。

例 4.17 用户 A 需要对消息 $m=101$ 签名。用户 A 选择素数 $p=881$，选择模 881 的一个原根 $g=3$，并随机选择 $a=500$ 作为私钥，计算出

$$x=3^{500}=391(\bmod 881)$$

作为公钥。接下来对 $m=101$ 进行签名：

（1）用户 A 选择 $k=13$，13 模 880 的乘法逆元可通过欧几里得算法计算得出，即

$$13^{-1}(\bmod 880)=677$$

（2）计算 $r=g^k=3^{13}=594(\bmod 881)$；

（3）不失一般性，在这一过程中假定不对 $m=101$ 进行杂凑，即令签名过程中的 $h(m)=m$。计算

$$\begin{aligned}s&=k^{-1}(h(m)-ar)\\&=677\times(101-500\times594)=177(\bmod 880)\end{aligned}$$

将 $(r,s)=(594,177)$ 作为签名在公开网络中发布。

签名验证过程如下。

当网络中的其他用户需要验证签名 $(r,s)=(594,177)$ 的真伪时，其只需通过公开网络查获 $p=881$、$g=3$、$x=391(\bmod 881)$、$m=101$，即可进行：

（1）计算 $x^r=391^{594}=880(\bmod 881)$，$r^s=594^{177}=150(\bmod 881)$；

（2）计算 $x^r r^s=880\times150=731(\bmod 881)$；

（3）计算 $g^m=3^{101}=731(\bmod 881)$。

因此满足 $x^r r^s=g^{h(m)}(\bmod p)$，即 $(r,s)=(594,177)$ 是由用户 A 合法产生的签名。

无论是 DH 密钥分发协议，还是 ElGamal 公钥密码系统，其安全性基于求解模 p 乘法群上离散对数问题的困难性，即给定原根 g、模数 p 和整数 x，求解整数 a 满足

$$g^a=x(\bmod p) \tag{4-113}$$

是困难的。如果存在多项式时间复杂度的求解算法，则所有基于离散对数问题的密码系统都将面临安全挑战。

4.2.3 经典离散对数求解算法

经典离散对数求解算法有穷举搜索算法、大步小步算法、Pohlig-Hellman 算法等，这些算法都无法在多项式时间内求解离散对数问题。

1. 穷举搜索算法

顾名思义，当给定原根g、模数p和整数x后，穷举搜索算法通过不停地增大k并计算$g^k \pmod p$，直到$g^k = x \pmod p$时停止，该算法的复杂度为$O(p/2)$。

例 4.18 给定模数$p=997$、原根$g=7$和整数$x=774$，求解$a=\log_7 774 \pmod{997}$。

解：依次计算$7^1 \pmod{997}$、$7^2 \pmod{997}$……，当$k=70$时，$7^{70}=774 \pmod{997}$，因此$a=\log_7 774 \pmod{997}=70$。

2. 大步小步算法

众所周知，对于任何给定整数a、m，一定存在整数i（$0 \leqslant i < m$）、j，使得$a=i+jm$。因此，对于$g^a = x \pmod p$的离散对数a，令$m=\lfloor \sqrt{p} \rfloor$，则一定存在整数$i$、$j$，使得$a=i+jm$，其中$0 \leqslant i < m$。故而

$$g^a = g^i g^{jm} = x \pmod p \tag{4-114}$$

即一定存在i、j使得

$$g^{jm} = g^{-i} x = g^{p-i-1} x \pmod p \tag{4-115}$$

由于一定存在i'、j'使得

$$p-i-1 = i' + j'm \tag{4-116}$$

式中，$0 \leqslant i' < m$，因此

$$g^{(j-j')m} = g^{i'} x \pmod p \tag{4-117}$$

这就意味着当i'逐渐从1遍历到m时，一定存在整数k，使得

$$g^{km} = g^{i'} x \pmod p \tag{4-118}$$

式中，$0 \leqslant k \leqslant m$。

Shanks 根据上述事实提出了著名的大步小步算法，该算法具体步骤如下。

（1）计算$m=\lfloor \sqrt{p} \rfloor$。

（2）计算小步：令i'逐渐从1遍历到m，逐步计算$g^{i'} x \pmod p$，并存储数据对$(g^{i'} x, i')$。

（3）计算大步：令k逐渐从1遍历到m，逐步计算$g^{km} \pmod p$，并存储数据对(g^{km}, k)。

（4）比对表$(g^{i'} x, i')$、表(g^{km}, k)，找到碰撞$g^{km} = g^{i'} x \pmod p$，则可计算出离散对数为

$$a = \log_g x = km - i' \pmod{p-1} \tag{4-119}$$

从上面的步骤可以看出，大步小步算法可以看作穷举搜索算法的一种简单改进，该

算法执行从1到$m=\lfloor\sqrt{p}\rfloor$的遍历穷举。与穷举搜索算法不同的是，大步小步算法需要存储规模为$O(m)$的表格，运用搜索算法对表格中的数据进行碰撞搜索。总体而言，大步小步算法的时间复杂度为$O(\sqrt{p}\log p)$，空间复杂度为$O(\sqrt{p})$。与穷举搜索算法相比，其时间复杂度由p降为了$\sqrt{p}\log p$，但增加了空间复杂度。可以说，大步小步算法以空间复杂度的增大为代价减小了时间复杂度。

例 4.19 利用大步小步算法计算$a=\log_7 801(\bmod 997)$。

解：由大步小步算法计算步骤，得到

（1）$m=\lfloor\sqrt{997}\rfloor=31$；

（2）依次计算小步$g^i x(\bmod p)$，得到$(622,1)$、$(366,2)$、$(568,3)$、$(985,4)$、$(913,5)$、$(409,6)$、$(869,7)$、$(101,8)$、$(707,9)$、$(961,10)$、$(745,11)$、$(230,12)$、$(613,13)$、$(303,14)$、$(127,15)$、$(889,16)$、$(241,17)$、$(690,18)$、$(842,19)$、$(909,20)$、$(381,21)$、$(673,22)$、$(723,23)$、$(76,24)$、$(532,25)$、$(733,26)$、$(146,27)$、$(25,28)$、$(175,29)$、$(228,30)$、$(599,31)$；

（3）依次计算大步$g^{km}(\bmod p)$，得到$(704,1)$、$(107,2)$、$(553,3)$、$(482,4)$、$(348,5)$、$(727,6)$、$(347,7)$、$(23,8)$、$(240,9)$、$(467,10)$、$(755,11)$、$(119,12)$、$(28,13)$、$(769,14)$、$(5,15)$、$(529,16)$、$(535,17)$、$(771,18)$、$(416,19)$、$(743,20)$、$(644,21)$、$(738,22)$、$(115,23)$、$(203,24)$、$(341,25)$、$(784,26)$、$(595,27)$、$(140,28)$、$(854,29)$、$(25,30)$、$(651,31)$；

（4）从大步小步算法计算的两个表中寻找碰撞，我们发现

$$
\begin{aligned}
7^{28}\times 801 &= 7^{30\times 31}\\
&= 25(\bmod 997)
\end{aligned}
$$

因此$a=\log_7 801(\bmod 997)=30\times 31-28=902(\bmod 996)$。

3. Pohlig-Hellman 算法

1978 年，Pohlig 与 Hellman 提出，可以将求解满足方程

$$
g^a=x(\bmod p)
$$

的离散对数a的问题转化为一次同余方程组的求解问题，其思路如下。

对于任意素数p，由算术基本定理可知，其欧拉函数$p-1$总是可以分解为

$$
p-1=\prod_{i=1}^{k} p_i^{\alpha_i} \tag{4-120}
$$

式中，p_i为素数。因此，若能确定一次同余方程组

$$\begin{cases} a = y_1 \left(\bmod p_1^{\alpha_1}\right) \\ a = y_2 \left(\bmod p_2^{\alpha_2}\right) \\ \vdots \\ a = y_k \left(\bmod p_k^{\alpha_k}\right) \end{cases} \tag{4-121}$$

中的y_1、y_2、……、y_k，则a的值可以利用中国剩余定理在多项式时间内求出。对于每一个y_i，其可以展开为p_i进制形式，即

$$y_i = y_{i0} + y_{i1}p_i + \cdots + y_{i\alpha_i-1}p_i^{\alpha_i-1} \tag{4-122}$$

因此，只要确定了每一个y_{ij}，则y_i即可确定。由于

$$x^{\frac{(p-1)}{p_i}} = \left(g^a\right)^{\frac{p-1}{p_i}} \equiv g^{\frac{(p-1)y_{i0}}{p_i} + y_{i1}(p-1) + \cdots + y_{i\alpha_i-1}p_i^{\alpha_i-2}(p-1) + w_i p_i^{\alpha_i-1}(p-1)} \equiv g^{\frac{(p-1)y_{i0}}{p_i}} \left(\bmod p\right) \tag{4-123}$$

上式中第一个等号利用的是$g^a = x\left(\bmod p\right)$，第一个同余符号利用了

$$a = y_i + w_i p_i^{\alpha_i} = y_{i0} + y_{i1}p_i + \cdots + y_{i\alpha_i-1}p_i^{\alpha_i-1} + w_i p_i^{\alpha_i} \tag{4-124}$$

式中，w_i为整数。

式（4-123）中第二个同余符号利用了欧拉定理，即对于任意互素的两个整数g、p，有

$$g^{\varphi(p)} = 1\left(\bmod p\right) \tag{4-125}$$

式中，$\varphi(p)$为p的欧拉函数，当p是素数时，$\varphi(p) = p-1$。因此，只要提前计算出$g^{\frac{(p-1)}{p_i}j}$的表格，然后计算$x^{\frac{(p-1)}{p_i}}$，通过比较其与表格中的数，就可确定y_{i0}的值。接着在等式$g^a = x\left(\bmod p\right)$两边同时乘$g^{y_{i0}}$模$p$的逆，可得

$$g^{y_{i1}p_i + \cdots + y_{i\alpha_i-1}p_i^{\alpha_i-1} + w_i p_i^{\alpha_i}} = xg^{-y_{i0}} \left(\bmod p\right) \tag{4-126}$$

上式两边同时计算$\dfrac{p-1}{p_i^2}$次幂，可得

$$g^{y_{i1}\frac{p-1}{p_i} + y_{i2}(p-1) + \cdots + y_{i\alpha_i-1}p_i^{\alpha_i-3}(p-1) + w_i p_i^{\alpha_i-2}(p-1)} = g^{y_{i1}\frac{p-1}{p_i}} = \left(xg^{-y_{i0}}\right)^{\frac{p-1}{p_i^2}} \left(\bmod p\right) \tag{4-127}$$

因此，只需要计算$\left(xg^{-y_{i0}}\right)^{\frac{p-1}{p_i^2}} \left(\bmod p\right)$，并和$g^{\frac{(p-1)}{p_i}j}$表格中的数对比即可确定$y_{i1}$的值。同理，确定$y_{i1}$的值后，进一步计算$\left(xg^{-y_{i0}}g^{-y_{i1}p_i}\right)^{\frac{p-1}{p_i^3}} \left(\bmod p\right)$，并和$g^{\frac{(p-1)}{p_i}j}$表格中的数对比即可确定$y_{i2}$的值。依次进行下去，即可确定每一个$y_{ij}$，从而确定$y_i$。

Pohlig-Hellman 算法的具体步骤为：

（1）将 $p-1$ 分解成素数乘积形式，即

$$p-1=\prod_{i=1}^{k} p_i^{\alpha_i} \tag{4-128}$$

（2）针对每一个 p_i，依次计算 $g^{\frac{(p-1)}{p_i}j}(\bmod p)=r_{ij}$，将计算结果存储在一个表格中，其中 $j=0,1,\cdots,p_i-1$；

（3）针对每一个 p_i，首先计算 $x^{\frac{(p-1)}{p_i}}(\bmod p)$，并和步骤（2）中的表格对比，若 $x^{\frac{(p-1)}{p_i}}(\bmod p)=r_{ij}$，则令 $y_{i0}=j$；

然后计算 $\left(xg^{-j}\right)^{\frac{p-1}{p_i^2}}(\bmod p)$，并和步骤（2）中的表格对比，若 $\left(xg^{-j}\right)^{\frac{p-1}{p_i^2}}(\bmod p)=r_{ij'}$，则令 $y_{i1}=j'$；

依次计算 $\left(xg^{-j}g^{-j'p_i}\right)^{\frac{p-1}{p_i^3}}(\bmod p)$，并和步骤（2）中的表格对比确定 y_{i2}，直至确定 $y_{i\alpha_i-1}$；

（4）根据步骤（3）确定的 y_{ij}，确定 $a=y_i\left(\bmod p_1^{\alpha_1}\right)$；

（5）利用中国剩余定理解出 $a \bmod p-1$，从而确定 $\log_g x(\bmod p)$。

例 4.20 利用 Pholig-Hellman 算法求解离散对数 $a=\log_7 985(\bmod 997)$。

解：根据算法步骤，

（1）首先将996进行素因子分解：

$$996=2^2\times 3\times 83$$

（2）接着计算 r_{ij}：

$r_{10}=7^{\frac{996}{2}\times 0}=1(\bmod 997)$；$r_{11}=7^{\frac{996}{2}}=996(\bmod 997)$；

$r_{20}=7^{\frac{996}{3}\times 0}=1(\bmod 997)$；$r_{21}=7^{\frac{996}{3}\times 1}=304(\bmod 997)$；$r_{22}=7^{\frac{996}{3}\times 2}=692(\bmod 997)$；

$r_{30}=7^{\frac{996}{83}\times 0}=1(\bmod 997)$；$r_{31}=7^{\frac{996}{83}\times 1}=9(\bmod 997)$；$r_{32}=7^{\frac{996}{83}\times 2}=81(\bmod 997)$；

$r_{33}=7^{\frac{996}{83}\times 3}=729(\bmod 997)$；$r_{34}=7^{\frac{996}{83}\times 4}=579(\bmod 997)$；$r_{35}=7^{\frac{996}{83}\times 5}=226(\bmod 997)$；

$r_{36}=7^{\frac{996}{83}\times 6}=40(\bmod 997)$；$r_{37}=7^{\frac{996}{83}\times 7}=360(\bmod 997)$；$r_{38}=7^{\frac{996}{83}\times 8}=249(\bmod 997)$；

$r_{39}=7^{\frac{996}{83}\times 9}=247(\bmod 997)$；$r_{310}=7^{\frac{996}{83}\times 10}=229(\bmod 997)$；$r_{311}=7^{\frac{996}{83}\times 11}=67(\bmod 997)$；

$r_{312}=7^{\frac{996}{83}\times 12}=603 \pmod{997}$; $r_{313}=7^{\frac{996}{83}\times 13}=442 \pmod{997}$; $r_{314}=7^{\frac{996}{83}\times 14}=987 \pmod{997}$;

$r_{315}=7^{\frac{996}{83}\times 15}=907 \pmod{997}$; $r_{316}=7^{\frac{996}{83}\times 16}=187 \pmod{997}$; $r_{317}=7^{\frac{996}{83}\times 17}=686 \pmod{997}$;

$r_{318}=7^{\frac{996}{83}\times 18}=192 \pmod{997}$; $r_{319}=7^{\frac{996}{83}\times 19}=731 \pmod{997}$; $r_{320}=7^{\frac{996}{83}\times 20}=597 \pmod{997}$;

$r_{321}=7^{\frac{996}{83}\times 21}=388 \pmod{997}$; $r_{322}=7^{\frac{996}{83}\times 22}=501 \pmod{997}$; $r_{323}=7^{\frac{996}{83}\times 23}=521 \pmod{997}$;

$r_{324}=7^{\frac{996}{83}\times 24}=701 \pmod{997}$; $r_{325}=7^{\frac{996}{83}\times 25}=327 \pmod{997}$; $r_{326}=7^{\frac{996}{83}\times 26}=949 \pmod{997}$;

$r_{327}=7^{\frac{996}{83}\times 27}=565 \pmod{997}$; $r_{328}=7^{\frac{996}{83}\times 28}=100 \pmod{997}$; $r_{329}=7^{\frac{996}{83}\times 29}=900 \pmod{997}$;

$r_{330}=7^{\frac{996}{83}\times 30}=124 \pmod{997}$; $r_{331}=7^{\frac{996}{83}\times 31}=119 \pmod{997}$; $r_{332}=7^{\frac{996}{83}\times 32}=74 \pmod{997}$;

$r_{333}=7^{\frac{996}{83}\times 33}=666 \pmod{997}$; $r_{334}=7^{\frac{996}{83}\times 34}=12 \pmod{997}$; $r_{335}=7^{\frac{996}{83}\times 35}=108 \pmod{997}$;

$r_{336}=7^{\frac{996}{83}\times 36}=972 \pmod{997}$; $r_{337}=7^{\frac{996}{83}\times 37}=772 \pmod{997}$; $r_{338}=7^{\frac{996}{83}\times 38}=966 \pmod{997}$;

$r_{339}=7^{\frac{996}{83}\times 39}=718 \pmod{997}$; $r_{340}=7^{\frac{996}{83}\times 40}=480 \pmod{997}$; $r_{341}=7^{\frac{996}{83}\times 41}=332 \pmod{997}$;

$r_{342}=7^{\frac{996}{83}\times 42}=994 \pmod{997}$; $r_{343}=7^{\frac{996}{83}\times 43}=970 \pmod{997}$; $r_{344}=7^{\frac{996}{83}\times 44}=754 \pmod{997}$;

$r_{345}=7^{\frac{996}{83}\times 45}=804 \pmod{997}$; $r_{346}=7^{\frac{996}{83}\times 46}=257 \pmod{997}$; $r_{347}=7^{\frac{996}{83}\times 47}=319 \pmod{997}$;

$r_{348}=7^{\frac{996}{83}\times 48}=877 \pmod{997}$; $r_{349}=7^{\frac{996}{83}\times 49}=914 \pmod{997}$; $r_{350}=7^{\frac{996}{83}\times 50}=250 \pmod{997}$;

$r_{351}=7^{\frac{996}{83}\times 51}=256 \pmod{997}$; $r_{352}=7^{\frac{996}{83}\times 52}=310 \pmod{997}$; $r_{353}=7^{\frac{996}{83}\times 53}=796 \pmod{997}$;

$r_{354}=7^{\frac{996}{83}\times 54}=185 \pmod{997}$; $r_{355}=7^{\frac{996}{83}\times 55}=668 \pmod{997}$; $r_{356}=7^{\frac{996}{83}\times 56}=30 \pmod{997}$;

$r_{357}=7^{\frac{996}{83}\times 57}=270 \pmod{997}$; $r_{358}=7^{\frac{996}{83}\times 58}=436 \pmod{997}$; $r_{359}=7^{\frac{996}{83}\times 59}=933 \pmod{997}$;

$r_{360}=7^{\frac{996}{83}\times 60}=421 \pmod{997}$; $r_{361}=7^{\frac{996}{83}\times 61}=798 \pmod{997}$; $r_{362}=7^{\frac{996}{83}\times 62}=203 \pmod{997}$;

$r_{363}=7^{\frac{996}{83}\times 63}=830 \pmod{997}$; $r_{364}=7^{\frac{996}{83}\times 64}=491 \pmod{997}$; $r_{365}=7^{\frac{996}{83}\times 65}=431 \pmod{997}$;

$r_{366}=7^{\frac{996}{83}\times 66}=888 \pmod{997}$; $r_{367}=7^{\frac{996}{83}\times 67}=16 \pmod{997}$; $r_{368}=7^{\frac{996}{83}\times 68}=144 \pmod{997}$;

$r_{369}=7^{\frac{996}{83}\times 69}=299 \pmod{997}$; $r_{370}=7^{\frac{996}{83}\times 70}=697 \pmod{997}$; $r_{371}=7^{\frac{996}{83}\times 71}=291 \pmod{997}$;

$r_{372}=7^{\frac{996}{83}\times 72}=625 \pmod{997}$; $r_{373}=7^{\frac{996}{83}\times 73}=640 \pmod{997}$; $r_{374}=7^{\frac{996}{83}\times 74}=775 \pmod{997}$;

$r_{375}=7^{\frac{996}{83}\times 75}=993(\bmod 997)$；$r_{376}=7^{\frac{996}{83}\times 76}=961(\bmod 997)$；$r_{377}=7^{\frac{996}{83}\times 77}=673(\bmod 997)$；

$r_{378}=7^{\frac{996}{83}\times 78}=75(\bmod 997)$；$r_{379}=7^{\frac{996}{83}\times 79}=675(\bmod 997)$；$r_{380}=7^{\frac{996}{83}\times 80}=93(\bmod 997)$；

$r_{381}=7^{\frac{996}{83}\times 81}=837(\bmod 997)$；$r_{382}=7^{\frac{996}{83}\times 82}=554(\bmod 997)$；

（3）依次确定 y_{10}、y_{11}、y_{20}、y_{30} 的值：

计算 $985^{\frac{996}{2}}(\bmod 997)=1$，与表格中相比，$985^{\frac{996}{2}}(\bmod 997)=r_{10}$，因此 $y_{10}=0$；

计算 $985^{\frac{996}{2^2}}(\bmod 997)=996$，与表格中相比，$985^{\frac{996}{2^2}}(\bmod 997)=r_{11}$，因此 $y_{11}=1$，即 $a=2(\bmod 4)$；

计算 $985^{\frac{996}{3}}(\bmod 997)=1$，与表格中相比，$985^{\frac{996}{3}}(\bmod 997)=r_{20}$，因此 $y_{20}=0$，即 $a=0(\bmod 3)$；

计算 $985^{\frac{996}{83}}(\bmod 997)=961$，与表格中相比，$985^{\frac{996}{83}}(\bmod 997)=r_{376}$，因此 $y_{30}=76$，即 $a=76(\bmod 83)$。

（4）利用中国剩余定理求解一次同余方程组：

$$\begin{cases} a=2(\bmod 4) \\ a=0(\bmod 3) \\ a=76(\bmod 83) \end{cases}$$

可得 $a=906(\bmod 996)$，即 $a=\log_7 985(\bmod 997)=906$。

由 Pohlig-Hellman 算法的步骤可以看出，该算法在运行过程中，首先需要将 r_{ij} 进行预计算并存储在表格中，这个表格是一个 k 行、$\max\{p_i\}$ 列的表格；然后对每个 p_i 依次计算 $x^{\frac{(p-1)}{p_i}}(\bmod p)$、$\left(xg^{-y_{i0}}\right)^{\frac{p-1}{p_i^2}}(\bmod p)\cdots\cdots$，这一步的计算次数是 α_i 次。因此，当 $p-1$ 的素因子较小且幂次较小时，该算法的计算量相对较小，能够快速地计算出离散对数。对于一般的素数 p，该算法的时间复杂度为 $O\left(\sqrt{p}\right)$，所需存储空间大小与时间复杂度相当。

除上面介绍的 3 种算法外，能够求解离散对数问题的经典算法还有 ρ 算法、Index Calculus 算法、数域筛法、函数域筛法等，然而这些算法的复杂度都没有降到多项式规模，以较快的数域筛法为例，其算法复杂度为亚指数时间。目前还没有发现针对离散对数问题的有效经典算法，因此基于离散对数问题的密码系统仍然是计算安全的。

4.2.4 Shor 算法在离散对数问题中的应用

1994 年，Peter Shor 提出，若存在能够运行量子算法的量子计算机，则离散对数问题可以在多项式时间内求解。求解离散对数问题的量子算法与分解整数的量子算法步骤基本一样。需要注意的是，在分解整数的量子算法中，是通过求解一个与 N 互素的整数 a 的阶 $\mathrm{ord}_N(a)$ 来分解整数的。而在离散对数问题中，需要求解满足方程

$$g^a = x \pmod p$$

的整数 a，由于 $\mathrm{ord}_p(g) = p-1$ 通常是已知的，因此无法直接通过求解 $\mathrm{ord}_p(g)$ 来计算离散对数 $a = \log_g x \pmod p$。Peter Shor 指出，可以通过构造二元函数

$$f(a_1, a_2) = g^{a_1} x^{-a_2} \pmod p \tag{4-129}$$

结合量子并行性和量子傅里叶变换实现多项式时间内求解离散对数 a。在分解整数的量子算法中，需要实现可逆的模幂操作，因此需要将 x 的值用专门的寄存器保存——第一个寄存器，将 $a^x \pmod N$ 的值保存在第二个寄存器中。在求解离散对数问题的量子算法中，同样需要实现可逆的模幂操作 $g^{a_1} x^{-a_2} \pmod p$，因此需要两个寄存器分别存储 a_1、a_2 的值，并将 $f(a_1, a_2)$ 的值存储在第三个寄存器中。第一个寄存器、第二个寄存器、第三个寄存器均需要 q 个量子比特，其中 q 满足 $p < 2^q < 2p$，因此在求解离散对数问题的量子算法中至少需要 $3q$ 个量子比特。考虑到量子模幂操作中需要更多的辅助比特，因此，在实际物理实现过程中，需要的量子比特数量会更多。

下面详细介绍 Shor 算法求解离散对数问题的具体步骤。

（1）将第一个寄存器、第二个寄存器的态制备为 $0 \sim p-2$ 的等概率叠加态，第三个寄存器的态制备为 $|0\rangle$ 态，即系统态为

$$|\psi_1\rangle = \frac{1}{p-1}\sum_{a_1=0}^{p-2}\sum_{a_2=0}^{p-2}|a_1\rangle \otimes |a_2\rangle \otimes |0\rangle^q \tag{4-130}$$

（2）对三个寄存器实施联合量子模幂操作 $g^{a_1} x^{-a_2} \pmod p$，并将计算结果存储在第三个寄存器中，此时系统态为

$$|\psi_2\rangle = \frac{1}{p-1}\sum_{a_1=0}^{p-2}\sum_{a_2=0}^{p-2}|a_1\rangle \otimes |a_2\rangle \otimes |g^{a_1} x^{-a_2} \pmod p\rangle \tag{4-131}$$

（3）对第一个寄存器、第二个寄存器分别实施量子傅里叶变换 $\hat{\boldsymbol{F}}_{2^q}$，其中 $\hat{\boldsymbol{F}}_{2^q}$ 的作用为

$$\hat{\boldsymbol{F}}_{2^q}|a\rangle = \frac{1}{2^{q/2}}\sum_{c=0}^{2^q-1}\exp\left(\frac{\mathrm{i}2\pi ac}{2^q}\right)|c\rangle \tag{4-132}$$

因此，系统态为

$$|\psi_3\rangle = \frac{1}{(p-1)2^q}\sum_{a_1,a_2=0}^{p-2}\sum_{c,d=0}^{2^q-1}\exp\left(\frac{\mathrm{i}2\pi(a_1 c + a_2 d)}{2^q}\right)|c\rangle|d\rangle \otimes |g^{a_1} x^{-a_2} \pmod p\rangle \tag{4-133}$$

（4）对第一个寄存器、第二个寄存器、第三个寄存器实施计算基矢下的测量操作，由量

子力学的测量假设可知，此时系统以一定概率 $P\left(c,d,g^k\right)$ 塌缩为某个态 $|c\rangle|d\rangle\otimes$ $\left|y\equiv g^k\left(\bmod p\right)\right\rangle$，其中 $0\leqslant k<p-2$。下面分析概率 $P\left(c,d,g^k\right)$ 的大小。

由量子力学的测量假设可知

$$P\left(c,d,g^k\right)=\left|\frac{1}{(p-1)2^q}\sum_{a_1-aa_2=k(\bmod p-1)}^{p-2}\exp\left(\frac{\mathrm{i}2\pi\left(a_1c+a_2d\right)}{2^q}\right)\right|^2 \tag{4-134}$$

上式中的求和符号对所有满足

$$g^{a_1}x^{-a_2}=g^{a_1-aa_2}\equiv g^k\left(\bmod p\right) \tag{4-135}$$

的 a_1、a_2 进行求和。由 g 是模 p 的原根可知，当

$$g^{a_1-aa_2}\equiv g^k\left(\bmod p\right) \tag{4-136}$$

时，有

$$a_1-aa_2\equiv k\left(\bmod p-1\right) \tag{4-137}$$

因此，可将 a_1 写为

$$a_1=aa_2+k-\left(p-1\right)\left\lfloor\frac{aa_2+k}{p-1}\right\rfloor \tag{4-138}$$

概率 $P\left(c,d,g^k\right)$ 可进一步记为

$$\begin{aligned}P\left(c,d,g^k\right)&=\left|\frac{1}{(p-1)2^q}\sum_{a_2=0}^{p-2}\exp\left(\frac{\mathrm{i}2\pi\left(aa_2c+a_2d+kc-c\left(p-1\right)\left\lfloor\frac{aa_2+k}{p-1}\right\rfloor\right)}{2^q}\right)\right|^2\\&=\left|\frac{1}{(p-1)2^q}\sum_{a_2=0}^{p-2}\exp\left(\frac{\mathrm{i}2\pi\left(aa_2c+a_2d-c\left(p-1\right)\left\lfloor\frac{aa_2+k}{p-1}\right\rfloor\right)}{2^q}\right)\right|^2\end{aligned} \tag{4-139}$$

由于上面求和的项并不是等比数列，因此直接求和相对比较复杂。引入

$$T=ac+d-\frac{a}{p-1}\left\{c\left(p-1\right)\right\}_{2^q} \tag{4-140}$$

$$V=\left(\frac{a_2a}{p-1}-\left\lfloor\frac{aa_2+k}{p-1}\right\rfloor\right)\left\{c\left(p-1\right)\right\}_{2^q} \tag{4-141}$$

其中 $\left\{c\left(p-1\right)\right\}_{2^q}$ 为 $c\left(p-1\right)$ 模 2^q 的绝对值最小剩余，即

$$-2^{q-1}<\left\{c\left(p-1\right)\right\}_{2^q}\leqslant 2^{q-1} \tag{4-142}$$

从而将 $P\left(c,d,g^k\right)$ 中的求和项变成两项 e 指数乘积的求和，即

$$P\left(c,d,g^k\right)=\left|\frac{1}{(p-1)2^q}\sum_{a_2=0}^{p-2}\exp\left(\frac{\mathrm{i}2\pi a_2 T}{2^q}\right)\exp\left(\frac{\mathrm{i}2\pi V}{2^q}\right)\right|^2 \tag{4-143}$$

进一步，若

$$\left|\{T\}_{2^q}\right|\leqslant\frac{1}{2}，\ \left|\{c(p-1)\}_{2^q}\right|\leqslant\frac{2^q}{12} \tag{4-144}$$

则

$$|V|=\left|\left(\frac{a_2 a}{p-1}-\left\lfloor\frac{aa_2+k}{p-1}\right\rfloor\right)\{c(p-1)\}_{2^q}\right|\leqslant\frac{2^q}{12} \tag{4-145}$$

因此$\exp\left(\frac{\mathrm{i}2\pi V}{2^q}\right)$中的角度不会超过$\pm\frac{\pi}{6}$。

$\exp\left(\frac{\mathrm{i}2\pi a_2\{T\}_{2^q}}{2^q}\right)$中的角度可写成

$$\frac{\mathrm{i}2\pi a_2\{T\}_{2^q}}{2^q}=\frac{\mathrm{i}2\pi(p-2)\{T\}_{2^q}}{2^{q+1}}+\frac{\mathrm{i}2\pi(2a_2-p+2)\{T\}_{2^q}}{2^{q+1}} \tag{4-146}$$

因此$\exp\left(\frac{\mathrm{i}2\pi a_2\{T\}_{2^q}}{2^q}\right)$可统一提取出$\exp\left(\frac{\mathrm{i}2\pi(p-2)\{T\}_{2^q}}{2^{q+1}}\right)$项，从而概率可进一步简化为

$$P\left(c,d,g^k\right)=\left|\frac{1}{(p-1)2^q}\sum_{a_2=0}^{p-2}\exp\left(\frac{\mathrm{i}2\pi(2a_2-p+2)\{T\}_{2^q}}{2^{q+1}}\right)\exp\left(\frac{\mathrm{i}2\pi V}{2^q}\right)\right|^2 \tag{4-147}$$

由于在a_2从0遍历到$p-2$的过程中，$\exp\left(\frac{\mathrm{i}2\pi(2a_2-p+2)\{T\}_{2^q}}{2^{q+1}}\right)$中的相位一半大于0，另一半小于0，例如：

当$a_2=0$时，相位为$-\frac{2\pi(p-2)\{T\}_{2^q}}{2^{q+1}}$；当$a_2=p-2$时，相位为$\frac{2\pi(p-2)\{T\}_{2^q}}{2^{q+1}}$

当$a_2=1$时，相位为$-\frac{2\pi(p-4)\{T\}_{2^q}}{2^{q+1}}$；当$a_2=p-3$时，相位为$\frac{2\pi(p-4)\{T\}_{2^q}}{2^{q+1}}$

后续的相位都是正负一一对应的，且最大的相位

$$\left|\frac{2\pi(p-2)\{T\}_{2^q}}{2^{q+1}}\right|\leqslant\frac{\pi(p-2)}{2^{q+1}}<\frac{\pi}{2} \tag{4-148}$$

因此，将求和项中的e指数展开后，虚数项互相抵消，可得

$$P\left(c,d,g^k\right)>\left|\frac{1}{(p-1)2^q}\sum_{a_2=0}^{p-2}\cos\left(\frac{2\pi|2a_2-p+2|\left|\{T\}_{2^q}\right|}{2^{q+1}}+\frac{\pi}{6}\right)\right|^2 \tag{4-149}$$

与整数分解算法中的概率分析一样，且由于相位是对称的（求和时只需计算到 $a_2=\dfrac{p-1}{2}$），因此将上式中的求和写成积分的形式，则其绝对值至少为

$$\frac{2}{2^q}\int_0^{1/2}\cos\left(\frac{2\pi(p-2)\left|\{T\}_{2^q}\right|}{2^q}u+\frac{\pi}{6}\right)\mathrm{d}u+O\left(\frac{(p-2)}{p2^{2q}}\left|\{T\}_{2^q}\right|\right) \tag{4-150}$$

式中，O 符号中的项表示用积分代替求和带来的误差。若 $\left|\{T\}_{2^q}\right|\leqslant\dfrac{1}{2}$，则 $\dfrac{(p-2)\left|\{T\}_{2^q}\right|}{2^q}\leqslant\dfrac{1}{2}$，由上式可知，其误差为 $O\left(\dfrac{1}{p2^q}\right)$。可以证明，当 $\dfrac{(p-2)\left|\{T\}_{2^q}\right|}{2^q}=\dfrac{1}{2}$ 时，上面的积分最小。即积分大于

$$\frac{2}{2^q}\int_0^{1/2}\cos\left(\pi u+\frac{\pi}{6}\right)\mathrm{d}u \tag{4-151}$$

对上面的积分进行变量替换，将 $u'=\pi u+\dfrac{\pi}{6}$ 代入上面的积分中，可写为

$$\frac{2}{2^q}\int_{\pi/6}^{2\pi/3}\cos u'\frac{\mathrm{d}u'}{\pi}=\frac{2}{\pi 2^q}\left(\frac{\sqrt{3}}{2}-\frac{1}{2}\right) \tag{4-152}$$

因此，若满足条件 $\left|\{T\}_{2^q}\right|\leqslant\dfrac{1}{2}$，$\left|\{c(p-1)\}_{2^q}\right|\leqslant\dfrac{2^q}{12}$，则测得态 $|c\rangle|d\rangle\otimes\left|y\equiv g^k(\bmod p)\right\rangle$ 的概率为

$$P\left(c,d,g^k\right)>\left|\frac{2}{\pi 2^q}\left(\frac{\sqrt{3}}{2}-\frac{1}{2}\right)\right|^2>\frac{1}{20\times 2^{2q}} \tag{4-153}$$

测得态 $|c\rangle|d\rangle\otimes\left|y\equiv g^k(\bmod p)\right\rangle$ 后，由于 $\left|\{T\}_{2^q}\right|\leqslant\dfrac{1}{2}$，即

$$\left|ac+d-\frac{a}{p-1}\{c(p-1)\}_{2^q}-j2^q\right|\leqslant\frac{1}{2} \tag{4-154}$$

上式两边同时除以 2^q，有

$$\left|\frac{d}{2^q}+a\frac{c(p-1)-\{c(p-1)\}_{2^q}}{(p-1)2^q}-j\right|\leqslant\frac{1}{2^{q+1}} \tag{4-155}$$

由于 $c(p-1)-\{c(p-1)\}_{2^q}$ 是 2^q 的整数倍，因此通过连分数算法，可以得到 $\dfrac{d}{2^q}-j$ 是 $\dfrac{a}{p-1}$ 的整数倍，从而可以求出离散对数 a。

现在的问题是，满足 $\left|\{T\}_{2^q}\right|\leqslant\dfrac{1}{2}$，$\left|\{c(p-1)\}_{2^q}\right|\leqslant\dfrac{2^q}{12}$ 的 c、d 有多少个？可以证明，

满足$\left|\{c(p-1)\}_{2^q}\right|\leqslant\frac{2^q}{12}$的$c$至少有$\frac{2^q}{12}$个，对于每个满足条件$\left|\{c(p-1)\}_{2^q}\right|\leqslant\frac{2^q}{12}$的$c$，总有一个$d$能够满足$\left|\{T\}_{2^q}\right|\leqslant\frac{1}{2}$。因此，至少有$\frac{2^q}{12}$对$c$、$d$满足上述条件。同时，$y\equiv g^k \pmod p$共有$p-1$种可能，故而共有$\frac{2^q}{12}(p-1)$种可能的态$|c\rangle|d\rangle\otimes|y\equiv g^k \pmod p\rangle$满足上述条件，每一个满足上述条件的态$|c\rangle|d\rangle\otimes|y\equiv g^k \pmod p\rangle$测得的概率至少为$\frac{1}{20\times 2^{2q}}$，所以运行一次量子算法能够解出离散对数$a$的概率至少为$\frac{1}{20\times 2^{2q}}\times\frac{2^q}{12}(p-1)>\frac{1}{480}$。

例 4.21 利用量子算法求解离散对数$a=\log_3 20 \pmod{31}$。

解：取$31<2^5<62$，因此每个寄存器需要 5 个量子比特。3 个寄存器共需要 15 个量子比特。

（1）将第一个寄存器、第二个寄存器的态制备为$0\sim 29$的等概率叠加态，第三个寄存器的所有量子比特都制备为$|0\rangle$态，即

$$|\psi_1\rangle=\frac{1}{30}\sum_{a_1=0}^{29}\sum_{a_2=0}^{29}|a_1\rangle\otimes|a_2\rangle\otimes|0\rangle^5$$

（2）对 3 个寄存器实施模幂操作$3^{a_1}20^{-a_2} \pmod{31}$（$20^{-1} \pmod{31}=14$，即计算$3^{a_1}14^{a_2} \pmod{31}$），并将计算结果存储在第三个寄存器中，此时系统态为

$$\begin{aligned}|\psi_2\rangle&=\frac{1}{30}\sum_{a_1=0}^{29}\sum_{a_2=0}^{29}|a_1\rangle\otimes|a_2\rangle\otimes|3^{a_1}20^{-a_2} \pmod{31}\rangle\\&=\frac{1}{30}(|0\rangle|0\rangle|1\rangle+|0\rangle|1\rangle|14\rangle+|0\rangle|2\rangle|10\rangle+|0\rangle|3\rangle|16\rangle+\cdots+\\&\quad|29\rangle|26\rangle|3\rangle+|29\rangle|27\rangle|11\rangle+|29\rangle|28\rangle|30\rangle+|29\rangle|29\rangle|17\rangle)\end{aligned}$$

（3）对第一个寄存器、第二个寄存器分别实施量子傅里叶变换$\hat{\boldsymbol{F}}_{32}$，其中$\hat{\boldsymbol{F}}_{32}$的作用为

$$\hat{\boldsymbol{F}}_{32}|a\rangle=\frac{1}{\sqrt{32}}\sum_{c=0}^{31}\exp\left(\frac{\mathrm{i}2\pi ac}{32}\right)|c\rangle$$

因此，系统态为

$$\begin{aligned}|\psi_3\rangle&=\frac{1}{960}\sum_{a_1,a_2=0}^{29}\sum_{c,d=0}^{31}\exp\left(\frac{\mathrm{i}2\pi(a_1c+a_2d)}{32}\right)|c\rangle|d\rangle\otimes|3^{a_1}20^{-a_2} \pmod{31}\rangle\\&=\frac{1}{960}(|0\rangle|0\rangle|1\rangle+|0\rangle|1\rangle|1\rangle+|0\rangle|2\rangle|1\rangle+|0\rangle|3\rangle|1\rangle+|0\rangle|4\rangle|1\rangle+|0\rangle|5\rangle|1\rangle+\cdots+\\&\quad\exp\left(\frac{\mathrm{i}2\pi\times 1711}{32}\right)|31\rangle|28\rangle|17\rangle+\exp\left(\frac{\mathrm{i}2\pi\times 1740}{32}\right)|31\rangle|29\rangle|17\rangle+\\&\quad\exp\left(\frac{\mathrm{i}2\pi\times 1769}{32}\right)|31\rangle|30\rangle|17\rangle+\exp\left(\frac{\mathrm{i}2\pi\times 1798}{32}\right)|31\rangle|31\rangle|17\rangle)\end{aligned}$$

（4）对 3 个寄存器实施计算基矢下的测量操作，由量子力学的测量假设可知，此时系统以一定概率 $P\left(c,d,g^k\right)$ 塌缩为某个态 $|c\rangle|d\rangle\left|y\equiv g^k\left(\bmod p\right)\right\rangle$，其中 $0\leqslant k<p-2$。下面假设测得的态满足条件 $\left|\{T\}_{2^q}\right|\leqslant\frac{1}{2}$，$\left|\{c(p-1)\}_{2^q}\right|\leqslant\frac{2^q}{12}$，此时 $|c\rangle$ 可能是 $|0\rangle$、$|1\rangle$、$|15\rangle$、$|16\rangle$、$|17\rangle$、$|31\rangle$，与之对应的 $|d\rangle$ 分别为 $|0\rangle$、$|23\rangle$、$|9\rangle$、$|0\rangle$、$|23\rangle$、$|8\rangle$，即会以较大的概率测得态 $|c\rangle|d\rangle$ 为 $|0\rangle|0\rangle$（$c=0$ 时给不出关于 a 的任何信息）、$|1\rangle|23\rangle$、$|15\rangle|9\rangle$、$|16\rangle|0\rangle$、$|17\rangle|23\rangle$、$|31\rangle|8\rangle$。不失一般性，假设测得的态为 $|17\rangle|23\rangle$，则可将其代入下式计算出 a，即

$$\begin{aligned}\left|\frac{d}{2^q}+a\frac{c(p-1)-\{c(p-1)\}_{2^q}}{(p-1)2^q}-j\right| &= \left|\frac{23}{32}+a\frac{17\times30-\{17\times30\}_{32}}{30\times32}-j\right| \\ &= \left|\frac{23}{32}+a\frac{17\times30+2}{30\times32}-j\right| \\ &= \left|\frac{23}{32}+a\frac{16}{30}-j\right|\leqslant\frac{1}{64}\end{aligned}$$

因此，可得 $a=8$。经验证可知，$3^8=20\left(\bmod 31\right)$。

习题

4.1　$N=6569\times7559=49655071$，公钥 $e=6131$，计算私钥 d。

4.2　$N=9439\times10273=96966847$，公钥 $e=6131$，计算私钥 d；给定明文 $m=23697$，计算密文 c。

4.3　$N=1215839173$，公钥 $e=6131$，通过公开信道截获密文 $c=548963214$，求明文 m。

4.4　证明：如果存在多项式整数分解算法，则一定存在有效的 RSA 攻击算法。

4.5　给定 $N=17741$，公钥为 $e=97$，验证签名 $S_1=15488$ 是否为文件 $M=1001$ 的合法签名。

4.6　利用 ρ 算法分解整数 $n=3607717$。

4.7　利用 ρ 算法分解整数 $n=252880181$。

4.8　计算 $\mathrm{ord}_3(1801)$ 和 $\mathrm{ord}_6(1741)$。

4.9　试通过计算 a 模 $n=3380477$ 的阶分解 3380477。

4.10　试通过计算 a 模 $n=320587327$ 的阶分解 320587327。

4.11　已知整数$n=\prod_{i=1}^{k} p_i^{\alpha_i}$，随机选择与$n$互素的整数$a$，$r=\mathrm{ord}_n(a)$。证明：$r$为奇数或$a^{r/2}\equiv -1(\bmod n)$的概率小于$1-\frac{1}{2^{k-1}}$。

（提示：记a模$p_i^{\alpha_i}$的阶为r_i，则$r=[r_1,r_2,\cdots,r_k]$。若$a^{r/2}\equiv -1(\bmod n)$，则对于所有$i=1,2,\cdots,k$，有$a^{r/2}\equiv -1\left(\bmod p_i^{\alpha_i}\right)$）

4.12　利用 Shor 算法分解整数$n=35$，写出详细过程。

4.13　试构造 CARRY^{-1} 模块的量子线路。

4.14　证明：图 4.5 中的量子线路实现了功能：

$$|a,b\rangle \to |a,s=a+b\rangle$$

4.15　试构造两比特整数加法量子线路。

4.16　试构造三比特整数加法量子线路。

4.17　设计模 5 的量子加法线路。

4.18　设计模 15 的量子加法线路。

4.19　试构造$2x(\bmod 7)$的量子线路。

4.20　试构造$2x(\bmod 15)$的量子线路。

4.21　试构造 CMM^{-1} 模块的量子线路，其中 CMM^{-1} 模块为 CMM 模块的逆，其作用为

$$\mathrm{CMM}^{-1}|1\rangle|x\rangle|0\rangle|ax(\bmod N)\rangle=|1\rangle|x\rangle|0\rangle|0\rangle$$

$$\mathrm{CMM}^{-1}|0\rangle|x\rangle|0\rangle|x\rangle=|0\rangle|x\rangle|0\rangle|0\rangle$$

4.22　试构造$2^x(\bmod 7)$的量子线路。

4.23　试构造$2^x(\bmod 15)$的量子线路。

4.24　试构造$7^x(\bmod 15)$的量子线路。

4.25　试利用$p=8053$、$g=5$为 Alice 和 Bob 协商出密钥K。

4.26　试利用$p=19861$、$g=2$为 Alice 和 Bob 协商出密钥K。

4.27　用户 A 选择素数$p=677$，选择原根$g=3$，其公钥为$x=109$。如果用户 B 利用 ElGamal 密码加密传输消息$M=386$给用户 A，请替用户 B 计算密文对(y,c)。用户 A 接收到密文对(y,c)后，请写出解密过程及结果。

4.28　利用穷举搜索算法求解离散对数$a=\log_{17}998(\bmod 2549)$。

4.29　利用大步小步算法计算 $a=\log_5 81 \pmod{317}$。

4.30　利用大步小步算法计算 $a=\log_{19} 11111 \pmod{15287}$。

4.31　利用 Shor 算法求解离散对数 $a=\log_{11} 7 \pmod{29}$。

4.32　思考：在求解离散对数问题的 Shor 算法中，联合量子模幂操作 $g^{a_1}x^{-a_2} \pmod{p}$ 如何实现？需要量子比特的规模为多少？需要的基本操作次数规模为多少？

第 5 章　量子搜索算法及其应用

第 3 章和第 4 章介绍了几类典型的量子算法，本章重点介绍量子搜索算法，即 Grover 算法。理论上来说，该算法对于经典的穷举搜索问题能够实现开平方的加速。Grover 算法不需要预先知道待求解问题的内部结构和数据特征，所以适用于任何的穷举搜索问题，应用范围广泛。当然，如果已知待求解问题的部分特征，则有可能实现更好的加速。

首先，本章介绍搜索算法原理及框架，对算法的复杂度进行分析，并结合可满足性问题介绍搜索算法 Oracle 的实现，给出算法在具体实例上的完整线路实现；其次，结合代数方程组求解及 AES 密钥搜索，讨论 Grover 算法在密码分析中的应用；最后，简单介绍 Grover 算法与 Simon 算法的结合在密码分析中的应用。

5.1　搜索算法原理及框架

搜索问题是一个基础性问题，在计算机科学、密码学等许多领域中，很多问题的求解均可归约为搜索问题，如路径搜索、密钥搜索、碰撞搜索等。理论上来说，一般的 NP（Nondeterministic Polynomially，非确定性多项式）问题均可用搜索的思路进行求解。当然，对于特定问题来说，搜索不一定是最有效的方法。很多问题自身存在特殊结构，如果能够充分利用问题特征，则可能得到更高效的求解方法。对于无结构的搜索问题，如无序数据库搜索，暴力穷举可能是最优的方法。

针对无序数据库搜索问题，1996 年，贝尔实验室的 Grover 提出了著名的量子搜索算法[6]，即 Grover 算法。该算法相比传统无序数据库搜索算法有着平方级效率的提升。Grover 算法可以用于密码分析领域的密钥搜索、口令字搜索等，也可以用于加速机器学习，其广泛的应用范围，引发了各领域研究者的关注。

值得一提的是，Grover 算法本质上是一个暴力穷举算法，能够对任何需要穷举搜索求解的问题进行加速。此外，该算法可以作为一个通用模块或子程序，为各类经典或量子概率算法提供加速，即幅度放大。

5.1.1　量子 Oracle 与搜索问题

1. 量子 Oracle

第 3 章介绍过 Oracle（预言机）这个形式化的概念，基于 Oracle 可以在更高层面上刻画算法的复杂度。将 Oracle 当成一个抽象的黑盒（Black Box）函数，可以有效简化算法复杂度分析的过程。例如，在 Deutsch 算法中，Oracle 可以视为一个单变元布尔函数；在求解整数分解问题的 Shor 算法中，模幂部分可以视为一个抽象的 Oracle。一般来说，给定一个输出为 0 或 1 的函数 $f(x)$，可以将函数值存入一个辅助寄存器，构造一个量子 Oracle，即

$$\boldsymbol{O}_f : |x\rangle|y\rangle \mapsto |x\rangle|y \oplus f(x)\rangle \tag{5-1}$$

式中，辅助寄存器 $|y\rangle$ 中包含一个量子比特；$\oplus$ 表示模 2 加（异或）。

从量子 Oracle 的定义可以看出，如果 $f(x)=0$，则量子 Oracle 保持输入量子态不变；然而，如果 $f(x)=1$，则 $|x\rangle|y\rangle$ 变为 $|x\rangle|y\oplus 1\rangle$，辅助寄存器 $|y\rangle$ 中的量子比特 y 发生翻转。

在分析一个基于量子 Oracle 的算法的复杂度时，完全可以通过其需要执行或访问量子 Oracle 的次数来度量。当然，如果要具体刻画算法的总体复杂度，则可以将量子 Oracle 访问次数与执行量子 Oracle 所需的基本运算数相乘。

2. 搜索问题

下面我们引入搜索问题。

首先看一个例子，我国著名大型丛书《四库全书》约有 8 亿字，如果将其所有名词随机编号存入一个数据库，则在其中找一个指定的名词需要访问数据库多少次？对于这个问题，通常只能进行穷举搜索，即访问数据库中的每个名词，与要找的名词进行对比，如果不一致，则继续查找。在最坏情况下（查找的名词存放于数据库的最后），需要访问数据库的次数与名词总数近似相等。

再用一个简单例子进行说明。在一个不透明的箱子中装有 N 个乒乓球，每个乒乓球均编有号码，其中某一个（或几个）编号对应的乒乓球是黄色的，其余为白色。假设每次抽取一个乒乓球，希望能够尽快找到黄色乒乓球及其对应的编号。这个问题可以与 Oracle 模型对应。Oracle 的功能是对拿到的乒乓球判定其颜色并进行标记。抽取乒乓球的次数，其实就是访问 Oracle 的次数。

事实上，无序数据库搜索是计算机科学中的一个基础性问题，这个问题可以简单描述为：给定一个函数 $f:\{0,1\}^n \to \{0,1\}$，找出满足条件 $f(x)=1$ 的 x。在此问题中，从算法复杂度分析的角度，通常可以忽略函数的内部结构，只重点关注访问（调用）函数的次数。

下面对问题进一步抽象，在一个含 $N=2^n$ 个数据的无序数据库中查找指定数据，可以将每个数据用一个长度为 n 的比特串编号。给定一个定义在有限集合 $\{0,1,\cdots,N-1\}$ 上的函数 $f(x)$，输入一个数据对应的编号 x，如果 $f(x)=1$，则表示该编号对应的数据 D_x 恰好是要查找的目标数据，如表 5.1 所示。

表 5.1　数据库数据编码表

编号	0	1	…	x	…	$N-1$
$f(x)$	0	0	…	1	…	0
数据	D_0	D_1	…	D_x	…	D_{N-1}

问题是给定带编号的无序数据库，需要访问多少次数据库才能找到一个特定的数据 D_x？显然，如果数据库中存储的数据是有序的，则可以用经典的二分法进行快速查找，查找（访问）次数约为 $O(\log N)=O(n)$ 次。如果是未排序的数据库，则需要进行暴力穷举搜索，理论上查找次数约为 $O(N)$ 次。

同样可以根据函数 $f(x)$ 的取值情况，定义一个量子 Oracle。输入某个数据对应的编号，量子 Oracle 能够识别出其对应的数据是否为待搜索目标。

根据量子 Oracle，下面给出搜索问题的形式化描述。

搜索问题：给定计算未知函数 $f:\{0,1\}^n \to \{0,1\}$ 的量子 Oracle，找到满足条件 $f(x)=1$ 的输入 $x\in\{0,1\}^n$。

3. 搜索问题中量子 Oracle 的进一步分析

从上述搜索问题及对量子 Oracle 的分析来看，其实它们并没有具体描述实现细节。似乎在构造量子 Oracle 的过程中已经预先知道了搜索问题的答案。事实上，知道答案和能够识别答案是不一样的。构造量子 Oracle 不一定需要知道答案，只要能够识别正确答案即可。例如，在数独游戏中，找到正确答案是不容易的，但是给定一种候选答案，验证其是否为正确答案是很容易的。

一个典型例子是整数分解问题，给定一个由两个素因子相乘得到的大整数 N，我们希望对其进行分解，也就是找出其两个素因子。如果不考虑算法效率，这个问题可以直接转化为搜索问题，直接用 2～$\sqrt{N}$ 之间的所有素数去试除整数 N，直到找到某一个正确的素因子。理论上，这一过程需要执行试除的次数约为 $O\left(\sqrt{N}\right)$ 次。

上述问题可以用量子搜索来加速。构造一个量子 Oracle，其作用于某个输入的素数 $|m\rangle$，如果素数 m 能够整除 N，则量子 Oracle 翻转为对应辅助比特的值；否则辅助比特保持不变。也就是说，整数 N 是否能够被整除可以用一个函数 $f(x)$ 来标记，如果 m 能够整除 N，则 $f(x)=1$，否则 $f(x)=0$。理论上已经证明，对于经典不可逆的线路，可以利用多项式规模的资源将其转化为可逆线路，从而在量子线路上实现。也就是说，计算函数 $f(x)$ 取值的过程，本质上就是把经典的除法转化为可逆的除法，从而在量子线路上实现。在这个过程中，我们可以在不知道整数 N 的素因子的前提下，直接通过试除法构造出一个量子 Oracle，其具备识别候选素数 m 是否能够整除 N 的功能。在量子搜索算法中，访问量子 Oracle（试除整数 N）的次数约为 $O(N^{1/4})$ 次，相对于经典算法实现了开平方加速。当

然，实质上存在更优的整数分解算法，如数域筛法。这个例子只是对搜索问题中量子 Oracle 的功能和基本构造进行一个说明，介绍应用搜索算法的基本模式。

5.1.2 Grover 搜索算法框架

Grover 算法又被称为“从稻草堆里找到一根针”的算法。在上述搜索问题中，Grover 算法至多访问量子 Oracle $O(\sqrt{N})$ 次，即可搜索到目标，从而实现了对经典穷举搜索算法的开平方加速。

先讨论数据库中只有一个目标满足要求时的搜索问题。假设数据库中存有 $N=2^n$ 个随机排列的文件，文件的存储地址为 $x\in S=\{0,1,\cdots,N-1\}$ 。目标是要找到一个唯一满足要求的特殊文件。

如果满足要求的目标文件地址为 z ，则可以定义函数 $f:S\rightarrow\{0,1\}$ ，其中

$$f(x)=\begin{cases}1\ (x=z)\\0\ (x\neq z)\end{cases}\tag{5-2}$$

有了经典的函数，我们就可以将其有效地转换为可逆线路来实现。类似于 Deutsch-Jozsa 算法，同样可以给出量子 Oracle 为

$$\boldsymbol{O}_f:|x,y\rangle\mapsto|x,y\oplus f(x)\rangle\tag{5-3}$$

因此，可以通过判断辅助寄存器的值，来确定文件地址 $|x\rangle$ 是否为对应搜索的目标文件地址。

如果将量子 Oracle 作用于量子态

$$|x\rangle\left(\frac{|0\rangle-|1\rangle}{\sqrt{2}}\right)\tag{5-4}$$

则有

$$\boldsymbol{O}_f|x\rangle\left(\frac{|0\rangle-|1\rangle}{\sqrt{2}}\right)\mapsto(-1)^{f(x)}|x\rangle\left(\frac{|0\rangle-|1\rangle}{\sqrt{2}}\right)\tag{5-5}$$

也就是说，如果搜索文件对应的地址为 $|x\rangle$，则将辅助寄存器中的 $|0\rangle$ 和 $|1\rangle$ 互换，这样导致整体量子态的相位翻转；否则，量子态保持不变。因此，在下面的分析中，只考虑地址寄存器（辅助寄存器是必需的，但是在理论分析时可以简化忽略），量子 Oracle 的作用可视为

$$\boldsymbol{O}_f|x\rangle\mapsto(-1)^{f(x)}|x\rangle\tag{5-6}$$

即量子 Oracle 的作用可视为通过翻转文件地址 $|x\rangle$ 对应相位来标记其是否对应搜索目标。

如果用矩阵来描述，Oracle 的作用相当于矩阵

$$
\begin{bmatrix}
(-1)^{f(0)} & 0 & \cdots & 0 \\
0 & (-1)^{f(1)} & \cdots & 0 \\
\vdots & 0 & \ddots & \vdots \\
0 & 0 & \cdots & (-1)^{f(2^n-1)}
\end{bmatrix} \tag{5-7}
$$

从矩阵的角度来看，量子 Oracle 作用于文件地址对应的向量，是一个特殊的对角矩阵，对应搜索目标的相位为负。

与一般的量子算法类似，首先制备初始量子态 $|0\rangle^{\otimes n}$，并对其执行 Hadamard 变换，可以得到所有文件地址 $|x\rangle$ 的等概率叠加态

$$
|\psi\rangle = \frac{1}{\sqrt{N}}\sum_{x=0}^{N-1}|x\rangle \tag{5-8}
$$

显然，此时可以用量子 Oracle 作用于态 $|\psi\rangle$，得到的输出态中目标文件地址的相位将会翻转，也就是被识别标记出来。

需要注意的是，标记出目标态，并不能直接加速问题求解。此时得到的是一个等概率叠加态，如果直接对其进行测量，则得到目标文件地址的概率为 $1/N$，需要 $O(N)$ 次才能找到目标文件地址，并不优于经典算法。也就是说，量子叠加带来的并行性，没有被充分利用，无法实现加速。因此，针对这样的特殊量子态，需要设计一个高效信息处理与提取方法，Grover 算法的设计思想是通过干涉实现量子加速。

Grover 算法框架如图 5.1 所示。

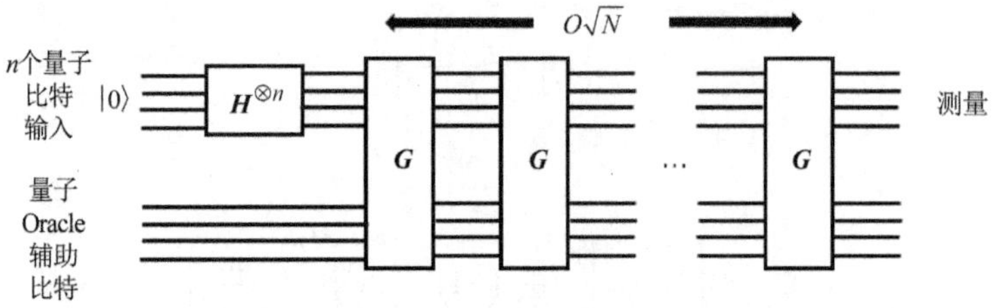

图 5.1　Grover 算法框架

图 5.1 中的 Grover 迭代过程（简记为 $\boldsymbol{G}$）执行了 $O(\sqrt{N})$ 次。需要注意的是，在 Grover 算法执行过程中，量子 Oracle 功能的实现可能需要一定数量的辅助比特，但是从算法查询复杂度分析的角度来看，忽略辅助比特可以简化分析过程。

在 Grover 算法中，核心的部分是 Grover 迭代过程，其线路如图 5.2 所示。

从图 5.2 可以看出，Grover 迭代过程主要包括以下 4 步：

（1）调用量子 Oracle 函数 $\boldsymbol{O}_f$；

（2）执行 Hadamard 变换 $\boldsymbol{H}^{\otimes n}$；

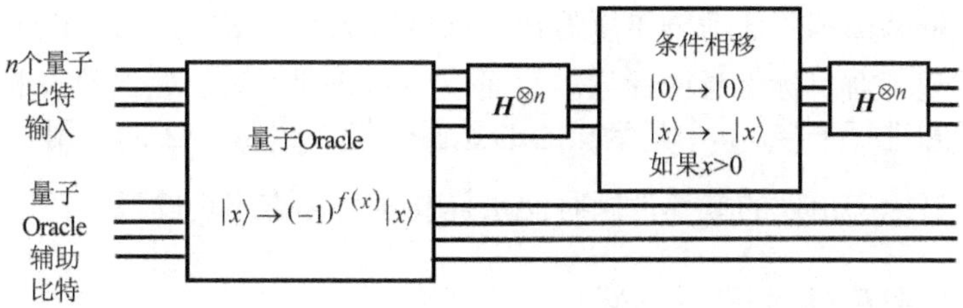

图 5.2　Grover 迭代过程线路

（3）执行条件相移（相位翻转）$\boldsymbol{P}=2|0\rangle\langle 0|-\boldsymbol{I}$（具体功能是保持量子态$|0\rangle$不变，同时将其余所有量子态$|x\rangle$变为$-|x\rangle$）；

（4）再次执行 Hadamard 变换$\boldsymbol{H}^{\otimes n}$。

事实上，在 Grover 迭代过程中，可以综合考虑步骤（2）～步骤（4）的数学描述，得到

$$\begin{aligned}\boldsymbol{H}^{\otimes n}\boldsymbol{P}\boldsymbol{H}^{\otimes n}&=\boldsymbol{H}^{\otimes n}\left(2|0\rangle\langle 0|-\boldsymbol{I}\right)\boldsymbol{H}^{\otimes n}\\&=2\left(\boldsymbol{H}^{\otimes n}|0\rangle\right)\left(\langle 0|\boldsymbol{H}^{\otimes n}\right)-\boldsymbol{H}^{\otimes n}\boldsymbol{I}\boldsymbol{H}^{\otimes n}\\&=2|\psi\rangle\langle\psi|-\boldsymbol{I}\end{aligned}\tag{5-9}$$

基于上述分析，一次完整的 Grover 迭代过程可以记为

$$\left(2|\psi\rangle\langle\psi|-\boldsymbol{I}\right)\boldsymbol{O}_f\tag{5-10}$$

思考　如果酉变换$2|\psi\rangle\langle\psi|-\boldsymbol{I}$作用于一般的量子态$|\psi\rangle=\sum_{x=0}^{N-1}\alpha_x|x\rangle$，则其输出态是什么？

通过反复进行 Grover 迭代过程，测量后将以高概率得到目标文件的地址。那么需要迭代多少次，才能够以接近 1 的概率成功呢？我们先从算法框架上对算法进行介绍，算法复杂度的问题放在后续章节进行讨论。

下面给出搜索单一目标数据的 Grover 算法完整流程。假定所需搜索的文件数量为整数$N=2^n$，文件地址$x\in S=\{0,1,\cdots,N-1\}$，Grover 算法需要执行以下步骤：

（1）将$n+1$个量子比特的初始态制备为$|0\rangle^{\otimes n}|1\rangle$；

（2）对初始态实施$\boldsymbol{H}^{\otimes(n+1)}$操作，系统态演化为$\frac{1}{\sqrt{N}}\sum_{x=0}^{N-1}|x\rangle\left(\frac{|0\rangle-|1\rangle}{\sqrt{2}}\right)$；

（3）执行k次 Grover 迭代过程，系统态演化为

$$\left(\left(2|\psi\rangle\langle\psi|-\boldsymbol{I}\right)\boldsymbol{O}_f\right)^k\frac{1}{\sqrt{N}}\sum_{x=0}^{N-1}|x\rangle\left(\frac{|0\rangle-|1\rangle}{\sqrt{2}}\right)\to|z\rangle\left(\frac{|0\rangle-|1\rangle}{\sqrt{2}}\right)$$

（4）测量第一个寄存器中的n个量子比特，得到目标文件的地址z。

结合算法框架图和算法流程可以看出，在 Grover 算法中，由于量子叠加性，量子 Oracle 直接实现了对目标信息的标记。然而，为充分利用量子叠加带来的天然并行性，还需要对量子态进行干涉。其中最为核心的是酉变换 $2|\psi\rangle\langle\psi|-\boldsymbol{I}$ 的应用，通过这个变换，有效降低了非目标态出现的概率，同时间接提高了目标态出现的概率。

5.1.3 搜索算法的图形描述

在 Grover 算法中，输入态是所有文件地址 $|x\rangle$ 的等概率叠加态，可以从其他角度来刻画这个初始叠加态。将待搜索的目标文件地址 $|z\rangle$ 之外的所有文件地址 $|x\rangle$ 视为整体，则可记为

$$|\alpha\rangle=\frac{1}{\sqrt{N-1}}\sum_{x=0,x\neq z}^{N-1}|x\rangle \tag{5-11}$$

显然，态 $|z\rangle$ 和态 $|\alpha\rangle$ 是正交的，可以视为整个地址空间的一组基。且有

$$|\psi\rangle=\sqrt{\frac{1}{N}}\left(|z\rangle+\sum_{x=0,x\neq z}^{N-1}|x\rangle\right)=\sqrt{\frac{N-1}{N}}|\alpha\rangle+\sqrt{\frac{1}{N}}|z\rangle \tag{5-12}$$

因此，所有地址态构成的等概率叠加态 $|\psi\rangle$ 可以表示为 $|z\rangle$ 和 $|\alpha\rangle$ 张成的空间中的一个向量，将 $|\alpha\rangle$ 作为横轴，$|z\rangle$ 作为纵轴，可将 Grover 迭代过程表示为如图 5.3 所示的几何图形。

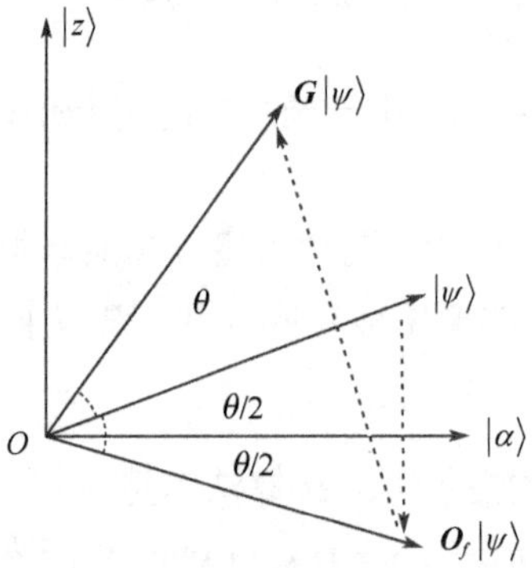

图 5.3 Grover 迭代过程的几何图形

量子 Oracle 的作用是在目标文件地址上翻转相位，实现标记目标文件地址的功能。

$$\boldsymbol{O}_f|\psi\rangle=\boldsymbol{O}_f\left(\sqrt{\frac{N-1}{N}}|\alpha\rangle+\sqrt{\frac{1}{N}}|z\rangle\right)=\sqrt{\frac{N-1}{N}}|\alpha\rangle-\sqrt{\frac{1}{N}}|z\rangle \tag{5-13}$$

从图 5.3 来看，相当于将初始等概率叠加态 $|\psi\rangle$ 绕横轴 $|\alpha\rangle$ 顺时针旋转 θ 角度，其中

$$\cos\frac{\theta}{2}=\sqrt{\frac{N-1}{N}} \tag{5-14}$$

下面分析 $(2|\psi\rangle\langle\psi|-\boldsymbol{I})$ 的作用。从数学表达式来看，对于与 $|\psi\rangle$ 正交的向量 $|\gamma\rangle$，

可以得到

$$\left(2|\psi\rangle\langle\psi|-\boldsymbol{I}\right)|\gamma\rangle=2|\psi\rangle\langle\psi||\gamma\rangle-\boldsymbol{I}|\gamma\rangle=-|\gamma\rangle$$

即 $\left(2|\psi\rangle\langle\psi|-\boldsymbol{I}\right)$ 将与 $|\psi\rangle$ 正交的向量进行相位翻转，其他向量保持不变。结合图 5.3 可以看出，这相当于将 $\boldsymbol{O}_f|\psi\rangle$ 绕 $|\psi\rangle$ 逆时针旋转 2θ 角度。这就是一次完整的 Grover 迭代过程 $\left(2|\psi\rangle\langle\psi|-\boldsymbol{I}\right)\boldsymbol{O}_f$ 的作用。如果一个输入态与横轴（$|\alpha\rangle$）的夹角为 $\theta/2$，则一次完整的 Grover 迭代过程将这个夹角变为 $3\theta/2$，相当于输入态逆时针旋转 θ 角度。

通过反复迭代，初始输入态与横轴夹角将不断增大，最终逼近纵轴 $|z\rangle$，直接测量将以接近 1 的概率得到目标文件地址。

读者可以从概率幅的角度来理解 Grover 算法的执行过程。在初始化时，量子态处于等概率叠加态，其概率幅如图 5.4 所示。

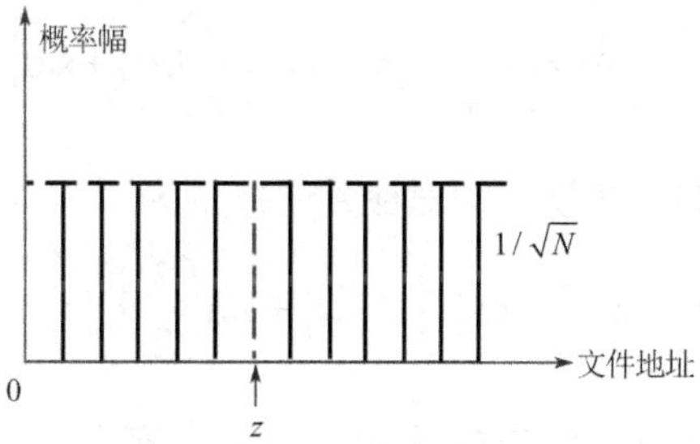

图 5.4　初始态概率幅

经量子 Oracle 作用后，目标文件地址被识别标记出来，对应的概率幅多了一个负的相位，如图 5.5 所示。

此时，如果直接测量，则得到目标文件地址的概率并没有变化，和等概率叠加态对应结果一致。接下来执行相位翻转操作，操作后目标态的概率幅增大，如图 5.6 所示。

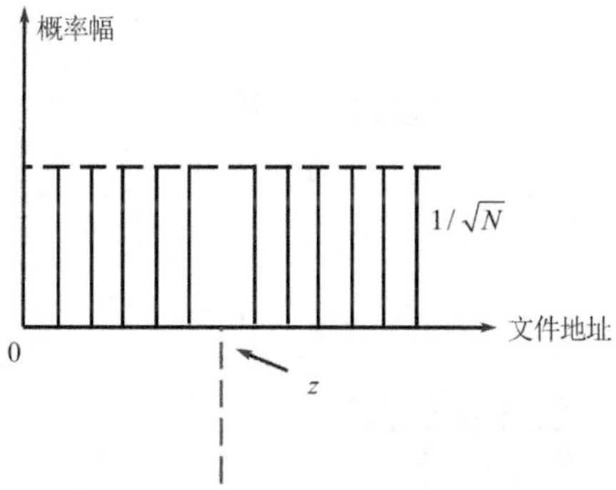

图 5.5　经量子 Oracle 作用后的概率幅

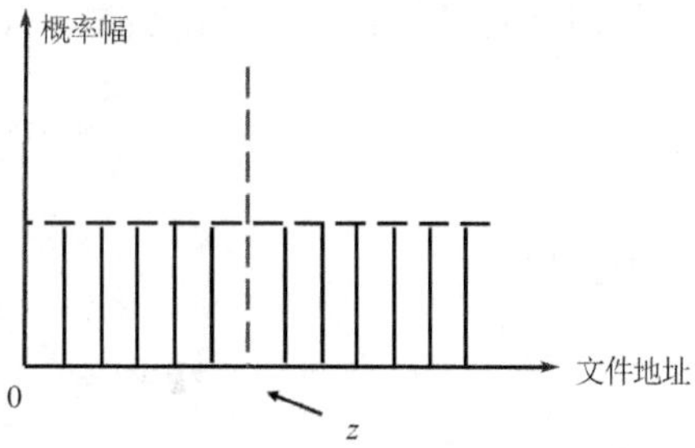

图 5.6　执行相位翻转操作后的概率幅

这就完成了一次基本的 Grover 迭代过程。结合迭代的几何图形，从概率幅可以大致看出，Grover 迭代过程实现了目标态概率的增大。

5.2 搜索算法分析及示例

5.2.1 搜索算法的复杂度

Grover 算法需要反复迭代，才能测量得到搜索目标，问题是需要访问量子 Oracle 多少次。本节对其进行简单分析。

从图形化的角度可以看出，如果初始输入态与横轴的夹角为 $\theta/2$，则一次完整的 Grover 迭代过程会将这个夹角变为 $3\theta/2$。Grover 算法的目标是以接近 1 的概率测量得到目标态，也就是要将态旋转到与纵轴重合或接近重合的位置。

算法初始态为

$$|\psi\rangle=\sqrt{\frac{N-1}{N}}|\alpha\rangle+\sqrt{\frac{1}{N}}|z\rangle=\cos\left(\frac{\theta}{2}\right)|\alpha\rangle+\sin\left(\frac{\theta}{2}\right)|z\rangle \tag{5-15}$$

第一次迭代后，逆时针旋转 θ 角度，即对应量子态变为

$$\boldsymbol{G}|\psi\rangle=\cos\left(\frac{3}{2}\theta\right)|\alpha\rangle+\sin\left(\frac{3}{2}\theta\right)|z\rangle \tag{5-16}$$

同理，进行 k 次迭代后，逆时针旋转 $k\theta$ 角度，量子态变为

$$\boldsymbol{G}^k|\psi\rangle=\cos\left(\frac{2k+1}{2}\theta\right)|\alpha\rangle+\sin\left(\frac{2k+1}{2}\theta\right)|z\rangle \tag{5-17}$$

当迭代终止时，要逼近纵轴，也就是将量子态变为 $|z\rangle$，即

$$\sin\left(\frac{2k+1}{2}\theta\right)=1 \tag{5-18}$$

故而要求 $(2k+1)\theta=\pi$。

对于任意的 δ，当 δ 较小时，$\sin\delta\approx\delta$。因此，当 N 较大时，有

$$\frac{\theta}{2}\approx\sin\left(\frac{\theta}{2}\right)=\frac{1}{\sqrt{N}}\Rightarrow\theta\approx\frac{2}{\sqrt{N}} \tag{5-19}$$

从而推出

$$2k+1\approx\frac{\pi\sqrt{N}}{2}\Rightarrow k\approx\frac{\pi\sqrt{N}-2}{4}\leqslant\frac{\pi}{4}\sqrt{N} \tag{5-20}$$

即在 N 个数据构成的无序数据库中，利用 Grover 算法搜索到唯一目标，需要访问量子 Oracle 的次数至多为 $\pi\sqrt{N}/4$ 次。

5.2.2 搜索算法示例

本节介绍搜索算法实现的两个简单示例。

1. 4 个数据的搜索

首先介绍在 4 个数据中搜索一个给定数据的例子。

由于 $N=4$，因此我们需要 2 个量子比特作为 4 个数据的编码地址。数据与地址的对应关系如表 5.2 所示。

表 5.2 数据与地址的对应关系

地址	00	01	10	11
数据	x_0	x_1	x_2	x_3

假设要搜索的目标数据为 x_k，给定一个函数，其输入为数据库中数据的地址（编码）。当且仅当输入为目标数据的地址时，函数值为 1，否则函数值为 0，具体定义如下。

$$f(i)=\begin{cases}1\ (i=k)\\0\ (i\neq k)\end{cases} \tag{5-21}$$

根据要搜索的目标数据的不同，可以给出 4 个不同的量子 Oracle 实现线路。例如，目标数据地址分别为 $k=1$（对应编码 01）和 $k=3$（对应编码 11）时的量子 Oracle 实现线路如图 5.7 所示。

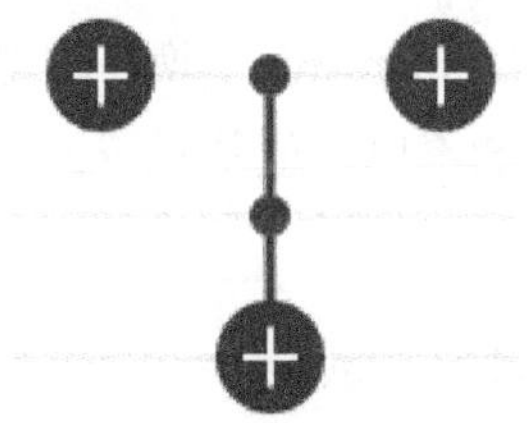

（a）k=1

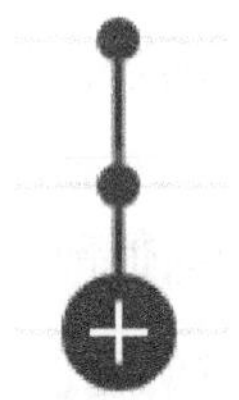

（b）k=3

图 5.7 两个不同的量子 Oracle 实现线路

图 5.7 中两个量子 Oracle 的实现线路其实就是两个量子比特控制的非门，区别在于控制比特（数据地址）量子态不同。上面两个量子比特是数据地址比特，下面一个量子比特是辅助比特，用于存储和处理量子 Oracle 的输出。对于图 5.7 中的左图，当两个控制比特分别为 0 和 1 时，下面的辅助比特翻转；对于图 5.7 中的右图，当两个控制比特均为 1 时，辅助比特翻转。需要注意的是，图 5.7 左图中第一个量子比特执行了两个非门操作，第一个非门确保当输入为 0 时，辅助比特翻转为 1，从而能够利用 Toffoli 门实现量子 Oracle 的功能；第二个非门是为了将量子比特信息还原（退计算）。

根据 Grover 算法流程，可以给出针对 4 个数据的 Grover 算法线路图，如图 5.8 所示。

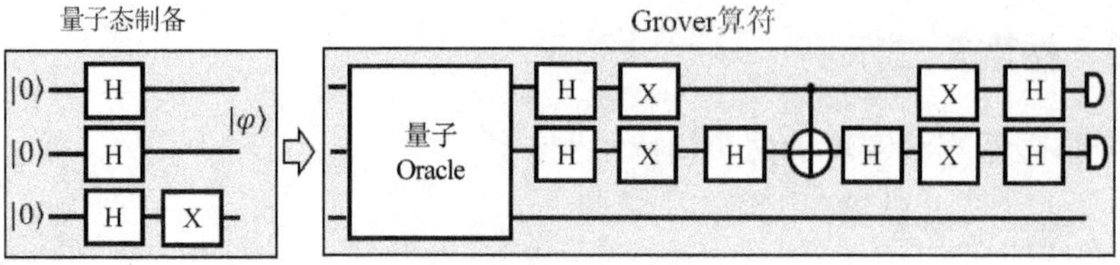

图 5.8　Grover 算法线路图

量子 Oracle 之后的门线路主要实现条件相移操作 $2|00\rangle\langle 00|-\boldsymbol{I}$，即对 $|00\rangle$ 之外的所有量子态均进行相位翻转，相当于绕横轴进行反射变换。

下面结合图 5.8 分析算法的执行过程。

（1）算法初始态为 $|00\rangle|0\rangle$，首先对第三个量子比特执行 X 门操作，量子态变为 $|00\rangle|1\rangle$；然后执行 Hadamard 变换（H 门操作），得到量子态

$$|\phi_1\rangle=\frac{1}{2}(|00\rangle+|01\rangle+|10\rangle+|11\rangle)\left(\frac{|0\rangle-|1\rangle}{\sqrt{2}}\right)$$

（2）执行一次 Grover 迭代，得到

$$|\phi_2\rangle=\boldsymbol{H}^{\otimes 2}(2|00\rangle\langle 00|-\boldsymbol{I})\boldsymbol{H}^{\otimes 2}\boldsymbol{O}_f|\phi_1\rangle=(2|\psi\rangle\langle\psi|-\boldsymbol{I})\boldsymbol{O}_f|\phi_1\rangle$$

（3）对前两个量子比特（不包括辅助比特）执行 Hadamard 变换 $\boldsymbol{H}^{\otimes 2}$，得到

$$|\phi_3\rangle=\boldsymbol{H}^{\otimes 2}|\phi_2\rangle$$

此时，测量第一个寄存器（上面两个量子比特）即可得到候选地址。

需要注意的是，辅助比特在最后通常要执行一个 Hadamard 变换，这是为了将其还原为输入时的初始态。不同的函数导致了量子 Oracle 的不同，但是对于同等规模的搜索问题，算法的其他部分量子线路实现都是一样的。

以 $k=3$ 时的量子 Oracle 为例，目标数据编码为 11，则量子 Oracle 可以直接用一个 Toffoli 门实现。$k=3$ 时的 Grover 算法线路如图 5.9 所示。

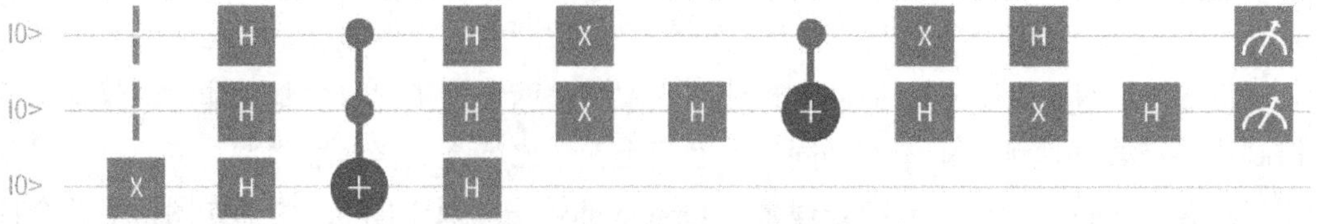

图 5.9　$k=3$ 时的 Grover 算法线路

从图 5.9 中可以看出，首先执行 3 个 Hadamard 变换，得到 3 个量子比特对应的等概率叠加态；然后访问量子 Oracle（这里是搜索数据 11，即可以用一个 Toffoli 门实现）；最后执行相位翻转操作。单次迭代该算法，得到的测量结果如图 5.10 所示。

可以看出，除了作为辅助比特的第三个量子比特得到的测量结果，其余两个输出比特为 11 的概率为 1。

根据 5.2.1 节的分析，在这个简单例子中，只需要进行一次 Grover 迭代即可得到目标数据的地址。事实上，结合 Grover 算法的图形化描述可以看出，本例中初始态与横轴的夹角为$\pi/6$，迭代一次即可将夹角变为$\pi/2$，也就是测量得到目标数据地址的概率为 1。

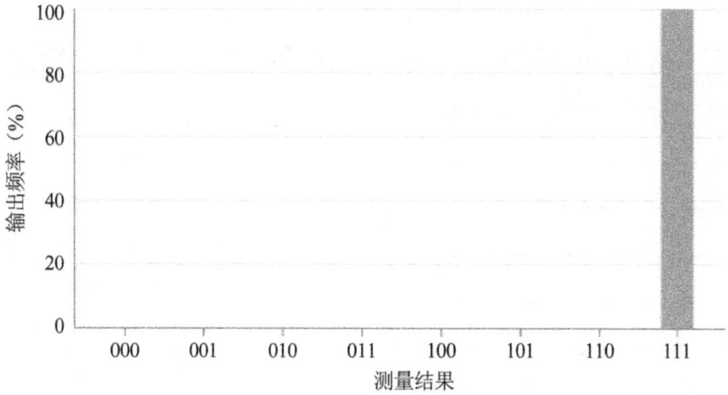

图 5.10　得到的测量结果

2．数独问题求解示例

在上述的算法示例中，指定了目标数据编码为 11，也就是说，问题提出者是在已知目标数据的情况下执行量子 Oracle 完成搜索的。这是在已知解的情况下进行搜索，不具有实际意义。下面结合一个简单的数独问题，阐述如何在未知解的情况下，构造量子 Oracle，从而实现完整的搜索算法。

1）问题分析

给定一个 2×2 的二进制数独，如表 5.3 所示。要求正确解满足条件：每一行及每一列的两个数均不同。

表 5.3　2×2 的二进制数独

A	*B*
C	*D*

将其转化为数学表达式，也就是同时满足以下 4 个条件：

$$A \neq B$$
$$C \neq D$$
$$A \neq C$$
$$B \neq D$$

对于$A \neq B$，可以借用辅助比特，用两个控制非门实现，如图 5.11 所示。

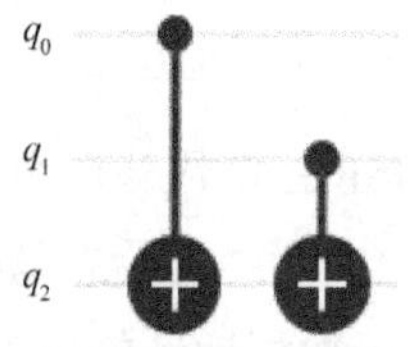

图 5.11 单个判定条件的线路

在图 5.11 中，$q_0 = A$，$q_1 = B$，$q_2 = 0$；q_0 与 q_1 分别作为控制比特，对辅助比特执行控制非门操作，可以看出，$q_2 = q_0 \oplus q_1 = A \oplus B$，即当且仅当 $A \neq B$ 时，$q_2 = 1$。通过 q_2 表征了 A、B 取值是否相等。

类似地，满足上述 4 个条件，可以用线路图编码，如图 5.12 所示。

数独要求 4 个条件同时满足，可以在上述线路之后用一个多比特控制非门实现。数独问题的量子 Oracle 线路如图 5.13 所示。

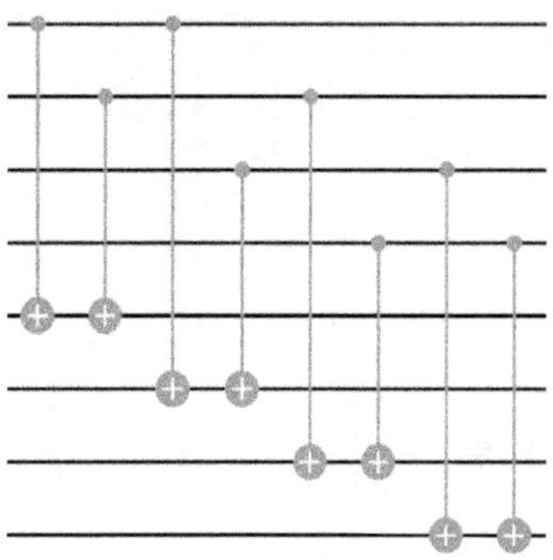

图 5.12 数独问题 4 个判定条件的线路实现

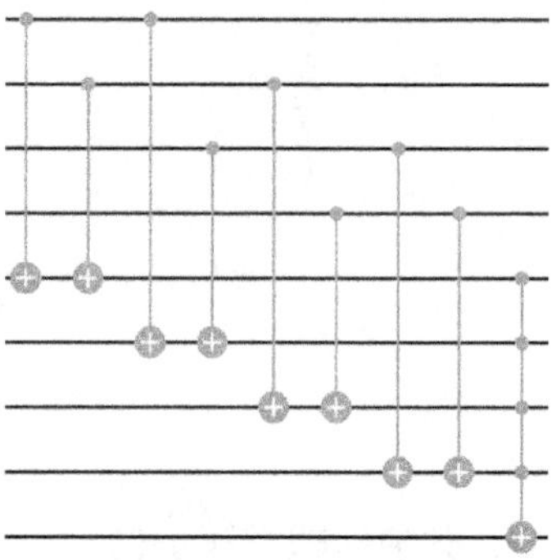

图 5.13 数独问题的量子 Oracle 线路

2）多比特控制非门的实现

当然，在实际线路模型下，上述线路中的最后一个四比特控制非门需要转化为基础量子门组（如 Toffoli 门）来实现。多比特控制非门在量子算法中应用广泛，因此这里有必要对其具体分解实现方式进行讨论。事实上，第 3 章证明了 Toffoli 门能够写成单比特量子门和两比特量子门的组合，并给出了一种具体实现方式；同时在理论上给出了任意多比特 C-U 门的分解方式。这里针对具体的四比特控制非门实现方式进行介绍。

图 5.14 和图 5.15 是四比特控制非门的两种等效实现方式，不同的实现方式所需的资源不同。四比特控制非门实现方式一需要的辅助比特较多，线路深度浅；相比而言，四比特控制非门实现方式二所需的辅助比特较少，但是线路深度较深。

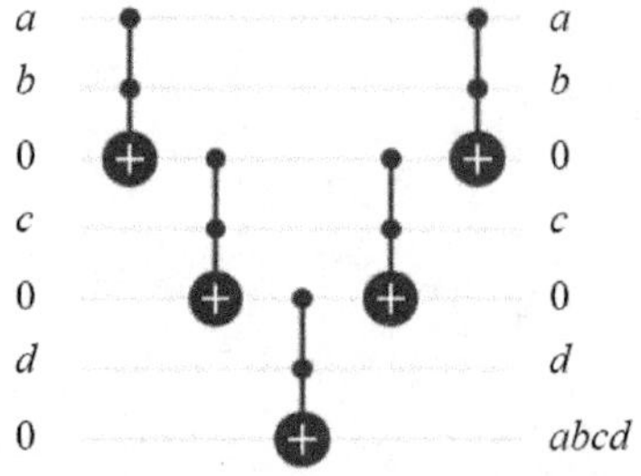

图 5.14 四比特控制非门实现方式一

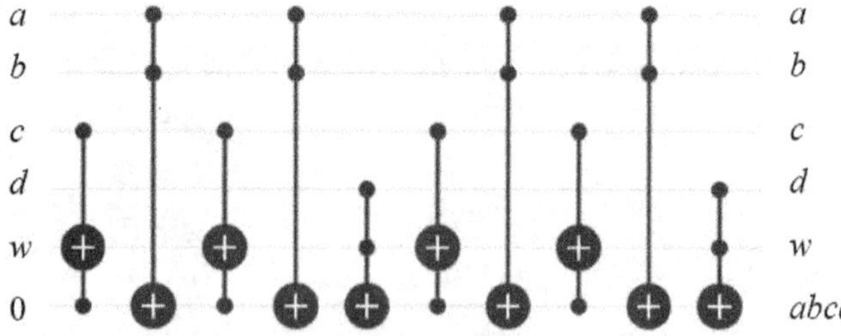

图 5.15 四比特控制非门实现方式二

四比特控制非门实现方式一：

通过对图 5.14 中线路实现过程及结果进行简单分析发现，在执行线路的过程中，量子态的变化过程如下。

$$
\begin{aligned}
&|a\rangle|b\rangle|0\rangle|c\rangle|0\rangle|d\rangle|0\rangle \\
&\mapsto |a\rangle|b\rangle|ab\rangle|c\rangle|0\rangle|d\rangle|0\rangle \\
&\mapsto |a\rangle|b\rangle|ab\rangle|c\rangle|abc\rangle|d\rangle|0\rangle \\
&\mapsto |a\rangle|b\rangle|ab\rangle|c\rangle|abc\rangle|d\rangle|abcd\rangle \\
&\mapsto |a\rangle|b\rangle|ab\rangle|c\rangle|0\rangle|d\rangle|abcd\rangle \\
&\mapsto |a\rangle|b\rangle|0\rangle|c\rangle|0\rangle|d\rangle|abcd\rangle
\end{aligned}
\tag{5-22}
$$

在这种实现方式中，执行第三个 Toffoli 门后已经可以得到正确的计算结果。但是，后面继续执行了两个 Toffoli 门操作，其目标是退计算（Uncomputation），将额外的两个辅助比特还原为初始态。当然，如果这两个辅助比特在后续线路中不再使用，则可以将其视为垃圾比特（Garbage Qubit），不执行后面的两个 Toffoli 门操作。

四比特控制非门实现方式二：

为节约量子比特资源，可以采取另一种线路实现四比特控制非门，如图 5.15 所示，这种实现方式中 Toffoli 门数量较多，但是只需要两个额外的辅助比特，且其中一个辅助比特 $|w\rangle$ 不需要初始化，可以处于任意量子态。

对比四比特控制非门的两种实现方式可以看出，实现方式一需要 7 个量子比特，线路深度为 5；实现方式二需要 6 个量子比特，线路深度为 10。当然，在实际量子计算机上实现时，可以根据量子比特数和可支持的线路深度，对具体实现方式进行折中，从而更好地匹配实际硬件的限制条件。

从功能上来说，上述线路已经实现了标记正确解的目标，如果当前量子态满足数独问题的要求，则最后一个比特翻转。但是，在量子计算过程中，还需要额外的步骤——退计算，主要目标是将额外的辅助比特量子态还原为初始态。由于整个线路是可逆线路，需要将线路“复制”一遍，从而实现完整的量子 Oracle 线路，如图 5.16 所示。

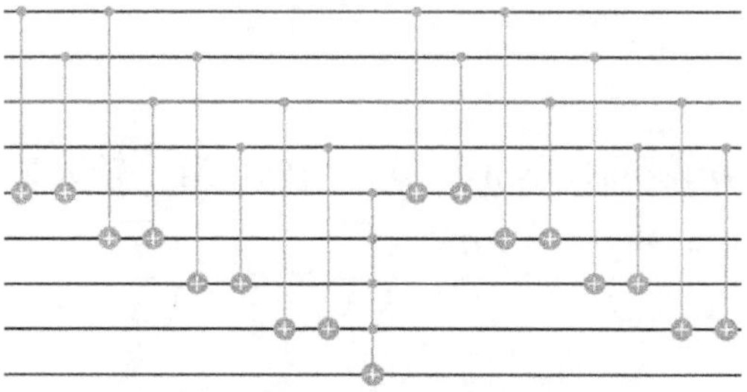

图 5.16　数独问题完整的量子 Oracle 线路

最后，将上述量子 Oracle 线路导入标准的 Grover 框架，即可实现完整的搜索过程。

5.2.3 多目标搜索问题

本节讨论 Grover 算法的拓展。上述章节介绍的均是目标数据库中只有唯一解的情形。事实上，Grover 算法可以直接推广应用到一般搜索问题。如果在N个数据构成的无序数据库中，有t个满足条件的搜索目标，其中$1\leqslant t<\frac{N}{2}$，则利用 Grover 算法搜索到一个目标需要迭代（访问量子 Oracle）的次数至多为$(\pi/4)\cdot\sqrt{N/t}$次。

下面对多目标搜索问题进行详细介绍。

从算法框架和基本结构来看，多目标搜索算法与单一目标搜索算法完全一致，唯一区别在于所需的迭代次数。直观来看，从 100 个数据中搜索 10 个目标数据，和从 10 个数据中搜索 1 个目标数据，复杂度应该是一致的。

结合单一目标搜索算法的框架，接下来对多目标搜索算法所需的迭代次数进行深入分析。

如果在N个数据构成的无序数据库中，满足条件的搜索目标集合记为T，且T中元素个数为t，则算法初始态可以写为

$$|\psi\rangle=\sqrt{\frac{N-t}{N}}|\alpha\rangle+\sqrt{\frac{t}{N}}|\beta\rangle=\cos\left(\frac{\theta}{2}\right)|\alpha\rangle+\sin\left(\frac{\theta}{2}\right)|\beta\rangle \tag{5-23}$$

式中，$\alpha=\frac{1}{\sqrt{N-t}}\sum_{i\notin T}|i\rangle$表示所有非目标态构成的叠加态；$\beta=\frac{1}{\sqrt{t}}\sum_{i\in T}|i\rangle$表示所有目标态构成的叠加态。

与式（5-16）和式（5-17）所述一样，进行k次迭代后，量子态变为

$$\boldsymbol{G}^k|\psi\rangle=\cos\left(\frac{2k+1}{2}\theta\right)|\alpha\rangle+\sin\left(\frac{2k+1}{2}\theta\right)|\beta\rangle \tag{5-24}$$

当迭代终止时，要逼近纵轴，也就是将量子态变为$|\beta\rangle$，相当于

$$\sin\left(\frac{2k+1}{2}\theta\right)=1 \tag{5-25}$$

即$(2k+1)\theta=\pi$。

对于任意的δ，当δ较小时，$\sin\delta\approx\delta$。因此，当N较大时，有

$$\frac{\theta}{2}\approx\sin\left(\frac{\theta}{2}\right)=\sqrt{\frac{t}{N}}\Rightarrow\theta\approx2\sqrt{\frac{t}{N}}$$

从而推出

$$2k+1\approx\frac{\pi}{2}\sqrt{\frac{N}{t}}\Rightarrow k\leqslant\frac{\pi}{4}\sqrt{\frac{N}{t}} \tag{5-26}$$

即在 N 个数据构成的无序数据库中，利用 Grover 算法搜索到单一目标，查询复杂度，即需要访问量子 Oracle 的次数约为 $\sqrt{\frac{N}{t}}$ 次。

在多目标搜索问题中，要求 $1 \leqslant t < \frac{N}{2}$。如果条件不满足，如 $t \geqslant \frac{N}{2}$，那么如何利用量子搜索算法求解呢？或者说，在搜索之前，无法估计目标的数量，也就无法确定该条件是否满足，那么搜索算法应该如何迭代呢？事实上，当满足条件的目标较多的时候，搜索算法的复杂度应该较低，也就是迭代次数较少。

对于多目标情形，如果已知目标数量 $t \geqslant \frac{N}{2}$，则可以直接进行经典的随机搜索，运行一次得到目标解的概率大于 $1/2$。如果无法确定满足条件的目标数量，则可通过增加不满足条件的数据到搜索空间，来扩大搜索问题规模。至多增加一倍的非目标数据，即可实现 $1 \leqslant t < \frac{N}{2}$ 的要求。最简单的方式是在搜索的指标部分增加 1 个量子比特，即可将数据规模从 N 变为 $2N$。当然，也可以将 Grover 迭代和基于量子傅里叶变换的相位估计技术结合，更好地估计满足条件的解的数量，即所谓的量子计数。关于量子计数的相关内容，可查阅参考文献[35]。

5.2.4 搜索算法的最优性

本节简单讨论 Grover 算法的最优性。在上述章节中已经证明，量子搜索算法能够实现对经典暴力搜索算法的开平方加速。这种加速是否是最优的？即在具备量子 Oracle 访问能力的前提下，是否存在调用量子 Oracle 少于 $O(\sqrt{N})$ 次的搜索算法，找到目标数据？

直观想象，如果数据库中的数据呈现指数级增加，则对应目标数据量子态的概率将呈现指数级减小。根据 5.2.1 节的复杂度分析过程，从几何描述来看，初始输入态与横轴的夹角为 $\theta/2$，目标是通过 k 次迭代后，满足 $(2k+1)\theta=\pi$。如果目标数据量子态的概率呈现指数级减小，就意味着初始角度 $\theta/2$ 也是指数级减小的，此时要实现目标数据量子态的概率增大直至趋近于 1，所需的迭代次数 k 必然要呈现指数级增加。这说明，如果要在多项式时间内解决各类 NP 问题，则必须找到问题特殊的内在结构，通过巧妙利用这些结构设计更优算法，如整数分解算法，以及 Simon 算法等。

在量子算法发展的早期，类似于整数分解算法，人们希望能够实现具备指数级加速能力的搜索算法，从而加速求解 NP 问题。然而，Zalka[36]已经证明了 Grover 算法的最优性。Bennett 等[37]也已经给出了严格的证明，在查询复杂度框架下，Grover 算法是最优的。也就是说，对于无序数据库搜索问题，Grover 算法的加速无法再次改进。这里不进行深入阐述，感兴趣的读者可以查阅参考文献[36-37]。

5.3 Grover 算法与可满足性问题

5.3.1 概述

在计算机科学、密码学等许多领域中，布尔可满足性问题的求解具有重要的理论和现实意义。此类问题的核心是确定是否存在赋值满足给定的布尔公式。换句话说，对于给定布尔公式的变量，确定是否存在一种赋值方式，使得公式计算结果为 True。如果存在，则该公式称为可满足的；如果不存在，也就是公式对于所有可能的赋值的计算结果都是 False，则该公式称为不可满足的。这可以看作一个搜索问题，目标是在布尔公式的各种赋值中寻找赋值计算结果为 True 的方案。

对于非结构化搜索问题，Grover 算法能够实现开平方加速。针对 n 变元的可满足性问题（如 3-SAT 问题），直接用 Grover 算法求解的复杂度为 $2^{n/2}$。值得注意的是，当前的最优经典算法，在求解此类问题时的复杂度可能低于 $2^{n/2}$，也就是说量子算法的性能似乎比经典算法差。事实上，Grover 算法可用于加速任何 NP 完全问题的求解，但是如果对应的 NP 完全问题包含内部结构，则直接利用 Grover 算法可能无法实现有效加速。

虽然在 3-SAT 问题上直接利用 Grover 算法穷举没有意义，但相关方法可以应用于更一般的情况（如 k-SAT 问题），对于某些特定问题，Grover 算法可以胜过最优经典算法。此外，理论上 Grover 算法可以与经典算法进行深度融合，以获得比最优经典算法更好的加速效果。

5.3.2 可满足性问题

为利用 Grover 算法进行单一目标搜索，考虑对公式取值情况进行限制，研究一类特殊的 3-SAT 问题，即 Exactly-1 3-SAT 问题。

先看一个典型的 3-SAT 问题：

$$f\left(x_1,x_2,x_3\right)=(x_1 \vee x_2 \vee \neg x_3)\wedge(\neg x_1 \vee \neg x_2 \vee \neg x_3)\wedge(\neg x_1 \vee x_2 \vee x_3) \tag{5-27}$$

在式（5-27）中，等号右侧中位于每一个括号内的表达式称为子句，这个函数有 3 个子句。在 k-SAT 问题中，每个子句都恰好有 k 个文字。这个例子是一个 3-SAT 问题，所以每个子句正好有 3 个文字。例如，第一个子句有 $x_1,x_2,\neg x_3$ 三个文字。符号 $\vee$ 和 $\wedge$ 分别表示逻辑或、逻辑与运算。

如果存在变元 x_1,x_2,x_3 的某种赋值使得布尔公式 $f\left(x_1,x_2,x_3\right)=1$（布尔公式的计算结果为 True），则布尔公式是可满足的。根据上述表达式，3 个变元对应的布尔公式一共有 8 种可能的赋值，可以将各种赋值对应的布尔公式取值情况列出，即给出布尔公式真值表，如表 5.4 所示。

表 5.4　布尔公式真值表

x_1	x_2	x_3	f
0	0	0	1
0	0	1	0
0	1	0	1
0	1	1	1
1	0	0	0
1	0	1	1
1	1	0	1
1	1	1	0

从表 5.4 中可以看出，在所有 8 种可能的赋值中，使得布尔公式取值为 1 的有“000,010,011,101,110” 5 种赋值，此类问题可以直接用 Grover 算法搜索求解。

为简化说明，可以考虑单一目标解的情形，也就是对布尔公式取值情况进行限制，研究 Exactly-1 3-SAT 问题。在这类问题中，除要求布尔公式取值为 1 外，还要求每个子句都恰好有一个文字为 1。在这样的限制条件下，从真值表可以看出，只有一种赋值“101”满足条件。也就是说，此时，求解布尔公式的成真赋值，就是在所有 8 种可能的赋值中，找到“101”这种唯一的赋值。这相当于在含有 8 个数据的数据库中，寻找 1 个唯一满足条件的数据。下面探索如何根据公式，构造可逆的量子线路，实现标记正确解的量子 Oracle，然后利用 Grover 算法进行求解。

5.3.3　量子搜索算法实现

针对 5.3.2 节提出的 Exactly-1 3-SAT 问题，本节研究如何进行线路实现。从 Grover 算法框架来看，搜索求解的核心是给出能够标记 SAT 问题正确解的量子 Oracle。

考虑将布尔公式进行模块化分解，由于当布尔公式取值为 1 时，每个子句必然都取值为 1。所以，首先考虑每个子句取值为 1，且恰好一个文字为 1 的情形，然后将所有子句组合起来。

看一个简单的例子，如果要求子句 $(x_1 \vee \neg x_2 \vee x_3)$ 取值为 1 且恰好一个文字为 1，考虑如下公式：

$$y = x_1 \oplus \neg x_2 \oplus x_3 \oplus (x_1 \wedge \neg x_2 \wedge x_3) \tag{5-28}$$

其赋值有以下几种情况：

如果 $x_1, \neg x_2, x_3$ 三个文字均为 0，则 $y=0$；

如果 $x_1, \neg x_2, x_3$ 三个文字均为 1，则 $y=0$；

如果 $x_1, \neg x_2, x_3$ 三个文字有两个为 1，则 $y=0$；

如果 $x_1, \neg x_2, x_3$ 三个文字恰好有一个为 1，则 $y=1$。

也就是说，要求子句$(x_1 \vee \neg x_2 \vee x_3)$的取值为 1，且恰好一个文字为 1 的赋值，实质上等价于直接求公式y取值为 1 的赋值。

据此可以给出公式y的量子线路，如图 5.17 所示。

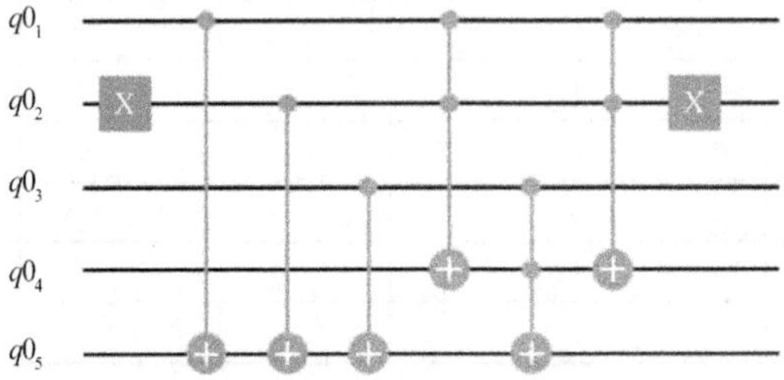

图 5.17　公式y的量子线路

在图 5.17 中，量子比特$q0_1$表示变元x_1，量子比特$q0_2$表示变元x_2，量子比特$q0_3$表示变元x_3，剩余两个量子比特用于存储计算中间结果和公式y的值。需要注意的是，在量子线路中，基本模块实现后，还有一个 Toffoli 门和一个 X 门，它们用于还原第二个量子比特和第四个量子比特的初始态。

类似地，可以继续分析式（5-27）中公式$f(x_1, x_2, x_3)$的 3 个子句，其等价公式为

$$\begin{aligned} y_1 &= x_1 \oplus x_2 \oplus \neg x_3 \oplus (x_1 \wedge x_2 \wedge \neg x_3) \\ y_2 &= \neg x_1 \oplus \neg x_2 \oplus \neg x_3 \oplus (\neg x_1 \wedge \neg x_2 \wedge \neg x_3) \\ y_3 &= \neg x_1 \oplus x_2 \oplus x_3 \oplus (\neg x_1 \wedge x_2 \wedge x_3) \end{aligned} \tag{5-29}$$

当执行单次迭代时，完整的 Grover 算法线路如图 5.18 所示。

在图 5.18 中，量子比特$q2_0$表示变元x_1，量子比特$q2_1$表示变元x_2，量子比特$q2_2$表示变元x_3；量子比特$q3_0$为 Oracle 比特，用于根据 3 个子句的信息标记公式的正确解；其余量子比特为辅助比特。在线路中，首先执行初始化操作；然后分别编码 3 个子句的解信息，并将其综合到 Oracle 比特；接着对相关辅助比特信息进行还原；最后执行相位翻转操作，得到最终解信息。

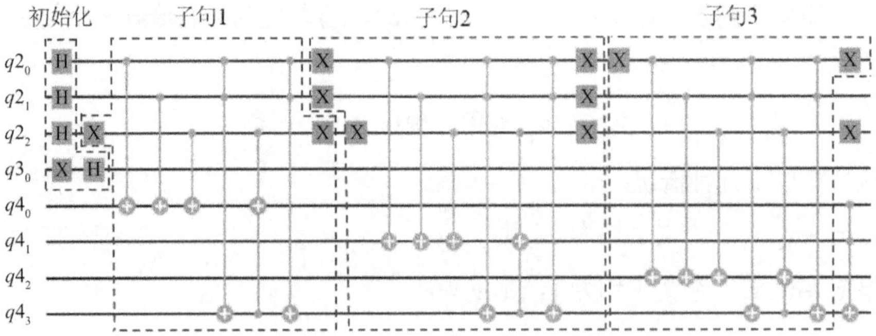

图 5.18　完整的 Grover 算法线路

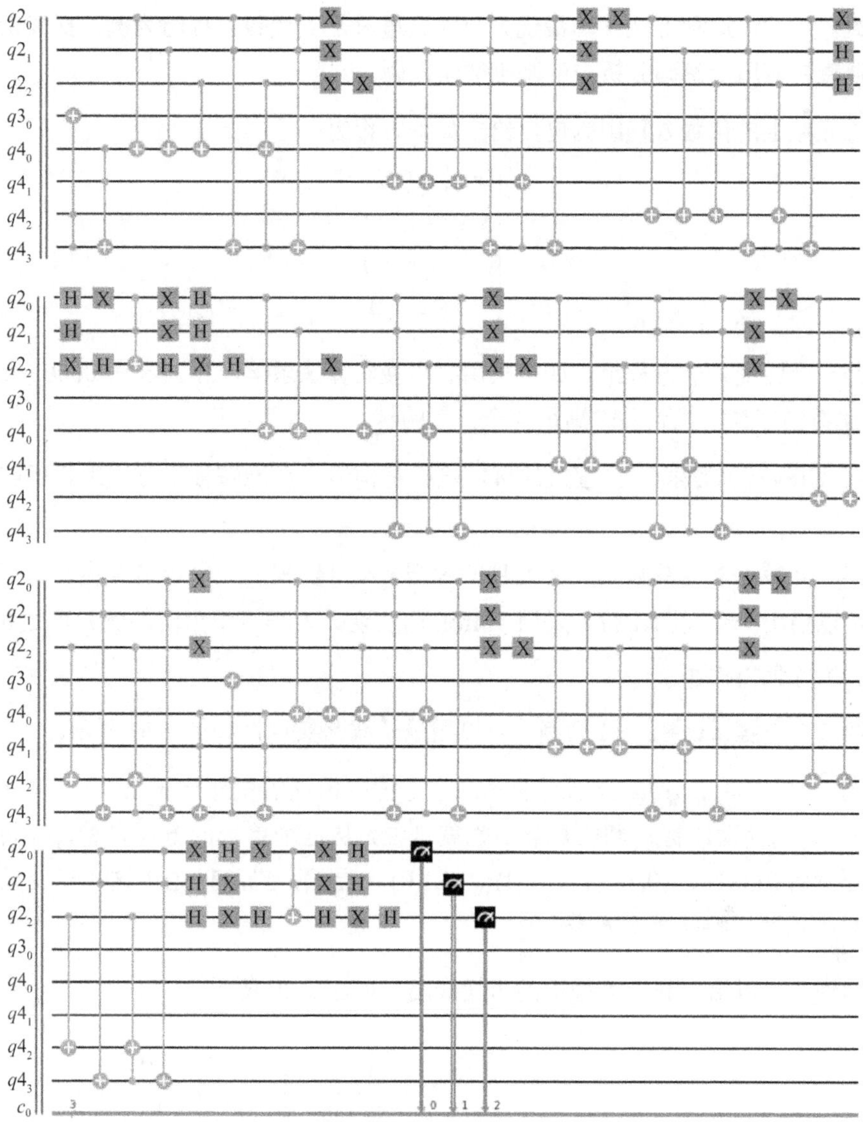

图 5.18　完整的 Grover 算法线路（续）

5.4　Grover 算法求解代数方程组

5.4.1　代数方程组问题

代数攻击在公钥密码、分组密码和序列密码分析领域，甚至在杂凑函数碰撞攻击领域都有成功应用，已经发展成为一种重要的通用密码分析方法。代数攻击通过分析密码算法的内部结构，构建多变元高次代数方程组，利用求解方程组开展密码分析。

代数方程组的求解是一个困难问题，这里探索利用 Grover 算法通过暴力穷举求解代数方程组。当然，这种方法并非最优方法，这里只是以代数方程组为例，探索量子搜索算法如何直接应用于密码分析中的基础数学问题。

以二元域上的代数方程组为例，给定如下方程组：

$$\begin{cases} x_2x_4 = 0 \\ x_1x_2 + x_3 = 1 \\ x_2 + x_3x_4 = 1 \\ x_2 + x_3 = 0 \end{cases} \tag{5-30}$$

这是一个四变元的方程组，如果采用穷举搜索算法求解，相当于在 0000,···,1111 这 16 个 4 比特的序列中找到同时满足 4 个方程的解。

利用 Grover 算法搜索方程组的解，核心是构造一个能够标记方程组正确解的量子 Oracle。

根据二元域上的运算规则，变元项的乘积 x_ix_j 可以视为一个逻辑与运算。在量子线路中，可以借用一个辅助比特，采用 Toffoli 门实现。方程组中出现的变元项之和 $x_i + x_j$ 可以视为模 2 加操作 $\oplus$ 。

以第二个方程 $x_1x_2 + x_3 = 1$ 为例，可以用量子线路实现，如图 5.19 所示。

在图 5.19 中，q_0,q_1,q_2 分别对应第二个方程中出现的变元 x_1,x_2,x_3 。可以看出，如果 $x_1x_2 \neq x_3$ ，则辅助比特 q_3 将会翻转。也就是说，从这个单一的方程来看，其共有 4 组可能的正确解 $(0,0,1)$ 、$(0,1,1)$ 、$(1,0,1)$ 、$(1,1,0)$ ，显然，当且仅当用这 4 组变元作为输入时，对应辅助比特 q_3 实现翻转。

类似地，可以给出整个方程组的可逆线路，如图 5.20 所示。

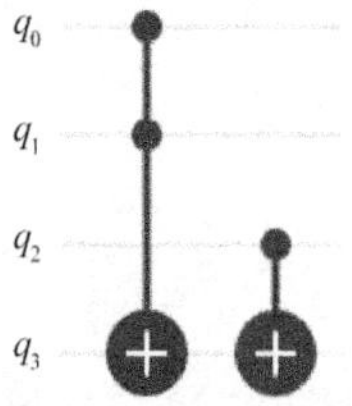

图 5.19　第二个方程的量子线路

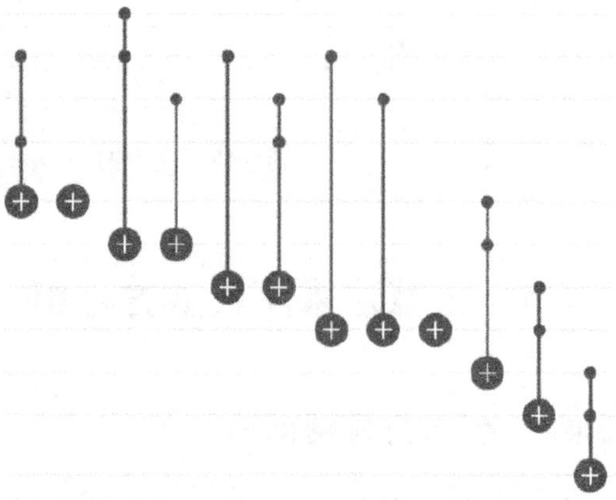

图 5.20　整个方程组的可逆线路

图 5.20 中的上面 4 个量子比特表示方程组的 4 个变元 x_1,x_2,x_3,x_4 ，第 5 个量子比特～第 8 个量子比特分别编码了 4 个方程的解信息。例如，第 1 个量子比特和第 2 个量子比

特控制第 6 个量子比特执行 Toffoli 门操作，第 3 个量子比特控制第 6 个量子比特执行 CNOT 门操作。可以看出，当且仅当 x_1x_2 与 x_3 取值不同时，第 6 个量子比特翻转。也就是说，第 6 个量子比特翻转代表了 $x_1x_2+x_3=1$。类似分析可以看出，如果某一组输入比特能够同时满足 4 个方程，则最下面的一个量子比特将会翻转，从而实现标记正确解的功能。依托这个标记方程组正确解量子线路模块，我们可以直接利用 Grover 算法的标准框架，通过量子穷举搜索得到方程组的解。

5.4.2 搜索方程组解的量子线路

5.4.1 节的线路实现了对 4 个方程的编码及可逆实现，如果输入是方程组的正确解，则最下面的一个量子比特将实现翻转。基于此模块，可以直接给出完整的量子搜索算法线路，如图 5.21 所示。这个线路是单次迭代 Grover 算法的线路，如果希望提升成功概率，则需要执行多次迭代。值得注意的是，在图 5.21 中，可以看出量子 Oracle 部分对方程组进行了编码，相较于 5.4.1 节的线路实现，增加了一部分额外的对称操作。这些操作是必要的，主要目标是退计算，同时还原辅助比特的初始态，避免产生不可预知的纠缠。如果省略这一步，则有可能影响算法的成功概率，甚至直接影响算法的正确性。

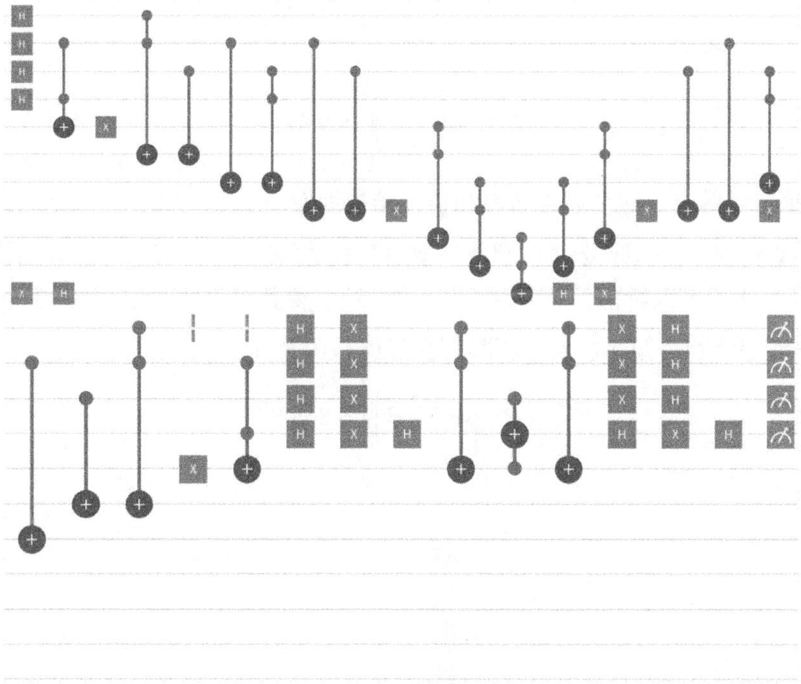

图 5.21 完整的量子搜索算法线路

单次迭代输出结果如图 5.22 所示，从图 5.22 中可以看出，对于单次迭代算法，执行 1024 次后，得到正确解 0110 的次数约为 480 次，也就是说，成功概率约为 0.469（注：为了图片展示清晰，图 5.22 中省略了部分低概率输出结果，如 1001、1100、1111 等）。

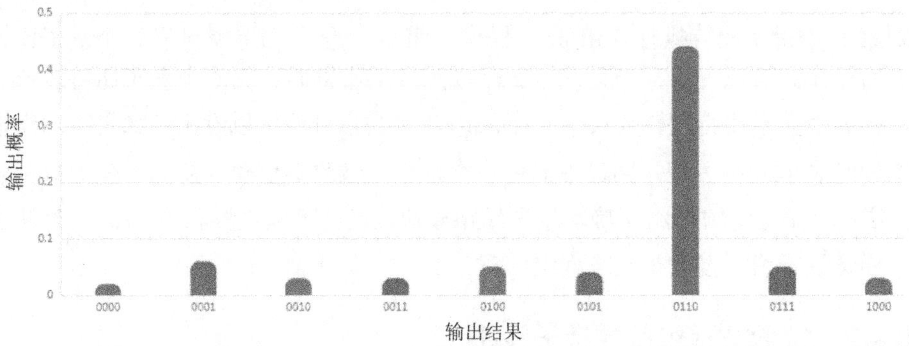

图 5.22 单次迭代输出结果

算法成功概率可以从理论上进行分析。从例子中的方程组来看，其解是唯一的，搜索的目标是在 16 个可能的解中，寻找到 0110 这个唯一解。根据 Grover 算法相关理论

$$\sin\left(\frac{\theta}{2}\right)=\frac{1}{\sqrt{N}}=\frac{1}{\sqrt{16}}=\frac{1}{4}$$

单次迭代后，初始态变为

$$\boldsymbol{G}|\psi\rangle=\cos\left(\frac{3}{2}\theta\right)|\alpha\rangle+\sin\left(\frac{3}{2}\theta\right)|z\rangle$$

也就是说，成功概率为

$$P=\left|\sin\left(\frac{3}{2}\theta\right)\right|^2\approx 0.473$$

从计算结果可以看出，这个理论概率和仿真结果近似。

如果执行多次 Grover 迭代，则成功概率将快速增加，图 5.23 所示为两次迭代输出结果。从图 5.23 中可以看出，同样执行 1024 次算法，得到正确解 0110 的次数约为 914 次，成功概率约为 0.893。相比而言，此时的理论成功概率为

$$P=\left|\sin\left(\frac{5}{2}\theta\right)\right|^2\approx 0.908$$

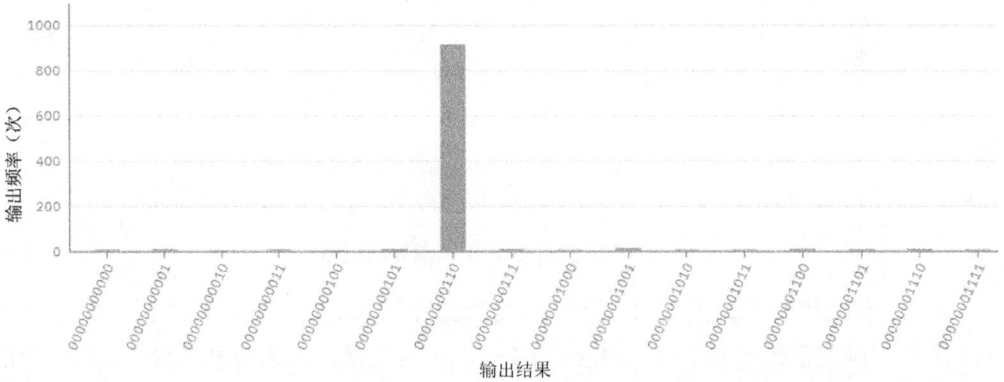

图 5.23 两次迭代输出结果

5.4.3 拓展实例

5.4.2 节给出了四元代数方程组求解的搜索算法实现，针对的是方程组有唯一解的情形，本节来研究存在多个解的代数方程组求解，也就是多目标搜索问题的实现。

给定如下 3 个方程构成的方程组：

$$\begin{cases} x_1x_2 + x_3 = 0 \\ x_1x_3 + x_2 = 0 \\ x_1 + x_3 = 0 \end{cases} \tag{5-31}$$

这是一个三变元的方程组。与 5.4.2 节分析过程类似，方程组中变元项的乘积 x_ix_j 可以视为一个逻辑与运算，从而利用辅助比特，采用 Toffoli 门实现；变元项之和 $x_i + x_j$ 可以视为模 2 加操作 $\oplus$。在此基础上，我们可以首先给出判定方程组解的量子 Oracle，然后直接导出其量子搜索算法线路。方程组 Grover 算法求解线路如图 5.24 所示。

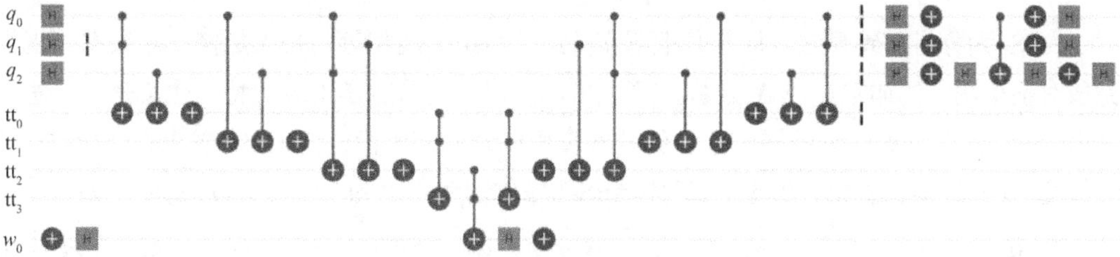

图 5.24　方程组 Grover 算法求解线路

图 5.24 中的线路执行 Grover 迭代 1 次，执行算法 1024 次后，搜索结果统计如图 5.25 所示。

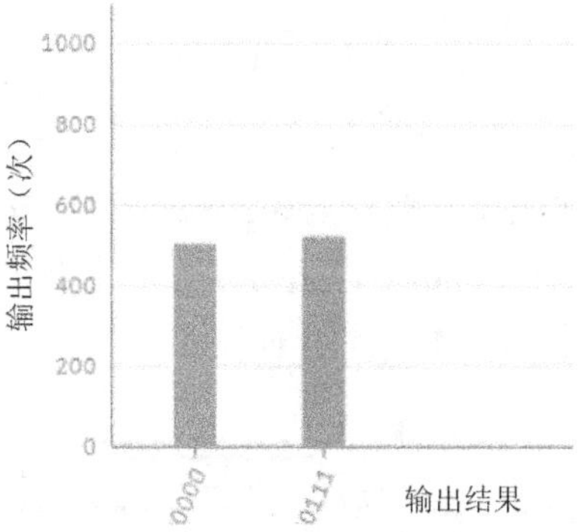

图 5.25　方程组 Grover 算法搜索结果统计

从图 5.25 看出，3 个变元 000 和 111 出现的次数分别约为 503 次和 521 次，这两组变元恰好均是方程组的解。从这组方程来看，候选解共 8 个，相当于从 8 个数据中找 2 个目标数据。根据 Grover 算法理论分析，迭代一次即可以接近 1 的概率得到正确解。

5.5 Grover 算法与密钥搜索

虽然在大部分情况下，暴力搜索并非解决密钥搜索问题的最有效的方式，却是分析密码算法安全性的一种重要候选方案。本节以 AES 算法为例，介绍利用 Grover 算法搜索对称密码密钥的方法。

5.5.1 AES 算法简介

AES（Advanced Encryption Standard，高级加密标准）是一种典型的对称密码算法。1997 年，NIST 开始公开征集 AES，AES 的选拔需要综合考虑算法的安全性、算法速度、实现代价、跨平台性能等。1999 年，有 5 个征集到的算法入围 AES 最终候选算法名单，包括 MARS、RC6、Rijndael、Serpent 及 Twofish。2000 年，Rijndael 以其优异的综合性能，被 NIST 选为正式的 AES，以下涉及的 AES，均默认为 Rijndael。

AES 为分组密码算法，加密时把明文分组，每组长度相等，每次加密一组数据，直到完成对整个明文的加密。在 AES 标准规范中，分组长度只能是 128 比特，也就是说，每个分组为 16 字节（每字节 8 比特）。密钥的长度可以为 128 比特、192 比特或 256 比特。密钥的长度不同，推荐加密轮数也不同，其中 AES-128 的密钥长度为 128 比特、加密轮数为 10 轮。

AES 是一种面向字节的算法，以 AES-128 为例，其以 128 比特的明文块和 128 比特的密钥块作为输入，并生成相同大小的密文块。AES-128 的态（**State**）可以用一个 4×4 的矩阵描述，矩阵每个元素代表 1 字节（8 比特）。

$$\textbf{State}=\begin{bmatrix} S_{0,0} & S_{0,1} & S_{0,2} & S_{0,3} \\ S_{1,0} & S_{1,1} & S_{1,2} & S_{1,3} \\ S_{2,0} & S_{2,1} & S_{2,2} & S_{2,3} \\ S_{3,0} & S_{3,1} & S_{3,2} & S_{3,3} \end{bmatrix}$$

AES 的一轮加密（见图 5.26）可以分为 SubBytes（字节代换）、ShiftRows（行移位）、MixColumns（列混合）及 AddRoundKey（轮密钥加）4 个步骤，其中，前 3 个步骤分别以字节、行和列为单位进行数据处理，可并行计算。

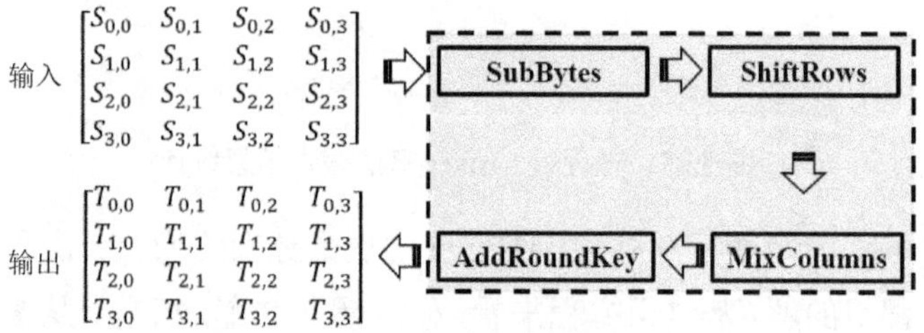

图 5.26 AES 的一轮加密

SubBytes：将每字节（0～255 之间的任意值）作为索引，从一个拥有 256 个值的替换表（S-Box，S 盒）中查找出对应值进行处理，也就是将一个 1 字节的值替换为另一个 1 字节的值。图 5.27 所示为 SubBytes 示例。

$$\begin{bmatrix} S_{0,0} & S_{0,1} & S_{0,2} & S_{0,3} \\ S_{1,0} & S_{1,1} & S_{1,2} & S_{1,3} \\ S_{2,0} & S_{2,1} & S_{2,2} & S_{2,3} \\ S_{3,0} & S_{3,1} & S_{3,2} & S_{3,3} \end{bmatrix} \xrightarrow{\text{SubBytes}} \begin{bmatrix} S_{0,0} & S_{0,1} & S_{0,2} & S_{0,3} \\ S_{1,0} & T_{1,1} & S_{1,2} & S_{1,3} \\ S_{2,0} & S_{2,1} & S_{2,2} & S_{2,3} \\ S_{3,0} & S_{3,1} & S_{3,2} & S_{3,3} \end{bmatrix}$$

图 5.27　SubBytes 示例

ShiftRows：将以 4 字节为单位的行按照一定规则向左平移，每一行平移的字节数不同。

MixColumns：将一个 4 字节的值进行比特运算，将其变为另一个 4 字节的值。对于矩阵 4 列中的每一列，用 $GF(2^8)$ 上元素构成的矩阵乘，得到新的列元素。

AddRoundKey：将 MixColumns 过程得到的输出与轮密钥进行异或。

解密过程为上述过程的逆变换：

AddRoundKey、InvMixColumns、InvShiftRows、InvSubBytes，其中 AddRoundKey 与加密过程中的作用一致，其他几个操作为加密过程的逆变换。

5.5.2　Grover 算法搜索 AES 密钥框架

密钥搜索的目标是通过给定的明密文对，寻找用于加密的密钥。

从 Grover 算法框架来看，相位翻转等模块是基本固定的。因此，利用 Grover 算法搜索 AES 密钥，核心是给出能够标记正确密钥的量子 Oracle，本质上需要设计 AES 加密（解密）算法的量子线路。不同的实现方法对量子比特数量、量子线路深度影响不同，这里只研究如何实现基本功能，对于如何优化线路，如量子线路深度和量子比特数量如何平衡的问题，一直是学术界研究的热点，感兴趣的读者可以查阅相关文献。

先考虑简化情况，对于 AES-128，其量子 Oracle 实现框架如图 5.28 所示。

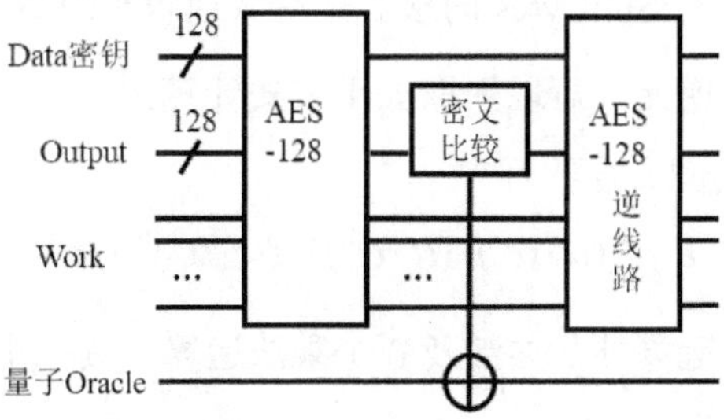

图 5.28　AES-128 的量子 Oracle 实现框架

对于一组给定的明密文对(m,c)，利用128个量子比特的寄存器Data，存储128比特的密钥k；同时用128个量子比特的寄存器Output及若干个量子比特的辅助寄存器Work，执行加密并和给定密文c的比较过程。

具体来说，对于给定明文m，首先用寄存器Data中的密钥k执行完整的AES加密过程，然后将加密得到的密文与给定明密文对中的密文c比较。如果两个密文相等，则认为密钥k是一个正确密钥，此时利用CNOT门控制量子Oracle比特翻转，否则量子Oracle比特保持不变。最后需要执行一个逆变换，也就是加密过程的逆变换，目的是将寄存器Output及辅助寄存器Work的量子态还原为初始态，即实现解纠缠的过程。解纠缠能够移除不同寄存器之间不必要的纠缠，避免不同测量结果相互干扰，甚至影响算法的正确性。

从量子Oracle的功能结构可以看出，为实现标记正确密钥的功能，关键是要给出AES加密过程的可逆实现，也就是在量子线路模型下，实现AES的加密过程。这样能够对叠加态的密钥进行并行处理，从而加速密钥搜索过程。结合AES算法的流程可以看出，最为关键的是给出SubBytes、ShiftRows、MixColumns及AddRoundKey这4个步骤在量子线路上的可逆实现。

5.5.3 AES算法的可逆实现

1. SubBytes线路实现框架

SubBytes首先将输入字节（8比特）转换为$GF(2^8)$上的元素，然后将其映射为另一个元素。在经典硬件上，我们可以使用查表的方式高效实现，但这种方式在量子计算机上不够高效。在量子线路模型下，可以采取动态生成的方式实现，这样可以尽量减少量子比特和量子门数量。

在SubBytes过程中，主要涉及有限域$GF(2^8)=\mathbb{Z}_2[x]/(x^8+x^4+x^3+x+1)$上的元素求逆及仿射变换。有限域元素求逆的过程可以通过Euclid算法实现，也可以通过直接构造量子乘法器实现。后续的仿射变换可以直接用X门或CNOT门实现，不需要额外的量子比特和操作。因此，实现SubBytes的核心是有效地求有限域元素的逆元。

求元素$\alpha\in GF(2^8)$的逆元，可以采取如下方式计算：

$$\begin{aligned}\alpha^{-1}&=\alpha^{254}\\&=((\alpha\cdot\alpha^2)\cdot(\alpha\cdot\alpha^2)^4\cdot(\alpha\cdot\alpha^2)^{16}\cdot\alpha^{64})^2\end{aligned}\tag{5-32}$$

在式（5-32）中，除平方运算外，共涉及6个乘法运算。具体实现思路为

$$
\begin{matrix}|\alpha\rangle\\|0\rangle\\|0\rangle\\|0\rangle\\|0\rangle\end{matrix}
\xrightarrow{\text{CNOT}}
\begin{matrix}|\alpha\rangle\\|0\rangle\\|\alpha\rangle\\|0\rangle\\|0\rangle\end{matrix}
\xrightarrow{\text{Sq}}
\begin{matrix}|\alpha\rangle\\|0\rangle\\|\alpha^{2}\rangle\\|0\rangle\\|0\rangle\end{matrix}
\xrightarrow{\text{Mul}}
\begin{matrix}|\alpha\rangle\\|0\rangle\\|\alpha^{2}\rangle\\|\alpha^{3}\rangle\\|0\rangle\end{matrix}
\xrightarrow{\text{Sq}^{-1}\ \text{CNOT}}
\begin{matrix}|\alpha\rangle\\|0\rangle\\|0\rangle\\|\alpha^{3}\rangle\\|0\rangle\end{matrix}
\xrightarrow{\text{Sq}\times 2}
\begin{matrix}|\alpha\rangle\\|0\rangle\\|0\rangle\\|\alpha^{12}\rangle\\|0\rangle\end{matrix}
\xrightarrow{\text{CNOT Sq}\times 2}
$$

$$
\begin{matrix}|\alpha\rangle\\|0\rangle\\|0\rangle\\|\alpha^{12}\rangle\\|\alpha^{48}\rangle\end{matrix}
\xrightarrow{\text{Mul Sq}^{-1}\times 2}
\begin{matrix}|\alpha\rangle\\|0\rangle\\|\alpha^{60}\rangle\\|\alpha^{12}\rangle\\|\alpha^{12}\rangle\end{matrix}
\xrightarrow{\text{CNOT Sq}^{-1}\times 2}
\begin{matrix}|\alpha\rangle\\|0\rangle\\|\alpha^{60}\rangle\\|\alpha^{3}\rangle\\|0\rangle\end{matrix}
\xrightarrow{\text{Sq}\times 6\ \text{Mul}}
\begin{matrix}|\alpha^{64}\rangle\\|0\rangle\\|\alpha^{60}\rangle\\|\alpha^{3}\rangle\\|\alpha^{63}\rangle\end{matrix}
\xrightarrow{\text{Mul Sq}}
\begin{matrix}|\alpha^{64}\rangle\\|\alpha^{254}\rangle\\|\alpha^{60}\rangle\\|\alpha^{3}\rangle\\|\alpha^{63}\rangle\end{matrix}
\xrightarrow{\text{Sq}^{-1}\times 6\ \text{Mul}^{-1}}
$$

$$
\begin{matrix}|\alpha\rangle\\|\alpha^{254}\rangle\\|\alpha^{60}\rangle\\|\alpha^{3}\rangle\\|0\rangle\end{matrix}
\xrightarrow{\text{Sq}\times 2\ \text{CNOT}}
\begin{matrix}|\alpha\rangle\\|\alpha^{254}\rangle\\|\alpha^{60}\rangle\\|\alpha^{12}\rangle\\|\alpha^{12}\rangle\end{matrix}
\xrightarrow{\text{Sq}\times 2\ \text{Mul}^{-1}}
\begin{matrix}|\alpha\rangle\\|\alpha^{254}\rangle\\|0\rangle\\|\alpha^{12}\rangle\\|\alpha^{48}\rangle\end{matrix}
\xrightarrow{\text{Sq}^{-1}\times 2\ \text{CNOT}}
\begin{matrix}|\alpha\rangle\\|\alpha^{254}\rangle\\|0\rangle\\|\alpha^{12}\rangle\\|0\rangle\end{matrix}
\xrightarrow{\text{CNOT Sq}^{-1}\times 2}
\begin{matrix}|\alpha\rangle\\|\alpha^{254}\rangle\\|\alpha\rangle\\|\alpha^{3}\rangle\\|0\rangle\end{matrix}
\xrightarrow{\text{Sq Mul}^{-1}}
$$

$$
\begin{matrix}|\alpha\rangle\\|\alpha^{254}\rangle\\|\alpha^{2}\rangle\\|0\rangle\\|0\rangle\end{matrix}
\xrightarrow{\text{Sq}^{-1}\ \text{CNOT}}
\begin{matrix}|\alpha\rangle\\|\alpha^{254}\rangle\\|0\rangle\\|0\rangle\\|0\rangle\end{matrix}
\tag{5-33}
$$

式中，$|\alpha\rangle|0\rangle|0\rangle|0\rangle|0\rangle \xrightarrow{\text{CNOT}} |\alpha\rangle|0\rangle|\alpha\rangle|0\rangle|0\rangle$ 表示利用 CNOT 门将第一个寄存器中的 8 比特字符串复制到第三个寄存器中。Sq 和 Mul 分别表示平方和乘法操作。可以看出，经过可逆的乘法、平方及 CNOT 门等操作，能够对一个给定的非零元 α，计算出其逆元 $\alpha^{-1}=\alpha^{254}$。

在密码设计与分析领域，有限域（尤其是特征为 2 的域）上的元素运算是非常重要的基础运算。如何在量子线路模型下进行可逆实现，对于利用量子算法开展密码分析具有重要意义。下面，结合 SubBytes 过程涉及的部分基础运算，对利用量子线路编码实现有限域元素的运算进行讨论。

2. 有限域元素求平方线路

对于 SubBytes 过程涉及的有限域元素的平方运算 Sq，先对其代数运算过程进行分析。给定有限域 $\mathrm{GF}(2^8)=\mathbb{Z}_2[x]/(x^8+x^4+x^3+x+1)$ 上的任意一个元素：

$$\begin{aligned}\alpha &= (a_0,a_1,a_2,a_3,a_4,a_5,a_6,a_7)\\ &= a_0+a_1x+a_2x^2+a_3x^3+a_4x^4+a_5x^5+a_6x^6+a_7x^7\end{aligned} \tag{5-34}$$

则计算 α^2 的具体过程为

$$\begin{aligned}\alpha^2 &= (a_0+a_1x+a_2x^2+a_3x^3+a_4x^4+a_5x^5+a_6x^6+a_7x^7)^2\\ &= a_0+a_1x^2+a_2x^4+a_3x^6+a_4x^8+a_5x^{10}+a_6x^{12}+a_7x^{14}\\ &= a_0+a_1x^2+a_2x^4+a_3x^6+a_4(x^4+x^3+x+1)+\\ &\quad a_5x^2(x^4+x^3+x+1)+a_6x^4(x^4+x^3+x+1)+a_7x^6(x^4+x^3+x+1)\\ &= (a_0+a_4+a_6)+(a_4+a_6+a_7)x+(a_1+a_5)x^2+(a_4+a_5+a_6+a_7)x^3+\\ &\quad (a_2+a_4+a_7)x^4+(a_5+a_6)x^5+(a_3+a_5)x^6+(a_6+a_7)x^7\end{aligned} \tag{5-35}$$

结合上述分析，可以采取矩阵乘向量的形式实现平方运算 Sq。具体来说，可以定义矩阵

$$\boldsymbol{A}=\begin{bmatrix}1&0&0&0&1&0&1&0\\0&0&0&0&1&0&1&1\\0&1&0&0&0&1&0&0\\0&0&0&0&1&1&1&1\\0&0&1&0&1&0&0&1\\0&0&0&0&0&1&1&0\\0&0&0&1&0&1&0&0\\0&0&0&0&0&0&1&1\end{bmatrix}$$

输入元素 $\alpha\in \mathrm{GF}(2^8)$，其向量表示形式为 $\vec{\alpha}=(a_0,a_1,a_2,a_3,a_4,a_5,a_6,a_7)$，则可得

$$\alpha^2=\boldsymbol{A}\vec{\alpha}^{\mathrm{T}} \tag{5-36}$$

此时，可以根据矩阵 $\boldsymbol{A}$ 的表达式直接执行量子线路，实现平方运算。事实上，为减少线路实现的量子资源需求，利用更少的通用量子逻辑门实现运算，可以对矩阵 $\boldsymbol{A}$ 进行进一步的分解：

$$\boldsymbol{A}=\begin{bmatrix}1&0&0&0&0&0&0&0\\0&0&0&0&1&0&0&0\\0&1&0&0&0&0&0&0\\0&0&0&0&0&0&1&0\\0&0&1&0&0&0&0&0\\0&0&0&0&0&1&0&0\\0&0&0&1&0&0&0&0\\0&0&0&0&0&0&0&1\end{bmatrix}\begin{bmatrix}1&0&0&0&0&0&0&0\\0&1&0&0&0&0&0&0\\0&0&1&0&0&0&0&0\\0&0&0&1&0&0&0&0\\0&0&0&0&1&0&0&0\\0&0&0&0&0&1&0&0\\0&0&0&0&1&1&1&0\\0&0&0&0&0&0&1&1\end{bmatrix}\begin{bmatrix}1&0&0&0&1&0&1&0\\0&1&0&0&0&1&0&0\\0&0&1&0&1&0&0&1\\0&0&0&1&0&1&0&0\\0&0&0&0&1&0&1&1\\0&0&0&0&0&1&1&0\\0&0&0&0&0&0&1&0\\0&0&0&0&0&0&0&1\end{bmatrix}$$

结合上述矩阵分解式，给出有限域元素平方运算的量子线路实现。

在矩阵 $\boldsymbol{A}$ 的分解式中，右边的是上三角矩阵。按照从左到右、从上到下的顺序，逐

个分析主对角线之外的非零元。对于$0 \leqslant i, j \leqslant 7$，如果第$i$行第$j$列元素$c_{ij}=1$，则表示第$j$个量子比特对第$i$个量子比特执行 CNOT 门操作。例如，第 0 行中除$c_{0,0}$外，含有两个非零元$c_{0,4}$和$c_{0,6}$，则意味着第 4 个量子比特、第 6 个量子比特依次对第 0 个量子比特执行 CNOT 门操作；第 4 行中除$c_{4,4}$外，含有两个非零元$c_{4,6}$和$c_{4,7}$，则意味着第 6 个量子比特、第 7 个量子比特依次对第 4 个量子比特执行 CNOT 门操作。对于下三角矩阵，则按照从下到上、从右到左的顺序，逐个分析主对角线之外的非零元。分解式中的左边矩阵主要实现置换操作，在线路实现时可以省略，直接采取重新对比特编号的方式完成。有限域元素平方运算线路如图 5.29 所示。

图 5.29 中每一个虚线框的编号，恰好对应矩阵分解式中主对角线之外非零元所在的行，含几个非零元就执行几个 CNOT 门操作。前 6 个虚线框对应上三角矩阵操作，后 2 个虚线框则对应下三角矩阵操作。从图 5.29 中可以看出，利用 12 个 CNOT 门，不需要辅助比特，即可实现有限域元素的平方运算。

在图 5.29 中，输入为$\alpha=(a_0,a_1,a_2,a_3,a_4,a_5,a_6,a_7)$，输出为

$$\alpha^2=(b_0,b_1,b_2,b_3,b_4,b_5,b_6,b_7) \tag{5-37}$$

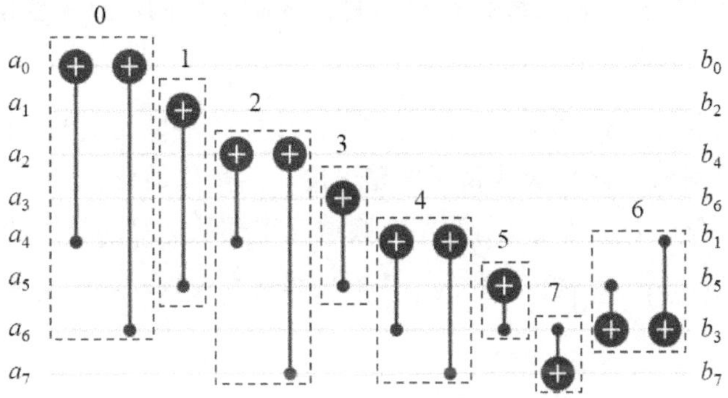

图 5.29　有限域元素平方运算线路

以元素$\alpha=(1,1,0,1,0,1,0,1)\in \mathrm{GF}(2^8)$为例，对计算其平方的量子线路进行验证。当直接进行有限域元素的代数运算时，可以得到

$$\begin{aligned}\alpha^2&=(1+x+x^3+x^5+x^7)^2\\&=1+x^2+x^6+x^{10}+x^{14}\\&=1+x^2+x^6+x^{10}+x^6(x^4+x^3+x+1)\\&=1+x^2+x(x^4+x^3+x+1)+x^7\\&=1+x+x^4+x^5+x^7\end{aligned} \tag{5-38}$$

下面结合量子线路，对输入$\alpha=(1,1,0,1,0,1,0,1)$对应的输出结果进行分析。

（1）$b_0=a_0\oplus a_4\oplus a_6=1$；

（2）$b_2=a_1\oplus a_5=0$；

（3）$b_4 = a_2 \oplus a_4 \oplus a_7 = 1$；

（4）$b_6 = a_3 \oplus a_5 = 0$；

（5）$b_1 = a_4 \oplus a_6 \oplus a_7 = 1$；

（6）$b_5 = a_5 \oplus a_6 = 1$；

（7）$b_3 = a_6 \oplus b_5 \oplus b_1 = a_6 \oplus (a_5 \oplus a_6) \oplus (a_4 \oplus a_6 \oplus a_7) = a_4 \oplus a_5 \oplus a_6 \oplus a_7 = 0$；

（8）$b_7 = a_6 \oplus a_7 = 1$。

可以看出，量子线路输出结果为

$$(b_0, b_1, b_2, b_3, b_4, b_5, b_6, b_7) = (1,1,0,0,1,1,0,1)$$

即$1 + x + x^4 + x^5 + x^7$，与代数运算结果完全一致。

3．有限域元素乘法运算线路

在求逆元的过程中，还有一个核心操作是有限域元素的乘法线路实现。根据求逆元的式（5-32）可以看出，除平方运算外，共涉及 6 个乘法运算。其中$\alpha \cdot \alpha^2$出现 3 次，也就是说，有两个乘法$\alpha \cdot \alpha^2$的线路是可以直接复制实现的，只需要构造 4 个乘法线路即可。

整数的乘法运算在 Shor 算法中已经有详细介绍，有限域元素的乘法运算有多种实现方式，可以分别针对量子比特数或量子线路深度、门操作数进行优化或折中。这里我们不深入讨论，只结合几个具体实例，介绍有限域元素乘法运算的量子线路简单实现方法。

考虑有限域$\mathrm{GF}(2^2) = \mathbb{Z}_2[x]/(x^2 + x + 1)$上的两个元素$A = a_1 x + a_0$和$B = b_1 x + b_0$，其乘法运算过程为

$$\begin{aligned}&(a_1 x + a_0)(b_1 x + b_0)\\&= a_1 b_1 x^2 + (a_1 b_0 + a_0 b_1)x + a_0 b_0\\&= a_1 b_1 (x+1) + (a_1 b_0 + a_0 b_1)x + a_0 b_0\\&= (a_1 b_1 + a_1 b_0 + a_0 b_1)x + a_1 b_1 + a_0 b_0\end{aligned} \tag{5-39}$$

当然，也可以换一种形式描述上述计算结果：

$$(a_1 x + a_0)(b_1 x + b_0) = ((a_1 + a_0)(b_1 + b_0) + a_0 b_0)x + a_1 b_1 + a_0 b_0 \tag{5-40}$$

基于上述表达式，可以在量子线路上利用 CNOT 门和 Toffoli 门实现乘法运算。

这里给出一种乘法线路的具体实现。线路共利用 3 个 Toffoli 门、2 个辅助比特实现乘法运算，线路深度为 5。有限域元素乘法运算简单线路如图 5.30 所示。

图 5.30 中上面 4 个量子比特用于输入（输出）元素 A 和 B，同时将 $A \times B$ 的结果存储在 2 个辅助比特上。$(A \times B)_1$ 和 $(A \times B)_0$ 分别表示 2 个元素乘积结果的高位和低位比特。

以 $A=x+1$ 和 $B=x$ 为例，此时 $a_1=1$、$a_0=1$、$b_1=1$、$b_0=0$，对应量子线路的输入态为 $|111000\rangle$。

对线路执行过程进行简单分析：

（1）经过第 1 个 Toffoli 门作用，第 1 个辅助比特为 0；

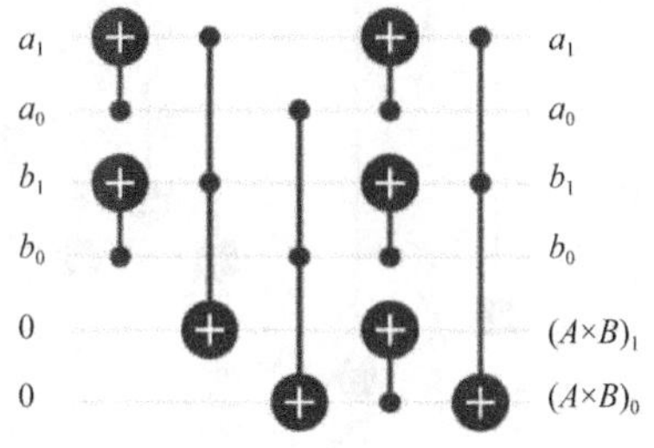

图 5.30　有限域元素乘法运算简单线路

（2）经过第 2 个 Toffoli 门作用，第 2 个辅助比特为 0；

（3）经过第 3 个 Toffoli 门作用，第 2 个辅助比特翻转，取值为 1。即 $(A\times B)_1=0$，$(A\times B)_0=1$，对应于 $A\times B=1$。

量子线路对应的输出态为 $|111001\rangle$。对结果进行验证，可以直接计算乘法：

$$A\times B=(x+1)x=x^2+x=(x+1)+x=1$$

可以看出，两个元素代数运算的结果与线路图输出结果一致。

下面再介绍一个例子，说明有限域元素乘法运算的实现。

给定有限域 $\mathrm{GF}(2^4)=\mathbb{Z}_2[x]/(x^4+x+1)$，对于域上的两个元素 X 和 Y 相乘，可以采用图 5.31 中的线路实现。

在图 5.31 中，元素 $X=(x_0,x_1,x_2,x_3)$，元素 $Y=(y_0,y_1,y_2,y_3)$，$X\times Y$ 的结果为 $T=(t_0,t_1,t_2,t_3)$。可以看出，实现域 $\mathrm{GF}(2^4)$ 上元素乘法，需要增加 9 个辅助比特，所有量子比特总数为 17 个。在输出乘法运算结果时，除 4 个量子比特作为最终输出比特外，还有 13 个量子比特属于量子态未定的输出比特。这些量子比特理论上需要采用退计算，将其还原为初始态；但为节约量子比特，也可以将其作为临时辅助比特（Dirty Ancilla Qubit），在后续算法中继续使用。

下面以 $\mathrm{GF}(2^4)$ 上的两个元素为例，讨论执行乘法线路得到输出结果的情况。

假设

$$X=(x_0,x_1,x_2,x_3)=(1,0,1,1)=1+x^2+x^3$$

$$Y=(y_0,y_1,y_2,y_3)=(0,1,0,1)=x+x^3$$

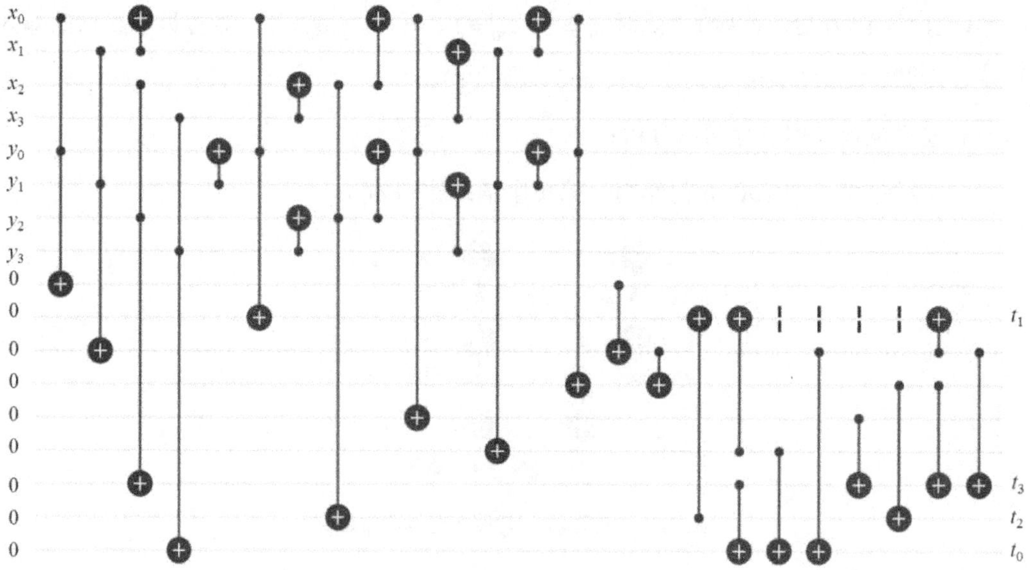

图 5.31　有限域元素乘法运算线路

以输出结果中的 t_1 为例进行分析。从图 5.31 中可以看出，涉及 t_1 取值的量子比特和操作及对应量子比特量子态的变换过程为：

（1）输入比特 $x_1=0$ 控制 $x_0=1$ 执行 CNOT 门操作，$x_0=1$ 保持不变；输入比特 $y_1=1$ 控制 $y_0=0$ 执行 CNOT 门操作，得到 $y_0=1$；对 t_1 执行由 x_0 和 y_0 控制的 Toffoli 门操作，因为 $x_0=y_0=1$，所以 t_1 取值由 0 变为 1；

（2）输入比特 $x_3=1$ 和 $y_3=1$ 分别控制 $x_2=1$ 和 $y_2=0$ 执行 CNOT 门操作，此时 $x_2=0$，$y_2=1$；以 x_2 和 y_2 为控制比特，对第 16 个量子比特执行 Toffoli 门操作，由其对 t_1 执行 CNOT 门操作，此时 $t_1=1$ 保持不变；

（3）输入比特 $x_3=1$ 和 $y_3=1$ 分别控制 $x_1=0$ 和 $y_1=1$ 执行 CNOT 门操作，此时 $x_1=1$，$y_1=0$；对第 14 个量子比特执行由 x_1 和 y_1 控制的 Toffoli 门操作，由其对 t_1 执行 CNOT 门操作，此时 $t_1=1$ 保持不变；

（4）初始输入比特 $x_0=1$ 和 $y_0=0$ 控制第 9 个量子比特执行 Toffoli 门操作，第 9 个量子比特保持取值 0 不变；$x_1=1$ 和 $y_1=0$ 控制第 11 个量子比特执行 Toffoli 门操作，第 11 个量子比特取值仍然为 0；第 9 个量子比特控制第 11 个量子比特执行 CNOT 门操作，第 11 个量子比特保持取值 0 不变；由第 11 个量子比特对 $t_1=1$ 执行 CNOT 门操作，得到 $t_1=1$。

同样可以通用代数运算来验证线路运算结果的正确性：

$$
\begin{aligned}
X\times Y &= (1+x^2+x^3)(x+x^3)\\
&= x+x^4+x^5+x^6\\
&= 1+x+x^3
\end{aligned}
$$

可以看出，代数运算结果中 x 的系数为 1，即 $t_1=1$。同理，可以对其他输出比特进行验证。

当然，这里只展示了求两个元素乘法运算结果的基本过程，在实际的量子线路实现中，可能还涉及退计算和量子比特还原等操作。相关操作不需要额外的设计，可以直接复制实现，在此不进行讨论。

4．ShiftRows 和 MixColumns 线路实现

下面对 ShiftRows 和 MixColumns 的量子线路实现进行简单说明。事实上，ShiftRows 操作只按照一定规则进行平移，可以视为一个以字节为单位的特殊置换。因此，在量子线路实现中，不需要额外的量子门操作，只需要调整后续量子门操作的位置即可（也可视为对现有量子态涉及的比特进行重新编号）。

MixColumns 操作是对一列 4 字节的值进行字运算，涉及有限域元素构成的矩阵对该列的乘法运算，操作过程与有限域元素乘法类似，相关细节在此不再讨论。

基于上述分析，即可实现完整的量子 Oracle 正确密钥的标记过程。在量子 Oracle 线路基础上，Grover 算法的其他模块均是固定的，可以直接调用，从而实现正确密钥的穷举搜索。关于 AES 及典型分组密码的可逆实现及量子密钥搜索，近年来学术研究较为活跃，更多优化实现方法及详细实现流程可查阅参考文献[38-44]。

5．拓展分析

事实上，对于 AES 算法来说，一个明文在多个不同密钥作用下可能导出相同的密文。因此，需要多组明密文对才能确定唯一的密钥。对于 AES-128 算法，通常 3 组以上的明密文对即可确定唯一的密钥。

以 AES-128 算法为例，假设 3 组已知明密文对 $(m_1,c_1),(m_2,c_2),(m_3,c_3)$ 可以确定唯一的正确密钥，则整个问题抽象为在 $N=2^{128}$ 个密钥构成的空间中，搜索唯一一个正确的目标密钥。当然，也可以采用单一明密文对执行搜索过程，此时搜索完成得到的密钥可能是非正确密钥。然而，密钥的验证是很容易的，所以可以通过重复调用执行算法的方式，对搜索出的密钥进行进一步筛选，最终得到正确密钥。

如果采取多组明密文对确定密钥的方式，可以定义布尔函数 $f:\{0,1\}^K\to\{0,1\}$，

$$f(K)=(\text{AES}_K(m_1)=c_1)\wedge(\text{AES}_K(m_2)=c_2)\wedge(\text{AES}_K(m_3)=c_3)$$

该函数的功能是用某个密钥 K 对 3 个明文 m_1,m_2,m_3 分别加密，得到对应的 3 个密文，如果这 3 个密文恰好分别等于已知密文 c_1,c_2,c_3，则函数 $f(K)=1$，否则函数值为 0。事实上，该函数能够标记出密钥空间中唯一的正确密钥。

利用 Grover 算法搜索正确密钥，需要给出密钥标记函数的可逆线路实现，如图 5.32 所示。

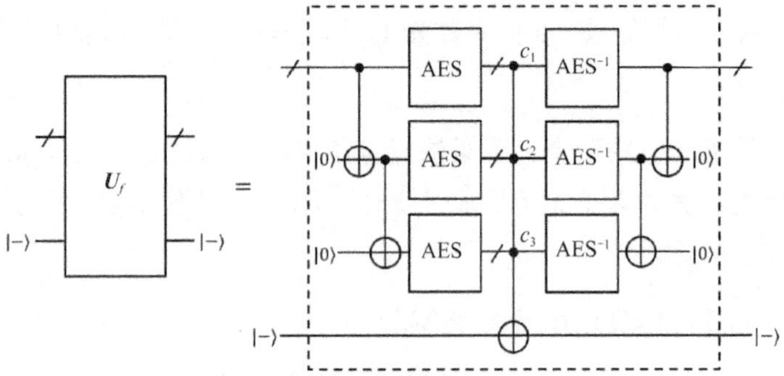

图 5.32 密钥标记函数的可逆线路实现

5.5.4 Grover 算法与 Simon 算法的结合

除直接用于解决暴力搜索问题外，Grover 算法还可以与其他量子算法结合，开展更深入的密码分析应用。本节介绍利用 Grover 算法与 Simon 算法的结合，实现对 FX 结构的密钥恢复攻击。

对于一般的密码算法，根据上述章节的分析，Grover 算法可以实现开平方加速。事实上，可以抽象出如图 5.33 所示的简单密码结构。

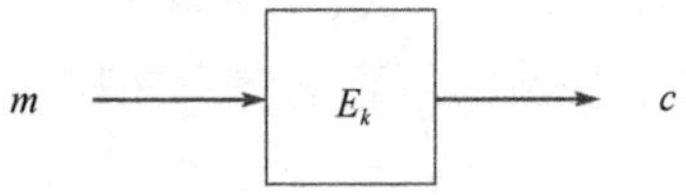

图 5.33 简单密码结构

如果密钥长度为 n 比特，则直接用 Grover 算法进行密钥搜索的复杂度为 $O(2^{n/2})$。基于此，长期以来，学术界普遍认为只需将密钥长度加倍，即可应对量子计算机带来的威胁。当然，近些年出现了一系列针对对称密码算法的量子攻击算法，通过深入剖析利用密码算法的内部结构特征，或者将量子算法与经典密码分析方法结合，能够实现对量子穷举攻击的进一步加速。这是当前学术界研究的热点，在此不进行深入讨论，仅探讨几个简单实例。

1. EM 结构

为应对 Grover 算法带来的威胁，有两种主要的思路：增加白化密钥（Whitening Key）或进行多重加密。首先看基础的 EM（Even-Mansour）结构，如图 5.34 所示。

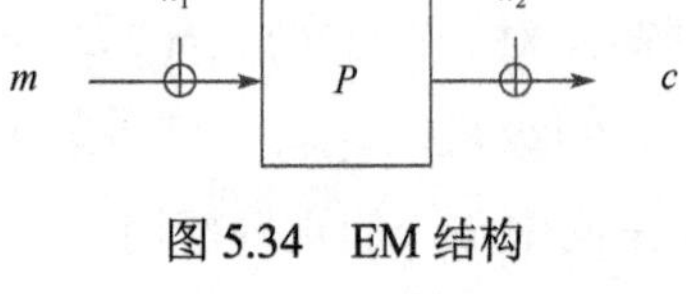

图 5.34 EM 结构

EM 结构由一个 n 比特的公开置换和两个密钥（前白化密钥和后白化密钥，均为 n 比特）构成。对于输入明文 m，首先用前白化密钥 k_1 进行异或操作，然后用置换 P 作用，

最终利用后白化密钥 k_2 异或后输出密文 c。即明密文对应关系为

$$c = k_1 \oplus P(m) \oplus k_2 \tag{5-41}$$

在经典情形下，已经证明：如果置换 P 是从所有可能置换中随机选取的，则攻击者区分加密函数和随机置换的成功概率为 $q^2 \cdot 2^{-n}$，其中 q 是访问置换 P 或加解密量子 Oracle 的次数。然而，在量子选择明文攻击（Chosen-Plaintext Attack，CPA）模型下，存在多项式时间内的量子攻击算法。

主要思路是根据 EM 结构，对于明文 m，密钥 k_1 和 k_2，定义函数

$$\begin{aligned} f(x) &= \mathrm{Enc}_{\mathrm{EM}}(m) \oplus P(x) \\ &= P(x \oplus k_1) \oplus k_2 \oplus P(x) \end{aligned} \tag{5-42}$$

根据 EM 结构的性质，可以看出该函数为周期函数，即对于任意的输入 x，均满足

$$f(x) = f(x \oplus k_1) \tag{5-43}$$

基于标准的 Simon 算法，通过 $O(n)$ 次访问 EM 结构，可以直接求出周期 k_1。此时，利用经典算法或量子算法，求出密钥 k_2 即可。

2. FX 结构

FX 结构与 EM 结构具有一定的相似性。2017 年，Leander 和 May 分析了 FX 结构的特征，利用 Grover 算法和 Simon 算法的结合开展攻击。其核心思路是用 Simon 算法作为内部判定算法，用 Grover 算法作为外部搜索算法。结果表明，在量子计算模型下，FX 结构的前后白化密钥并不能有效地提高算法安全强度。

FX 结构是由 Killian 和 Rogaway 提出的一类扩展给定密码算法密钥长度的方法。通过将 EM 结构和一个通用密码算法结合，可以实现密钥长度的增加，从而提升安全强度。FX 结构如图 5.35 所示。

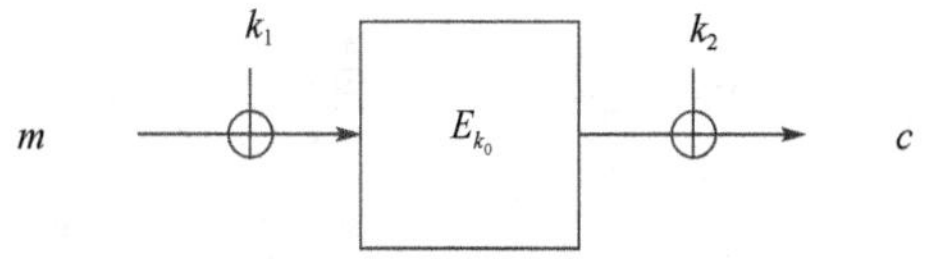

图 5.35　FX 结构

从图 5.35 中可以看出，FX 结构将 EM 结构中的公开置换替换为一个分组加密算法 E_{k_0}。假设输入明文长度为 n_1 比特，密钥 k_0 为 n_0 比特，则在白化密钥 k_1 和 k_2（均为 n_1 比特）的作用下，整个加密过程可以描述为

$$c = E_{k_0}(m \oplus k_1) \oplus k_2 \tag{5-44}$$

从算法效率来看，在分组加密算法 E_{k_0} 之外增加白化密钥，整体加密效率并不受明显影响，但是安全强度具有一定提升。在理想化模型中，可以证明（使用经典计算机），攻击 FX 结构，攻击者的成功概率为

$$q^2 \cdot 2^{-(n_0+n_1)}$$

式中，q 是访问分组加密算法 E_{k_0} 或加解密量子 Oracle 的次数。

从基本构造可以看出，FX 结构的密钥空间为 $(k_0,k_1,k_2) \in \mathbb{F}_2^{n_0+2n_1}$，如果只考虑 Grover 算法，则 FX 结构具有较高的安全强度。

为进一步分析 FX 结构，可以构造如下函数

$$\begin{aligned} f(k,x) &= \text{Enc}(x) \oplus E_k(x) \\ &= E_{k_0}(x \oplus k_1) \oplus k_2 \oplus E_k(x) \end{aligned} \tag{5-45}$$

从式（5-45）可以看出，如果对应正确密钥 $k = k_0$，则

$$f(k_0,x) = f(k_0, x \oplus k_1) \tag{5-46}$$

即 $f(k_0,x)$ 是关于变元 x 的周期函数，其周期为 k_1。当然，如果 $k \neq k_0$，则 $f(k,x)$ 很大概率不是周期函数。因此，可以用 Grover 算法对第一个变元 $k \in \{0,1\}^{n_0}$ 进行搜索。搜索对应的量子 Oracle 的功能是标记对应函数是否为周期函数。在具体实现时，可以将 Simon 算法作为内部测试算法，确定每个函数 $f(k,x)$ 是否存在周期。整个攻击过程的查询复杂度（访问加解密函数的次数）为 $O((n_0+n_1) \cdot 2^{n_0/2})$。算法的线路实现细节在此不再深入讨论，感兴趣的读者可以查阅参考文献[45]。

习题

5.1　证明在 Grover 迭代过程中，条件相移对应的酉变换为 $\boldsymbol{P} = 2|0\rangle\langle 0| - \boldsymbol{I}$。

5.2　在 N 个数据构成的数据库中找一个唯一的目标元素，如果要求成功概率达到 90%，则应该迭代多少次？

5.3　在 4 个数据中搜索一个给定数据，当目标数据编码分别为 00 和 10 时，量子 Oracle 应该如何实现？

5.4　在 5.2.2 节 4 个数据的搜索示例中，步骤（3）变换后的量子态是什么？

5.5　给出四比特控制非门的两种实现方式每一步操作对应的量子态变换情况，并证明两种实现方式是等价的。

5.6　结合 5.2.2 节给出的两种实现四比特控制非门的方式，分析其所需的量子比特和量子门数量。

5.7　给出公式 $y_1 = x_1 \oplus \neg x_2 \oplus x_3 \oplus (x_1 \wedge \neg x_2 \wedge x_3)$ 的真值表。

5.8　给出在 SAT 问题求解过程中，两个子句 $(\neg x_1 \vee \neg x_2 \vee \neg x_3)$ 和 $(\neg x_1 \vee x_2 \vee x_3)$ 的量子线路实现。

5.9 给出能够标记方程 $x_1x_3 + x_2x_4 + x_3 = 0$ 正确解的量子线路。

5.10 给出能够标记方程 $x_1x_3x_4 + x_1x_2x_5 + x_2x_4 = 1$ 正确解的量子线路。

5.11 结合 5.5.3 节，证明元素 $\alpha \in \mathrm{GF}(2^8)$ 的平方 $\alpha^2 = \boldsymbol{A}\vec{\alpha}^{\mathrm{T}}$ 。

5.12 验证 5.5.3 节中的矩阵分解式成立。

5.13 验证输入有限域 $\mathrm{GF}(2^8) = \mathbb{Z}_2[x]/(x^8 + x^4 + x^3 + x + 1)$ 上的某个元素，量子线路图能够正确计算其平方。

5.14 验证输入有限域 $\mathrm{GF}(2^4) = \mathbb{Z}_2[x]/(x^4 + x + 1)$ 上的两个元素，量子线路图能够正确计算其乘积。

第 6 章　量子密钥分发技术

量子信息技术除可用于量子计算进行密码分析外，还可以用于信息加密。有别于传统的加密技术，量子加密技术不再依赖于计算困难的数学问题，其利用量子力学基本原理对信息进行加密，从物理机制上保障了信息的安全性。在诸多量子加密技术中，量子密钥分发（Quantum Key Distribution，QKD）技术受到的关注最多，技术上最为成熟。QKD 理论上可以实现密钥在远距离通信双方之间的安全分配，结合“一次一密”的加密方法，可以实现无条件安全的信息传输。自 1984 年首个 QKD 协议提出以来，经过多年的发展，QKD 理论及实验都取得了长足的进步。一方面，多种多样的 QKD 协议层出不穷，相应的安全性分析不断完善；另一方面，QKD 实验发展迅速，通信距离不断增大，QKD 网络及量子卫星相继出现，标志着 QKD 技术正逐渐走出实验室，向着实用化方向迈进。

本章主要围绕量子加密技术中重要的组成部分——QKD 技术进行介绍，从经典信息论和量子信息论出发，对 QKD 协议及其理论安全性、QKD 系统组成及实际安全性进行详细阐述。

6.1　经典信息论基础

1948 年，香农创造性地将信息熵用于测度通信中的信息量，由此开创了经典信息论。经典信息论实现了通信系统有效性、安全性和可靠性的定量分析，是经典通信的数学基础。

6.1.1　经典香农熵

香农熵是经典信息论中最重要的一个基本概念。利用香农熵可以对随机变量的随机性进行测度，也可以理解为测量该随机变量获取信息量的一种平均测度。

定义 6.1　对于某个离散随机变量 $X=\{x_k, k=1,2,\cdots,n\}$，其对应的取值概率分布为 $P(x=x_k)=p_k$，其中 $0\leqslant p_k\leqslant 1$，$k=1,2,\cdots,n$，且有 $\sum_{k=1}^{n} p_k=1$。则与该概率分布相联系的香农熵定义为

$$H(X) = -\sum_{k=1}^{n} p_k \log_2 p_k \tag{6-1}$$

需要强调的是，香农熵中的对数以 2 为底，因此香农熵的单位是比特，且定义 $0\log_2 0 = 0$，即 $\lim\limits_{p \to 0+} p\log_2 p = 0$。

从定义可以看出，香农熵具有以下基本性质。

（1）对称性。香农熵 $H(X)$ 不会因随机变量 X 中各元素 x_k 次序变化而发生变化。

（2）非负性。香农熵 $H(X) \geqslant 0$ 永远成立，且当 $H(X) = 0$ 时，X 为确定性事件。

（3）极值性。当随机变量 X 中各元素 x_k 对应取值概率 p_k 完全相等时，香农熵 $H(X)$ 取最大值。即当 $p_1 = p_2 = \cdots = p_n = \dfrac{1}{n}$ 时，$H(X) = \log_2 n$；在其他条件下，$H(X) < \log_2 n$。

6.1.2 其他经典信息熵

在香农熵的基础上，可以进一步定义相对熵、联合熵、条件熵及互信息等经典信息论中的重要概念。

1．相对熵

定义 6.2 对于同一个随机变量 X 存在两种概率分布 $P(x)$ 和 $Q(x)$，则两种概率分布之间的相对熵定义为

$$H(P(x) \mid Q(x)) = \sum_{x} P(x)\log_2 \frac{P(x)}{Q(x)} \tag{6-2}$$

从信息论角度出发，相对熵可以作为随机变量 X 的两种概率分布 $P(x)$ 和 $Q(x)$ 之间距离的一种测度。

2．联合熵

定义 6.3 设 X 和 Y 是两个随机变量，$X = \{x_i, i = 1,2,\cdots,n\}$，$Y = \{y_j, j = 1,2,\cdots,m\}$，则 X 与 Y 的联合熵定义为

$$H(X,Y) = -\sum_{j=1}^{m}\sum_{i=1}^{n} P(x = x_i, y = y_j)\log_2 P(x = x_i, y = y_j) \tag{6-3}$$

联合熵常用于测度两个随机变量 X 与 Y 的整体不确定性，表示两个随机变量分别出现相应事件的平均信息量。

3．条件熵

定义 6.4 设 X 和 Y 是两个随机变量，$X = \{x_i, i = 1,2,\cdots,n\}$，$Y = \{y_j, j = 1,2,\cdots,m\}$，则 X 相对于 Y 的条件熵定义为

$$H(X|Y) = -\sum_{j=1}^{m}\sum_{i=1}^{n} P(x = x_i, y = y_j)\log_2 P(x = x_i | y = y_j) \tag{6-4}$$

条件熵是在已知 Y 值的前提下，对随机变量 X 的不确定性的测度。

4. 互信息

定义 6.5 设 X 和 Y 是两个随机变量，$X = \{x_i, i = 1,2,\cdots,n\}$，$Y = \{y_j, j = 1,2,\cdots,m\}$，则 X 与 Y 的互信息定义为

$$I(X;Y) = \sum_{j=1}^{m}\sum_{i=1}^{n} P(x = x_i, y = y_j)\log_2 \frac{P(x = x_i | y = y_j)}{P(x = x_i)} \tag{6-5}$$

若 X 为发送方 Alice 发送的随机变量，Y 为接收方 Bob 接收到的随机变量，则互信息 $I(X;Y)$ 表示接收到随机变量 Y 后平均每个比特获得的关于随机变量 X 的信息量。互信息对于计算通信系统码率非常重要，对于 QKD 系统同样具有重大意义。

根据上述几个定义，容易得到以下关系式：

$$H(X,Y) = H(Y,X) \tag{6-6}$$

$$H(X|Y) = H(X,Y) - H(Y) \tag{6-7}$$

$$I(X;Y) = I(Y;X) \tag{6-8}$$

$$\begin{aligned} I(X;Y) &= H(X) + H(Y) - H(X,Y) \\ &= H(X) - H(X|Y) = H(Y) - H(Y|X) \end{aligned} \tag{6-9}$$

互信息和各种熵之间的关系可以通过维恩图（见图 6.1）表示出来，维恩图可以帮助我们直观理解互信息和各种熵之间的关系。

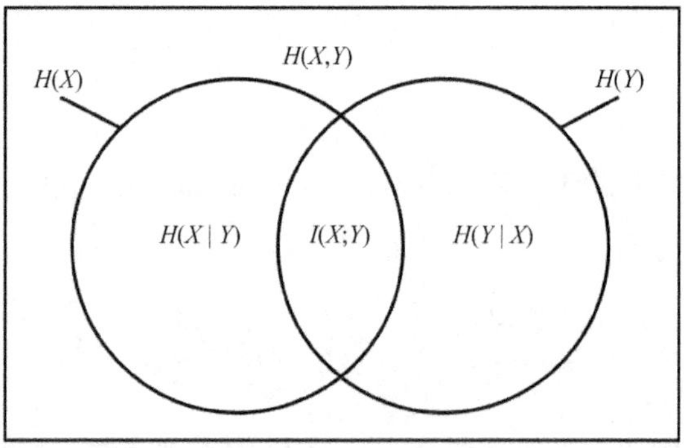

图 6.1　维恩图：互信息和各种熵之间的关系

6.2　量子信息论基础

量子信息论是 QKD 技术的基础，它基于经典信息论，主要用于研究量子系统中量

子信息在传输及处理过程中不确定性及信息大小测度等问题。量子信息论对于 QKD 协议安全性证明、系统安全性分析等具有重要意义。

6.2.1 量子冯·诺依曼熵

量子冯·诺依曼熵是经典香农熵在量子系统中的推广，其使用密度算子代替经典香农熵中的概率分布，用于测度量子系统中量子信息的不确定性。

定义 6.6 设量子比特对应量子态的密度算子为 $\boldsymbol{\rho}$，则量子冯·诺依曼熵定义为

$$S(\boldsymbol{\rho}) = -\mathrm{tr}(\boldsymbol{\rho}\log_2 \boldsymbol{\rho}) \tag{6-10}$$

式中，tr 表示求矩阵的迹。

若 λ_n 是密度算子 $\boldsymbol{\rho}$ 的本征值，则量子冯·诺依曼熵可以表示为

$$S(\boldsymbol{\rho}) = -\sum_n \lambda_n \log_2 \lambda_n \tag{6-11}$$

利用上式，容易得到当 $\boldsymbol{\rho} = \sum_i p_i |i\rangle\langle i|$ 时，量子冯·诺依曼熵为 $S(\boldsymbol{\rho}) = -\sum_i p_i \log_2 p_i$。

例 6.1 若所取量子态密度矩阵 $\boldsymbol{\rho}=\frac{1}{2}\begin{bmatrix}1 & 0\\0 & 1\end{bmatrix}$，则利用 $\begin{vmatrix}\lambda-\frac{1}{2} & 0\\0 & \lambda-\frac{1}{2}\end{vmatrix}=0$ 可以得到其本征值 $\lambda_1 = \lambda_2 = \frac{1}{2}$，按照式（6-11）可以计算相应的量子冯·诺依曼熵为 $S(\boldsymbol{\rho}) = -\frac{1}{2}\log_2 \frac{1}{2} - \frac{1}{2}\log_2 \frac{1}{2} = 1$。

与经典信息论类似，量子信息论可以定义复合量子系统的联合熵、相对熵和互信息。

定义 6.7 设复合量子系统由 A、B 两个子系统组成，其密度算子为 $\boldsymbol{\rho}_{AB}$，则子系统 A 和子系统 B 之间的量子联合熵定义为

$$S(\boldsymbol{\rho}_{AB}) = -\mathrm{tr}(\boldsymbol{\rho}_{AB} \log_2 \boldsymbol{\rho}_{AB}) \tag{6-12}$$

定义 6.8 设复合量子系统由 A、B 两个子系统组成，其密度算子分别为 $\boldsymbol{\rho}_A$ 和 $\boldsymbol{\rho}_B$，则子系统 A 和子系统 B 之间的量子相对熵定义为

$$S(\boldsymbol{\rho}_A \| \boldsymbol{\rho}_B) = \mathrm{tr}(\boldsymbol{\rho}_A \log_2 \boldsymbol{\rho}_A) - \mathrm{tr}(\boldsymbol{\rho}_A \log_2 \boldsymbol{\rho}_B) \tag{6-13}$$

定义 6.9 设复合量子系统由 A、B 两个子系统组成，其密度算子为 $\boldsymbol{\rho}_{AB}$，子系统 A、子系统 B 的密度算子分别为 $\boldsymbol{\rho}_A$、$\boldsymbol{\rho}_B$，则子系统 A 和子系统 B 之间的量子互信息定义为

$$S(\boldsymbol{\rho}_A : \boldsymbol{\rho}_B) = S(\boldsymbol{\rho}_A) + S(\boldsymbol{\rho}_B) - S(\boldsymbol{\rho}_{AB}) \tag{6-14}$$

例 6.2 复合量子系统 AB 处于量子态 $\frac{1}{\sqrt{2}}(|00\rangle + |11\rangle)$，则复合量子系统的密度算子为

$$\rho_{AB}=\frac{1}{2}(|00\rangle\langle 00|+|00\rangle\langle 11|+|11\rangle\langle 00|+|11\rangle\langle 11|)$$

$$=\frac{1}{2}\begin{bmatrix}1&0&0&1\\0&0&0&0\\0&0&0&0\\1&0&0&1\end{bmatrix}$$

根据式（6-12）可以计算得到子系统 A、子系统 B 之间的量子联合熵为 0；对子系统 A 求偏迹，可以得到 $\rho_A=\mathrm{tr}_B\left(\rho_{AB}\right)=\frac{1}{2}(\mathrm{tr}_B(|00\rangle\langle 00|)+\mathrm{tr}_B(|00\rangle\langle 11|)+\mathrm{tr}_B(|11\rangle\langle 00|)+\mathrm{tr}_B(|11\rangle\langle 11|))=\frac{I}{2}$，同理可得 $\rho_B=\frac{I}{2}$；由式（6-13）可以计算得到子系统 A、子系统 B 之间的量子相对熵为 0；利用式（6-14）可以计算得到子系统 A、子系统 B 之间的量子互信息为 $S(\rho_A:\rho_B)=S(\rho_A)+S(\rho_B)-S(\rho_{AB})=1+1-0=2$。

6.2.2 量子保真度

对于经典信息而言，信号只有“0”和“1”两种状态，而且这两种状态的区分相对简单。但对于量子信息来说，信号的量子态有无穷种可能，如何测度量子态在经过信道传输后偏离原始量子态的程度成为必须考虑的问题，因此产生了量子保真度的概念。

定义 6.10 对于两个量子态 $|\alpha\rangle$ 和 $|\beta\rangle$，对应的密度算子分别为 ρ_α 和 ρ_β，则两个量子态之间的保真度定义为

$$F(\rho_\alpha,\rho_\beta)=\mathrm{tr}\left(\sqrt{\rho_\alpha^{\frac{1}{2}}\rho_\beta\rho_\alpha^{\frac{1}{2}}}\right) \tag{6-15}$$

保真度 $F(\rho_\alpha,\rho_\beta)$ 越接近 1，表示两个量子态 $|\alpha\rangle$ 和 $|\beta\rangle$ 之间的距离越近。

例 6.3 对于两个正交量子态 $|0\rangle$ 和 $|1\rangle$，其对应的密度算子分别为 $\rho_\alpha=|0\rangle\langle 0|=\begin{pmatrix}1&0\\0&0\end{pmatrix}$ 和 $\rho_\beta=|1\rangle\langle 1|=\begin{pmatrix}0&0\\0&1\end{pmatrix}$，则其保真度为 0；而对于两个相同量子态 $|0\rangle$ 和 $|0\rangle$，对应密度算子 $\rho_\alpha=\rho_\beta=|0\rangle\langle 0|=\begin{pmatrix}1&0\\0&0\end{pmatrix}$，可计算其保真度为 1。

6.2.3 Holevo 界

接收方 Bob 遍历所有可能的测量方案得到互信息的最大值称为 Bob 可获取的最大信息量。在经典信息情况下，由于经典态可以有效区分，因此接收方 Bob 可以获取的最大信息量为发送方 Alice 信源的香农熵。而在量子信息情况下，由于信源输出信号存在非正交的可能，因此可获取的最大信息量低于经典香农熵情况。Holevo 界给出了一个可获

取量子信息量的上界，在量子信息中经常用到。

定理 6.1 设发送方 Alice 以概率 p_i 制备量子态 $\boldsymbol{\rho}_i$，其中 $i=1,2,\cdots,n$，系统的密度算子为 $\boldsymbol{\rho}=\sum_i p_i\boldsymbol{\rho}_i$，将发送方 Alice 生成的随机序列记为 X。接收方 Bob 对发送方 Alice 发送的信号进行测量，其测量结果记为 Y，则接收方 Bob 可获取量子信息量的上界为

$$I(X:Y)\leqslant S(\boldsymbol{\rho})-\sum_i p_i S(\boldsymbol{\rho}_i)=\chi \tag{6-16}$$

式中，χ 称为 Holevo 界。

证明：定义 P、Q 和 M 三个系统，其中 P 为量子态生成系统，Q 为量子态传输系统，M 为量子态测量系统。系统 P 通过正交基 $|i\rangle$ 生成量子态，系统 M 通过正交基 $|j\rangle$ 测量量子态，假设系统 M 在初始时刻处于基态 $|0\rangle$。设复合量子系统的初始态为 $\boldsymbol{\rho}=\sum_i p_i|i\rangle\langle i|\otimes\boldsymbol{\rho}_i\otimes|0\rangle\langle 0|$，表示系统 P 以概率 p_i 选择基矢 $|i\rangle$，生成量子态 $\boldsymbol{\rho}_i$ 并发给系统 M 进行测量。引入量子算子 $\boldsymbol{U}$，对系统 Q 进行基为 $\{E_j\}$ 的 POVM 测量，将测量结果存在系统 M 中，即

$$\boldsymbol{U}(\boldsymbol{\sigma}\otimes|0\rangle\langle 0|)=\sum_j\sqrt{E_j}\boldsymbol{\sigma}\sqrt{E_j}\otimes|j\rangle\langle j| \tag{6-17}$$

式中，$\boldsymbol{\sigma}$ 表示系统 Q 的任意一种量子态。测量后复合量子系统为 $P'Q'M'$。一方面，由于在开始时，系统 M 与系统 P、系统 Q 无关，因此 $S(P:Q)=S(P:Q,M)$，其中 $S(P:Q)$ 表示系统 P 和系统 Q 之间的量子互信息；另一方面，由于测量操作不会增加系统 P 和系统 Q、系统 M 之间的量子互信息，因此 $S(P:Q,M)\geqslant S(P':Q',M')$。此外，丢弃系统同样不会增加量子互信息，因此 $S(P':Q',M')\geqslant S(P':M')$。进一步，可以得到

$$S(P:Q)\geqslant S(P':M') \tag{6-18}$$

考虑 PQ 系统，其密度矩阵为 $\boldsymbol{\rho}^{PQ}=\sum_i p_i|i\rangle\langle i|\otimes\boldsymbol{\rho}_i$，可得系统 P 的量子冯・诺依曼熵 $S(P)=H(p_i)$，系统 Q 的量子冯・诺依曼熵 $S(Q)=S(\boldsymbol{\rho})$。进一步，$S(P,Q)=H(p_i)+\sum_i p_i S(\boldsymbol{\rho}_i)$①，可得

$$S(P:Q)=S(P)+S(Q)-S(P,Q)=S(\boldsymbol{\rho})-\sum_i p_i S(\boldsymbol{\rho}_i) \tag{6-19}$$

对于量子算子 $\boldsymbol{U}$ 作用后的复合量子系统，其量子态可以写为

$$\boldsymbol{\rho}^{P'Q'M'}=\sum_{i,j}p_i|i\rangle\langle i|\otimes\sqrt{E_j}\boldsymbol{\rho}_i\sqrt{E_j}\otimes|j\rangle\langle j| \tag{6-20}$$

---

① 考虑两个密度矩阵分别为 $\boldsymbol{\rho}$ 和 $\boldsymbol{\sigma}$ 的量子系统，则复合量子系统的密度矩阵为 $\boldsymbol{\rho}\otimes\boldsymbol{\sigma}$，其对应量子冯・诺依曼熵为 $S(\boldsymbol{\rho}\otimes\boldsymbol{\sigma})$。设密度矩阵 $\boldsymbol{\rho}$ 的本征值和本征态分别为 a_i、$|a_i\rangle$，密度矩阵 $\boldsymbol{\sigma}$ 的本征值和本征态分别为 b_j、$|b_j\rangle$，容易验证 $(\boldsymbol{\rho}\otimes\boldsymbol{\sigma})|a_i\rangle\otimes|b_j\rangle=a_ib_j|a_i\rangle\otimes|b_j\rangle$，即复合量子系统的本征值为 a_ib_j。因此 $S(\boldsymbol{\rho}\otimes\boldsymbol{\sigma})=-\sum_{i,j}a_ib_j\log_2(a_ib_j)=-\sum_i a_i\log_2 a_i-\sum_j b_j\log_2 b_j=S(\boldsymbol{\rho})+S(\boldsymbol{\sigma})$。

对系统 Q 求偏迹，得到

$$\begin{aligned}\boldsymbol{\rho}^{P'M'} &= \sum_{i,j} p_i \mathrm{tr}(\sqrt{E_j}\boldsymbol{\rho}_i\sqrt{E_j})|i\rangle\langle i|\otimes|j\rangle\langle j| = \sum_{i,j} p_i \mathrm{tr}(\boldsymbol{\rho}_i E_j)|i\rangle\langle i|\otimes|j\rangle\langle j| \\ &= \sum_{i,j} p_i p(j\,|\,i)|i\rangle\langle i|\otimes|j\rangle\langle j| = \sum_{i,j} p(i,j)|i\rangle\langle i|\otimes|j\rangle\langle j|\end{aligned} \tag{6-21}$$

则 $S(P'M') = -\sum_{i,j} p(i,j)\log_2 p(i,j) = H(X,Y)$，从而 $S(P':M') = I(X:Y)$，结合式（6-18）可以证明 $I(X:Y) \leqslant S(\boldsymbol{\rho}) - \sum_i p_i S(\boldsymbol{\rho}_i)$。

6.2.4 典型量子噪声信道模型

对于量子系统而言，存在以下 4 种典型的量子噪声信道模型，分别是比特翻转信道模型、退极化信道模型、幅值阻尼信道模型和相位阻尼信道模型。下面分别对这 4 种典型的量子噪声信道模型进行介绍。

1. 比特翻转信道模型

在比特翻转信道中，量子比特在传输过程中发生了翻转，即发送量子比特 $|1\rangle$ 收到量子比特 $|0\rangle$ 或发送量子比特 $|0\rangle$ 收到量子比特 $|1\rangle$。考虑一般性，假设比特翻转信道以概率 $1-p$ 将 $|0\rangle$ 翻转为 $|1\rangle$（或相反），则其模型可以表示为

$$\begin{aligned}\boldsymbol{U} &= \sqrt{p}\boldsymbol{I} + \sqrt{1-p}\boldsymbol{\sigma}_x \\ &= \begin{pmatrix} \sqrt{p} & \sqrt{1-p} \\ \sqrt{1-p} & \sqrt{p} \end{pmatrix}\end{aligned} \tag{6-22}$$

式中，$\boldsymbol{\sigma}_x = \begin{pmatrix} 0 & 1 \\ 1 & 0 \end{pmatrix}$ 是泡利矩阵。

2. 退极化信道模型

在退极化信道中，量子比特以概率 p 去极化，以概率 $1-p$ 不发生变化，即退化为完全混态 $\boldsymbol{I}/2$。对于密度矩阵为 $\boldsymbol{\rho}$ 的量子态，经过退极化信道后，量子态的密度矩阵变为

$$\boldsymbol{\rho} = \frac{p\boldsymbol{I}}{2} + (1-p)\boldsymbol{\rho} \tag{6-23}$$

对于任意 $\boldsymbol{\rho}$，有

$$\frac{\boldsymbol{I}}{2} = \frac{\boldsymbol{\rho} + \boldsymbol{\sigma}_x\boldsymbol{\rho}\boldsymbol{\sigma}_x + \boldsymbol{\sigma}_y\boldsymbol{\rho}\boldsymbol{\sigma}_y + \boldsymbol{\sigma}_z\boldsymbol{\rho}\boldsymbol{\sigma}_z}{4} \tag{6-24}$$

因此，可以得到

$$\boldsymbol{\rho}' = (1-\frac{3}{4}p)\boldsymbol{I} + \frac{1}{4}p(\boldsymbol{\sigma}_x\boldsymbol{\rho}\boldsymbol{\sigma}_x + \boldsymbol{\sigma}_y\boldsymbol{\rho}\boldsymbol{\sigma}_y + \boldsymbol{\sigma}_z\boldsymbol{\rho}\boldsymbol{\sigma}_z) \tag{6-25}$$

3. 幅值阻尼信道模型

在幅值阻尼信道中，量子比特在传输过程中发生能量损失，如光在信道传输过程中存在能量损失。幅值阻尼信道模型算子可以表示为

$$\boldsymbol{E}_0=\begin{bmatrix}1 & 0\\0 & \sqrt{1-p}\end{bmatrix} \tag{6-26}$$

$$\boldsymbol{E}_1=\begin{bmatrix}0 & \sqrt{p}\\0 & 0\end{bmatrix} \tag{6-27}$$

式中，p 为光子比特丢失一个光子的概率；$\boldsymbol{E}_1$ 表示量子比特由量子态$|1\rangle$变为量子态$|0\rangle$，该过程中损失一个光子；$\boldsymbol{E}_0$ 表示保持量子态$|0\rangle$不变，但会减小量子态$|1\rangle$的幅值。

4. 相位阻尼信道模型

在相位阻尼信道中，量子比特在传输过程中会发生相位信息丢失，如单光子信号受到光纤中随机散射的影响，相位随机旋转θ角度。通常θ可以使用期望值为 0、方差为 2σ 的高斯变量表示，则量子态$|\varphi\rangle=a|0\rangle+b|1\rangle$经过相位阻尼信道后的密度矩阵为

$$\rho=\frac{1}{\sqrt{4\pi\sigma}}\int_{-\infty}^{+\infty}\boldsymbol{R}_z(\theta)|\varphi\rangle\langle\varphi|\boldsymbol{R}_z^{\dagger}(\theta)\mathrm{e}^{-\frac{\theta^2}{4\sigma}}\mathrm{d}\theta=\begin{bmatrix}|a|^2 & ab^*\mathrm{e}^{-\sigma}\\a^*b\mathrm{e}^{-\sigma} & |b|^2\end{bmatrix} \tag{6-28}$$

6.3 QKD 协议

QKD 利用量子不可克隆、不确定性、测量塌缩等基本原理，在远距离通信双方之间实现随机密钥分发。当第三方试图窃听密钥时，在量子力学作用下，必将对原有量子态造成不可避免的干扰，从而被合法通信双方发现，保证密钥分发过程的安全性。合法用户利用分发的密钥，结合“一次一密”的经典加密方法，即可实现安全的通信。

几乎在所有 QKD 协议框架中，均存在量子信道和经典信道两种信道，如图 6.2 所示。其中，量子信道用于传输量子信息，经典信道用于传输量子态生成、测量所选择基矢等信息。经典信道中传输的信息完全公开，任何人都可以随意获取。

近年来，QKD 理论快速发展，出现了多种 QKD 协议。按照使用的物理资源分类，QKD 协议大致分为纠缠光子 QKD 协议、单光子 QKD 协议和连续变量 QKD 协议三类。

（1）纠缠光子 QKD 协议。该类协议利用量子纠缠和经典通信理论实现高安全性密钥生成与分发，主要代表为 Ekert 在 1991 年提出的 E91 协议[9]。

（2）单光子 QKD 协议。该类协议利用单光子的偏振或相位传输密钥信息，主要包括 1984 年 Bennett 和 Brassard 共同提出的 BB84 协议[8]、1992 年 Bennett 提出的 B92 协议[46]、六态协议[47]及 SARG04 协议[48]等。

（3）连续变量 QKD 协议。该类协议主要包括基于高斯调制的压缩态协议[49]和基于相干态的平衡零拍探测协议[50]等。

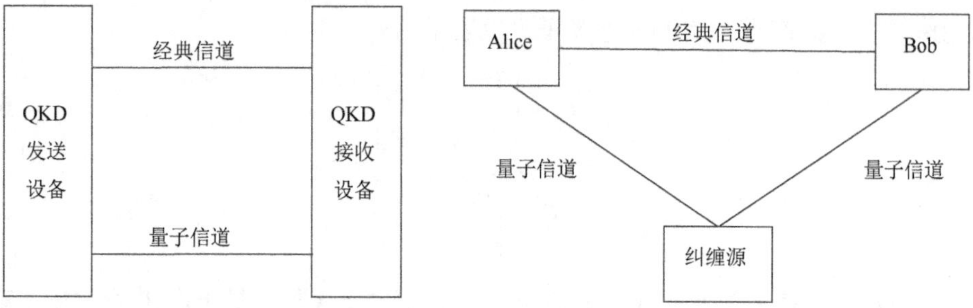

（a）基于生成、测量的QKD方案信道示意图　　（b）基于纠缠的QKD方案信道示意图

图 6.2　常见 QKD 协议框架示意图

6.3.1　纠缠光子 QKD 协议

在纠缠光子 QKD 协议中，最为知名的是 E91 协议。E91 协议的核心思想是通过贝尔不等式测试 QKD 过程的安全性，其内容如下：

（1）设 Alice 和 Bob 为存在一定距离的合法通信用户，第三方 Charlie 将制备好的数对纠缠粒子分别发送给 Alice 和 Bob；

（2）Alice 和 Bob 随机选择测量基矢，对各自拥有的每个光子进行独立测量；

（3）Alice 和 Bob 通过经典信道公开测量基矢，进行贝尔不等式计算；

（4）Alice 和 Bob 根据贝尔不等式违背程度判断是否存在攻击者；

（5）在确定安全的情况下，通信双方保留测量基矢一致时测量纠缠光子得到的结果，转化为二进制数作为共享的密钥。

例 6.4　假设第三方 Charlie 制备的纠缠态为$\left|\psi^-\right\rangle=\frac{1}{\sqrt{2}}\left(|0\rangle_A|1\rangle_B-|1\rangle_A|0\rangle_B\right)$，之后将光子 A 发送给 Alice，将光子 B 发送给 Bob。Alice 和 Bob 随机选择测量基矢a_i,b_j（$i,j=1,2,3$），对接收到的每个光子依次进行测量。例如，Alice 可以随机选择将 Z 基旋转 $a_1=0$、$a_2=\frac{\pi}{8}$、$a_3=\frac{\pi}{4}$三个角度之一作为测量基矢，Bob 可以随机选择将 Z 基旋转 $b_1=\frac{\pi}{8}$、$b_2=\frac{\pi}{4}$、$b_3=\frac{3\pi}{8}$三个角度之一作为测量基矢。每次测量均存在两种结果：测量结果为 Z 轴正方向，记为+1；测量结果为 Z 轴负方向，记为−1。

定义 Alice 和 Bob 得到测量结果的相关系数为

$$E(a_i,b_j)=P_{++}(a_i,b_j)+P_{--}(a_i,b_j)-P_{+-}(a_i,b_j)-P_{-+}(a_i,b_j) \tag{6-29}$$

式中，$P_{x,y}(a_i,b_j)$，$x,y\in\{+1,-1\}$，表示 Alice 测得结果为 x 且 Bob 测得结果为 y 的概率。

经过大量测量后，Alice 和 Bob 通过经典信道公开双方选择的测量基矢，将未测量到的结果全部丢弃，之后将测量结果分为两个部分。第一部分为合法通信双方测量基矢一致的情况，即测量基矢为 a_2,b_1 或 a_3,b_2，其余测量基矢情况时的测量结果为第二部分。双方保留第一部分信息，公开第二部分信息用于验证系统是否受到窃听。利用 CHSH 不等式定义平均相关系数为

$$S = E(a_1,b_1) - E(a_1,b_3) + E(a_3,b_1) + E(a_3,b_3) \tag{6-30}$$

容易验证，在量子力学情况下，平均相关系数 $|S| \leqslant 2\sqrt{2}$。而在定域实在论假设下，$|S| \leqslant 2$。

因此，合法通信用户可以通过检验 S 值大小，判定是否受到干扰或窃听。在理想情况下，$|S| = 2\sqrt{2}$，可以判定第一部分测量结果未受到干扰或窃听，合法通信用户可以将第一部分测量结果转化为密钥使用。

E91 协议示例如表 6.1 所示。

表 6.1 E91 协议示例

Alice 基矢选择	a_1	a_2	a_3	a_2	a_2	a_3	a_1	a_1
Bob 基矢选择	b_3	b_1	b_2	b_3	b_1	b_2	b_3	b_1
是否作为密钥	×	√	√	×	√	√	×	×
是否用于 CHSH 不等式验证	√	×	×	×	×	×	√	√

6.3.2 单光子 QKD 协议

除纠缠光子外，单光子同样可以用于 QKD 协议。单光子 QKD 协议通常利用单光子在偏振、相位及频率等自由度上具备的不可克隆、测量塌缩、态叠加等量子特性，使得攻击者想要通过测量携带信息的单光子来获得有关信息，必然会引起错误率的增加，从而被合法通信用户发现。单光子 QKD 协议多种多样，下面重点介绍几种较早提出、具有代表性的协议，包括 BB84 协议、B92 协议、六态协议和 SARG04 协议等。

1. BB84 协议

BB84 协议是最早提出的 QKD 协议，广泛应用在各种实际 QKD 设备中，对 QKD 发展具有重要的意义。下面以光子偏振编码为例，详细介绍 BB84 协议，该协议流程如下。

（1）Alice 随机使用以下 4 个偏振量子态依次对光子进行编码并传输给 Bob：

$$\begin{cases} \text{水平偏振量子态} |\rightarrow\rangle = |0\rangle \\ \text{垂直偏振量子态} |\uparrow\rangle = |1\rangle \\ +45°\text{偏振量子态} |\nearrow\rangle = \dfrac{1}{\sqrt{2}}(|0\rangle + |1\rangle) \\ -45°\text{偏振量子态} |\nwarrow\rangle = \dfrac{1}{\sqrt{2}}(|0\rangle - |1\rangle) \end{cases} \tag{6-31}$$

式中，水平偏振量子态$|\rightarrow\rangle$和垂直偏振量子态$|\uparrow\rangle$构成 Z 基，而+45°偏振量子态$|\nearrow\rangle$和−45°偏振量子态$|\nwarrow\rangle$构成 X 基；

（2）Bob 接收到光子后，随机选择 Z 基或 X 基对每个光子依次进行测量；

（3）Bob 在测量完成后，通过经典信道公开自己的测量基矢选择信息，Alice 根据 Bob 的公开信息对比其量子态编码基矢，公开基矢选择一致光子的位置并保留这部分光子的信息作为初始密钥信息；

（4）通信双方公开部分初始密钥信息，计算错误率，若错误率较大，则丢弃此次生成的密钥信息；

（5）若错误率较低，则通信双方可以利用纠错技术对剩余初始密钥进行纠错，并对纠错后的数据进行隐私放大，以此消除 QKD 过程中可能出现的信息泄露，得到最终的安全密钥。

BB84 协议流程如图 6.3 所示。

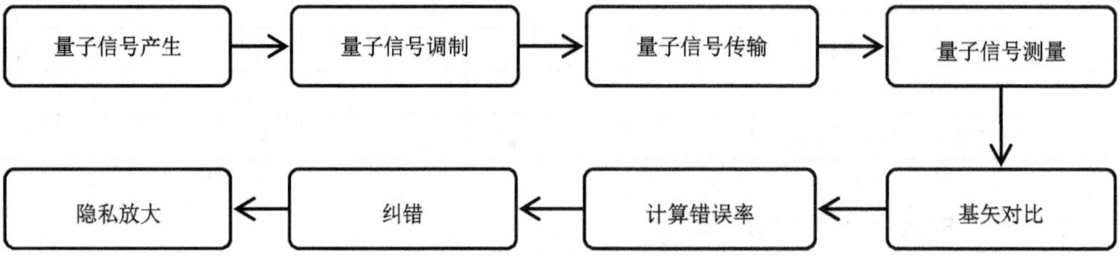

图 6.3　BB84 协议流程

例 6.5　Alice 和 Bob 选择的基矢完全随机且相互独立，可知双方有 50%的概率选择相同的基矢，此时理论上双方可以获得完全一致的结果。将另外 50%基矢选择不相同的数据完全丢弃。通常，合法通信双方约定量子态$|\rightarrow\rangle$和量子态$|\nearrow\rangle$编码为 0，量子态$|\uparrow\rangle$和量子态$|\nwarrow\rangle$编码为 1。此时，理论上合法通信双方可以共享一串密钥。此过程双方筛选出 50%的数据，留下的数据称为初始密钥。BB84 协议初始密钥筛选过程如表 6.2 所示。

表 6.2　BB84 协议初始密钥筛选过程

Alice 基矢选择	Z	Z	X	X	X	Z	X	Z
Alice 偏振选择	→	↑	↗	↗	↖	↑	↖	→
Alice 发送比特	0	1	0	0	1	1	1	0
Bob 基矢选择	X	Z	X	X	Z	Z	X	X
Bob 测量比特	0	1	0	0	1	1	1	0
筛选过程	丢弃	保留	保留	保留	丢弃	保留	保留	丢弃
初始密钥	×	1	0	0	×	1	1	×

例 6.6　常见截取重发攻击下的错误率分析。假设攻击者 Eve 对 Alice 发送的量子信

号进行截取，并随机选择 X 基或 Z 基进行测量，将测量得到的结果重新制备后发送给 Bob。在这种情况下，Eve 选择的基矢有 50%的概率与 Alice 制备的基矢一致，此时 Eve 发送与 Alice 一样的量子态给 Bob。而对于另外 50%的量子信号，Eve 选择的基矢与 Alice 制备的基矢不同。在这种情况下，Eve 发送的量子态与 Alice 发送的量子态不同。例如，Alice 发送的量子态为水平偏振$|\rightarrow\rangle$，而 Eve 选择 X 基进行测量，其有 50%的概率发送量子态$|\nearrow\rangle$、50%的概率发送量子态$|\nwarrow\rangle$给 Bob，即 $P(\text{Eve}=|\nearrow\rangle \mid \text{Alice}=|\rightarrow\rangle)=P(\text{Eve}=|\nwarrow\rangle \mid \text{Alice}=|\rightarrow\rangle)=50\%$。若 Bob 选择 Z 基进行测量，则有 50%的概率测量结果为$|\rightarrow\rangle$、50%的概率测量结果为$|\uparrow\rangle$，即

$$\begin{aligned}&P(\text{Bob}=|\rightarrow\rangle|\text{Eve}=|\nearrow\rangle)=P(\text{Bob}=|\uparrow\rangle|\text{Eve}=|\nearrow\rangle)\\&=P(\text{Bob}=|\rightarrow\rangle|\text{Eve}=|\nwarrow\rangle)=P(\text{Bob}=|\uparrow\rangle|\text{Eve}=|\nwarrow\rangle)=50\%\end{aligned}$$

因此，截取重发攻击引入的错误率为 25%。

2．B92 协议

1992 年，Bennett 提出了 BB84 协议的简化版协议——B92 协议。不同于 BB84 协议使用 4 个量子态进行编码，B92 协议仅使用两个非正交态，因此 B92 协议又称为两态协议。同样以光子偏振编码为例对 B92 协议进行介绍，其协议流程如下：

（1）Alice 使用量子态$|\rightarrow\rangle$和量子态$|\nearrow\rangle$进行编码，分别对应量子比特 0 和量子比特 1；

（2）Bob 随机选择 Z 基或 X 基对量子态进行测量；

（3）若 Bob 的测量结果为量子态$|\uparrow\rangle$或量子态$|\nwarrow\rangle$，则 Bob 公开测量结果及其对应时刻；

（4）Alice 和 Bob 计算错误率，若错误率过大，则丢弃本次生成的密钥；

（5）若错误率较小，则进行纠错与隐私放大，得到最终的安全密钥。

当 Bob 的测量结果为量子态$|\rightarrow\rangle$和量子态$|\nearrow\rangle$时，无法获得任何信息；而当 Bob 的测量结果为量子态$|\uparrow\rangle$和量子态$|\nwarrow\rangle$时，可以确定 Alice 发送的信号分别对应量子态$|\nearrow\rangle$和量子态$|\rightarrow\rangle$。这是由于量子态$|\rightarrow\rangle$与量子态$|\uparrow\rangle$、量子态$|\nearrow\rangle$与量子态$|\nwarrow\rangle$分别正交，Bob 测量得到量子态$|\uparrow\rangle$排除了 Alice 发送量子态为$|\rightarrow\rangle$，Bob 测量得到量子态$|\nwarrow\rangle$排除了 Alice 发送量子态为$|\nearrow\rangle$。可以看出，只有当 Alice 和 Bob 基矢选择不一致时，才可能产生密钥，而这种情况的概率为 50%。当通信双方基矢选择不一致时，有 50%的概率可以得到正确的结果，因此 B92 协议的理论密钥生成率为 25%，低于 BB84 协议的 50%。

例 6.7 B92 协议初始密钥筛选过程如表 6.3 所示。

表 6.3 B92 协议初始密钥筛选过程

Alice 偏振选择	→	→	↗	↗	→	↗	↗	→
Alice 发送比特	0	0	1	1	0	1	1	0
Bob 基矢选择	X	X	X	Z	Z	Z	X	Z
Bob 测量结果	↖	↗	↗	↑	→	↑	↗	→
筛选过程	保留	丢弃	丢弃	保留	丢弃	保留	丢弃	丢弃
初始密钥	0	×	×	1	×	1	×	×

可以看出，B92 协议利用了 POVM 测量的方法，保证了 Bob 可以准确区分 Alice 发送的量子信号的量子态。实际上，B92 协议还可以具有更普通的形式，即编码的两个量子态只要不正交即可。假设 Alice 使用以下任意两个互不正交的量子态$|\alpha\rangle$和量子态$|\beta\rangle$进行编码，则 Bob 使用的 POVM 测量算子可以表示为

$$\boldsymbol{E}_1=\frac{\boldsymbol{I}-|\beta\rangle\langle\beta|}{1+\langle\alpha|\beta\rangle} \tag{6-32}$$

$$\boldsymbol{E}_2=\frac{\boldsymbol{I}-|\alpha\rangle\langle\alpha|}{1+\langle\alpha|\beta\rangle} \tag{6-33}$$

$$\boldsymbol{E}_3=\boldsymbol{I}-\boldsymbol{E}_1-\boldsymbol{E}_2 \tag{6-34}$$

3. 六态协议

B92 协议使用了较少的量子态进行 QKD，而根据上述分析可以看出，B92 协议的效率不如 BB84 协议，这表明使用更多的量子态进行编码有可能提升 QKD 协议密钥协商效率。基于此，Bruss 于 1998 年提出了六态协议。该协议除 BB84 协议原有的$|\rightarrow\rangle$、$|\uparrow\rangle$、$|\nearrow\rangle$、$|\nwarrow\rangle$4 个偏振量子态外，还额外增加了左旋和右旋两个量子态，分别表示为$|L\rangle$和$|R\rangle$。左旋量子态和右旋量子态共同构成了一个新的正交基，将 BB84 协议中的两组正交基提升到 3 组正交基。左旋量子态$|L\rangle$和右旋量子态$|R\rangle$具体表示为

$$\begin{aligned}|L\rangle&=\frac{1}{\sqrt{2}}(|0\rangle+\mathrm{i}|1\rangle)\\|R\rangle&=\frac{1}{\sqrt{2}}(|0\rangle-\mathrm{i}|1\rangle)\end{aligned} \tag{6-35}$$

六态协议流程如下：

（1）Alice 随机从 6 个量子态中选取制备并发送给 Bob；

（2）Bob 随机选择 3 组正交基对 Alice 发送的量子态依次进行测量；

（3）Bob 通过经典信道公开基矢选择信息，Alice 通过经典信道反馈基矢选择一致的情况。合法通信双方保留基矢选择一致时的信息，转换为二进制数作为初始密钥；

（4）通过计算错误率，判断是否存在攻击者；

（5）根据错误率情况，进行纠错与隐私放大。

在理论上，合法通信双方基矢选择一致的概率为$\frac{1}{3}$，虽然低于 BB84 协议，但六态协议同样降低了攻击者 Eve 猜对 Alice 基矢选择的概率，可以有效减小攻击者 Eve 能够获取的信息量。

例 6.8 六态协议在截取重发攻击下的错误率分析。攻击者 Eve 的测量基矢有$\frac{1}{3}$的概率与 Alice 的发送基矢一致，此时不会出现错误。当 Eve 的测量基矢与 Alice 的发送基矢不一致时（概率为$\frac{2}{3}$），该情形等效成攻击者 Eve 随机从其测量基矢对应的 4 个量子态中选择 1 个量子态发送给 Bob。Bob 的测量基矢与 Alice 的发送基矢一致，则对于 Eve 发送来的任意量子态，Bob 测量得到错误编码的概率为$\frac{1}{2}$。因此，总的错误率为$\frac{1}{3}$，高于 BB84 协议的$\frac{1}{4}$。

4. SARG04 协议

BB84、B92、六态等单光子 QKD 协议要求 Alice 的光源为完美单光子光源，即每个脉冲只能产生一个光子。然而，完美单光子光源仍处于研发过程中，当前实际中往往使用弱相干光源代替完美单光子光源。弱相干光源中每个脉冲可能产生多个光子，因此 Eve 可以进行一种名为光子数分流攻击的窃听方案，通过保留多光子脉冲中的一个或多个光子，等到合法通信用户通过经典信道公开基矢信息时再对手中的光子进行测量，从而获取信息。对于光子数分流攻击将在 6.5 节进行更为详细的介绍。光子数分流攻击对单光子 QKD 协议实际安全性带来了致命的威胁，如何抵御光子数分流攻击对 QKD 协议发展具有极其重要的意义。为了抵御光子数分流攻击，人们对 BB84 协议进行了改进，SARG04 协议就是其中的代表之一。

2004 年，V. Scarani、A. Acin、G. Ribordy 和 N. Gisin 等人在 BB84 协议与 B92 协议的基础上提出了 SARG04 协议，该协议可以保证在采用弱相干光源的 QKD 协议中，双光子脉冲同样可以产生安全密钥。在信道衰减较大时，其最终密钥生成率有可能高于 BB84 协议。SARG04 协议流程如下：

（1）在量子态的制备上与 BB84 协议一致，同样随机地从$|\rightarrow\rangle$、$|\uparrow\rangle$、$|\nearrow\rangle$、$|\nwarrow\rangle$4 个偏振量子态中选取，并发送给 Bob。与 BB84 协议编码方式不同，SARG04 协议的双方约定将 Z 基下的两个量子态$|\rightarrow\rangle$和$|\uparrow\rangle$编码为 1，而将 X 基下的两个量子态$|\nearrow\rangle$和$|\nwarrow\rangle$编码为 0；

（2）Bob 随机选择 Z 基或 X 基进行测量；

（3）Alice 通过经典信道公开每个量子态处于下列哪组非正交态集合中

$$
\begin{aligned}
&①:\{|\rightarrow\rangle,|\nearrow\rangle\}\\
&②:\{|\rightarrow\rangle,|\nwarrow\rangle\}\\
&③:\{|\uparrow\rangle,|\nearrow\rangle\}\\
&④:\{|\uparrow\rangle,|\nwarrow\rangle\}
\end{aligned}
\tag{6-36}
$$

（4）Bob 根据自身测量结果，使用类似 B92 协议的判断方式，获取 Alice 的编码结果，并丢弃其他信息。

根据式（6-36）可以看到，每个集合都包含两个非正交态，并包含 0 和 1 两个编码，这种编码方式保证了系统的安全性。得益于 Alice 公开的量子态归属集合信息包含两个非正交态，即使攻击者 Eve 获得多光子信号中的一个光子，依然无法准确判断量子态。只有当 Eve 获得了多光子信号中两个以上光子的时候，才有可能准确判断 Alice 发送的量子态。因此，在采用弱相干光源的 SARG04 协议中，单光子信号是安全的，双光子信号依然是安全的，只有光子数大于 2 的信号会造成信息泄露，合法通信用户可以估算出这一部分的比例（通常来说很小），在隐私放大过程中牺牲部分数据保证密钥的安全，因此，SARG04 协议对于光子数分流攻击具有较高的安全性。

例 6.9 SARG04 协议初始密钥筛选过程如表 6.4 所示。

表 6.4 SARG04 协议初始密钥筛选过程

Alice 偏振选择	→	↖	↗	→	↑	↖	↗	↑
Alice 发送比特	1	0	0	1	1	0	0	1
Alice 公开集合信息	集合①	集合②	集合③	集合②	集合③	集合④	集合③	集合④
Bob 基矢选择	X	X	X	Z	Z	Z	X	X
Bob 测量结果	↖	↖	↗	→	↑	→	↗	↗
筛选过程	保留	丢弃	丢弃	丢弃	丢弃	保留	丢弃	保留
初始密钥	1	×	×	×	×	0	×	1

例 6.10 假设 Alice 发送的量子态为$|\rightarrow\rangle$，其通过经典信道通知 Bob 该量子态属于集合$\{|\rightarrow\rangle,|\nearrow\rangle\}$，Bob 随机选择 Z 基或 X 基进行测量。当 Bob 选择测量基矢为 Z 基时，测量结果确定为$|\rightarrow\rangle$，此时 Bob 无法确定 Alice 发送的量子态。当 Bob 选择测量基矢为 X 基时，测量结果可能为$|\nearrow\rangle$或$|\nwarrow\rangle$，当且仅当测量结果为$|\nwarrow\rangle$时，Bob 可以确定 Alice 发送的量子态为$|\rightarrow\rangle$。出现上述情况的概率为 25%。当 Alice 发送其他量子态时，结果与上面分析类似，即 SARG04 协议的密钥生成率为 25%。

6.3.3 连续变量 QKD 协议

除单光子的相位、偏振等自由度可以用于 QKD 中的信息编码外，光场量子态的正则分量也可以用作信息的载体，基于此类无限维且连续的希尔伯特空间中量子态的 QKD

协议称为连续变量 QKD 协议。常用的具有连续变量特征的光场量子态包括压缩态、相干态、双模压缩态等。此类量子态同样对外界干扰敏感，使得连续变量 QKD 协议受到窃听时会被合法通信用户发现，因此能够保证协议的安全性。

相较于单光子量子态，连续变量量子态在信号的产生频率、探测效率等方面都更高，零拍探测、外差探测等测量方式则使得连续变量 QKD 系统成本更加低廉，近年来，连续变量 QKD 协议受到了人们的广泛关注。但是，连续变量 QKD 协议存在一定的缺陷，如安全密钥提取困难、信噪比较低、错误率较大等，因此该类协议整体发展落后于单光子 QKD 协议。

目前，连续变量 QKD 协议主要包括基于高斯调制的压缩态协议[49]、基于相干态的平衡零拍探测协议[50]等。

1．基于高斯调制的压缩态协议

自 BB84 协议提出之后，人们一直试图找到一种连续变量的量子态，可以直接将 BB84 协议中的两组非正交基转化为该种连续变量量子态的两种不对易自由度上，从而 Alice 可以随机地将信息编码在两种自由度上，Bob 随机选择同样的两种自由度之一进行测量。之后通过基矢对比、错误率计算、隐私放大等过程即可实现安全密钥分发。

2001 年，N. J. Cerf 等人提出了基于高斯调制的压缩态协议，高斯调制压缩态如图 6.4 所示。该协议使用相空间中沿振幅分量 x 方向或相位分量 p 方向的压缩态进行编码，通过分别对 x 方向或 p 方向的压缩态进行高斯调制的方式，使得 x 方向上的各个压缩态之间相互正交，p 方向上的各个压缩态之间相互正交，而 x 方向上与 p 方向上的各个压缩态之间不正交。因此，可以类比 BB84 协议，将信息编码在沿 x 方向或 p 方向的压缩态中，Bob 随机选择 x 基或 p 基进行测量，之后 Alice 通过经典信道公开基矢信息，Bob 根据基矢信息丢弃基矢不一致时的测量结果，得到初始密钥。和 BB84 协议类似，攻击者无法获取量子态准确信息。同时，攻击者对量子态的测量必然会增大系统的错误率，从而被合法通信用户发现，这保证了密钥分发的安全性。

基于高斯调制的压缩态协议的具体流程如下：

（1）Alice 随机选择 x 基或 p 基，并随机选择调制的平移量 x_s（对于 x 基）或 p_s（对于 p 基），其中平移量 x_s 或 p_s 需要满足高斯分布；

（2）Alice 将制备好的量子态依次发送给 Bob，Bob 使用平衡零拍探测器随机选择 x 基或 p 基进行测量，将有效测量结果的次序通过经典信道发送给 Alice；

（3）Alice 公开有效测量结果对应的基矢信息；

（4）Bob 根据获得的基矢信息，对比自身测量基矢信息，丢弃和 Alice 基矢选择不一致的信息，将基矢选择一致的量子态次序通知 Alice；

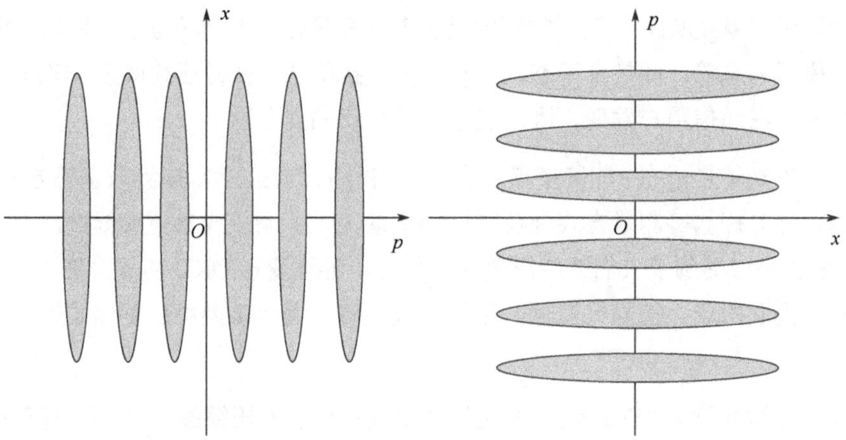

（a）x方向压缩态　　（b）p方向压缩态

图 6.4　高斯调制压缩态

（5）Alice 根据 Bob 反馈的次序信息，丢弃无用信息，此时 Alice 和 Bob 共享一串初始密钥；

（6）Alice 和 Bob 评估信道衰减及错误率，计算出剩余安全信息量，提取出最终的安全密钥。

由上面的协议流程可以看出，基于高斯调制的压缩态协议与 BB84 协议非常相似，因此安全分析也非常相似，主要不同之处有两点：

一是量子态载体不同，导致信号调制方式不同；

二是连续变量 QKD 错误率较高，导致后处理方式与难度不同。

上述两个不同点是基于高斯调制的压缩态协议面临的主要难点。在实际中，压缩态的制备非常困难，而且压缩态非常脆弱，信道的衰减、非理想的探测器等环境影响均会对压缩态造成影响；较高的错误率给系统后处理带来了极大的困难与挑战。

2．基于相干态的平衡零拍探测协议

由于实际中理想的压缩态的产生、传输、测量均存在较大难度，因此 2002 年 F. Grosshans 和 P. Grangier 二人提出使用相干态的 x 分量和 p 分量进行编码的想法，并设计了基于相干态的平衡零拍探测协议（也称 GG02 协议）。由于相干态容易制备，因此 GG02 协议实用化前景更加广阔。

与基于高斯调制的压缩态协议相比，GG02 协议最大的不同点在于量子态制备过程。Alice 不再制备压缩态，而是制备相干态 $|\alpha\rangle = |x + \mathrm{i}p\rangle$，其中 x 和 p 是 Alice 产生的初始随机密钥，且二者概率分布满足高斯分布。相较于压缩态，相干态不再仅针对 x 或 p 某一分量方向进行平移，而是针对 x 和 p 分量方向均进行平移，如图 6.5 所示。

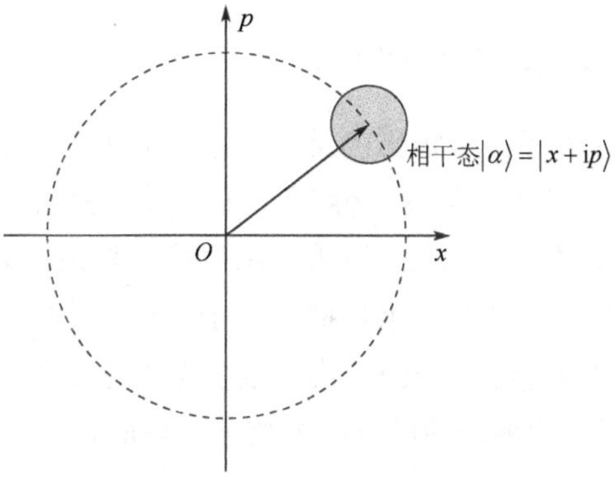

图 6.5　相干态调制示意图

Alice 将相干态 $|\alpha\rangle$ 发送给 Bob，Bob 随机选择对 x 分量或 p 分量进行平衡零拍测量。当 Bob 选择对 x 分量进行测量时，测量结果就是 x 方向上的一个高斯分布，且分布中心位置由 Alice 的选择决定；当 Bob 选择对 p 分量进行测量时，测量结果就是 p 方向上的一个高斯分布，分布中心位置同样由 Alice 的选择决定。Bob 测量完成后通过经典信道通知 Alice 哪些量子态测量到了结果及相应的测量基矢选择信息，Alice 保留 Bob 有测量结果的量子态信息，丢弃 Bob 没有测量到结果的那部分量子态信息。之后，Alice 和 Bob 按照约定好的转换方式，将手中拥有的信息转换为二进制数。与 BB84 协议类似，Alice 和 Bob 手中的二进制数经过纠错过程后，通信双方拥有完全相同的 0、1 序列。

与 BB84 协议不同的是，GG02 协议需要在密钥分发之前发送一串测试码对信道参数进行估算，得到信道的信噪比。在纠错阶段根据信噪比的大小选择合适的纠错方案，保证纠错的有效性。在实际中，对相干态正交分量测量的信噪比远低于对单光子态正交分量测量的信噪比。因此 GG02 协议的错误率会远大于 BB84 协议，这导致 GG02 协议必须使用复杂的后处理方式，如重复码和高效 LDPC 码相结合等纠错方案。复杂的后处理方式对硬件的处理与存储速度均提出了更高的要求。

相较于 BB84 协议，GG02 协议有着自身的优势，如 GG02 协议在短距离通信时，密钥生成率更高；平衡零拍探测器的探测效率远高于单光子探测器；平衡零拍探测器的造价远低于单光子探测器，因此 GG02 协议系统成本低于 BB84 协议系统成本。正是由于上述优势的存在，GG02 协议受到了学术界与产业界的广泛关注。

6.4　QKD 协议理论安全性

本节重点以 BB84 协议为例，介绍其理论安全性。理论安全性是指量子态的制备、测量过程满足协议要求，不存在误差；合法通信双方不会泄露量子态制备和测量相关的信息。本节主要介绍 BB84 协议基于纠缠提纯的理论安全性证明及基于信息论的理论安全性证明。

6.4.1 基于纠缠提纯的安全码率

1999 年，Lo 和 Chau 基于纠缠提纯的思想，首次证明了在合法通信用户拥有量子计算机的前提下，QKD 协议的无条件安全性[51]。2000 年，Shor 和 Preskill 将 Lo 和 Chau 的纠缠提纯思想与 Mayers 提出的 CSS 纠错码思想结合起来，提出了一种更加简单的证明方法[52]。该方法不再要求合法通信用户拥有量子计算机，因此对 QKD 协议的实际应用具有更大意义。基于纠缠提纯的 BB84 类协议安全性证明的主要思路是证明基于制备测量的 BB84 类协议与基于纠缠提纯的 BB84 类协议等价。

在不考虑攻击者 Eve 的理想情况下，发送方 Alice 和接收方 Bob 各持有 N 个量子比特，且 N 个量子比特完全相同。这与 Alice 和 Bob 持有的 N 对量子比特来源于 N 个纠缠态 $|\phi_1\rangle$ 等价，因此仅需考虑纠缠提纯情况下系统的安全码率即可。纠缠提纯指的是假设合法通信用户共享 N 对量子比特，双方通过局域操作和经典通信，从 N 对量子比特中提纯出 M 对最大纠缠对。一组常见的最大纠缠对为

$$
\begin{aligned}
|\phi_1\rangle &= \frac{1}{\sqrt{2}}(|00\rangle_{AB} + |11\rangle_{AB}) \\
|\phi_2\rangle &= \frac{1}{\sqrt{2}}(|01\rangle_{AB} + |10\rangle_{AB}) \\
|\phi_3\rangle &= \frac{1}{\sqrt{2}}(|00\rangle_{AB} - |11\rangle_{AB}) \\
|\phi_4\rangle &= \frac{1}{\sqrt{2}}(|01\rangle_{AB} - |10\rangle_{AB})
\end{aligned}
\tag{6-37}
$$

假设发送方 Alice 制备 N 对最大纠缠态 $|\phi_1\rangle$，其先随机对每对纠缠态中的第二个量子比特进行 Hadamard 操作，再将该量子比特发送给接收方 Bob。Bob 同样随机对收到的量子比特进行 Hadamard 操作。将实际量子信道看成 Pauli 信道模型，可以认为信道传输过程中所有错误全部由攻击者 Eve 引入，对于 Alice 和 Bob 手中的二维量子态，可以将错误分为以下 3 种：

（1）将量子态由 $|\phi_1\rangle$ 转变为 $|\phi_2\rangle$ 的比特错误矩阵 $\boldsymbol{X}=\boldsymbol{\sigma}_x$；

（2）将量子态由 $|\phi_1\rangle$ 转变为 $|\phi_3\rangle$ 的相位错误矩阵 $\boldsymbol{Z}=\boldsymbol{\sigma}_z$；

（3）将量子态由 $|\phi_1\rangle$ 转变为 $|\phi_4\rangle$ 的比特相位错误矩阵 $\boldsymbol{XZ}=\boldsymbol{\sigma}_x\boldsymbol{\sigma}_z$。

纠缠提纯过程如图 6.6 所示，其中 A_1 是发送方 Alice 的辅助粒子，B_1 是接收方 Bob 的辅助粒子，E_1、E_2 是攻击者 Eve 的辅助粒子。

在考虑攻击者 Eve 的情况下，发送方 Alice 和接收方 Bob 持有的量子态可表示为

$$
\begin{aligned}
\boldsymbol{\rho}_{AB} = \sum_{u,v} P_{uv}\Big(&\frac{1}{2}\boldsymbol{I}_A \otimes \boldsymbol{X}_{E_1}^u \boldsymbol{Z}_{E_2}^v |\phi_1\rangle\langle\phi_1| \boldsymbol{Z}_{E_2}^v \boldsymbol{X}_{E_1}^u \otimes \boldsymbol{I}_A + \\
&\frac{1}{2}\boldsymbol{I}_A \otimes \boldsymbol{H}_{B_1} \boldsymbol{X}_{E_1}^u \boldsymbol{Z}_{E_2}^v \boldsymbol{H}_{A_1} |\phi_1\rangle\langle\phi_1| \boldsymbol{H}_{A_1} \boldsymbol{Z}_{E_2}^v \boldsymbol{X}_{E_1}^u \boldsymbol{H}_{B_1}\Big) \otimes \boldsymbol{I}_A
\end{aligned}
\tag{6-38}
$$

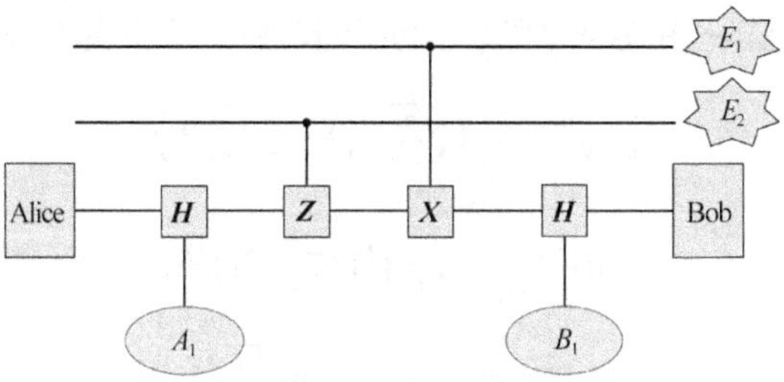

图 6.6　纠缠提纯过程

式中，P_{uv} 表示攻击者引入 $\boldsymbol{X}^u\boldsymbol{Z}^v$ 算子的概率，且有 $u,v\in\{0,1\}$，$\sum_{u,v}P_{uv}=1$。因此，比特错误率和相位错误率可以由下式计算：

$$\begin{aligned} e_{\text{b}} &= \langle\phi_2|\boldsymbol{\rho}_{AB}|\phi_2\rangle+\langle\phi_4|\boldsymbol{\rho}_{AB}|\phi_4\rangle \\ e_{\text{p}} &= \langle\phi_3|\boldsymbol{\rho}_{AB}|\phi_3\rangle+\langle\phi_4|\boldsymbol{\rho}_{AB}|\phi_4\rangle \end{aligned} \tag{6-39}$$

由于 e_{b}、e_{p} 均可能造成信息泄露，因此安全码率满足 $R\geqslant 1-h(e_{\text{b}})-h(e_{\text{p}})$，其中 $h(x)=-x\log_2(x)-(1-x)\log_2(1-x)$，为二进制香农熵。即 Alice 和 Bob 必须明确获取比特错误率和相位错误率，才能有效纠错并提取最大纠缠态。在实际系统中，比特错误率可以由探测端获取的参数估计得到，而相位错误率估计是 QKD 协议安全分析中最大的困难。由式（6-39）可以验证，$e_{\text{b}}=e_{\text{p}}$，即相位错误率可以由比特错误率精准估计。于是，安全码率为

$$R=1-h(e_{\text{b}})-h(e_{\text{p}})=1-2h(e_{\text{b}}) \tag{6-40}$$

6.4.2　基于信息论的安全码率

2005 年，Renner 等人从信息论角度出发，给出了攻击者 Eve 可获取的信息量上界，证明了 BB84 类 QKD 协议的理论安全性[53]。基于信息论的安全码率为

$$R\geqslant \min_{\sigma_{AB}\in T}S(X|E)-H(X|Y) \tag{6-41}$$

式中，T 是所有满足要求的密度算子集合；$S(X|E)$ 是攻击者 Eve 的辅助粒子 E 对 Alice 测量结果的不确定度，由于 Eve 可以存储量子态进行最优化测量，因此利用量子冯·诺依曼熵表示不确定度；$H(X|Y)$ 是接收方 Bob 测量结果对发送方 Alice 测量结果的不确定度，由于合法通信用户测量后得到经典比特，因此利用经典香农熵表示不确定度。

假设 Alice 制备最大纠缠态，并将其中一个粒子通过量子信道发送给 Bob，则整个系统量子态可以如下描述：

$$|\varPsi\rangle_{ABE}=\sum_{i=1}^{4}\sqrt{\lambda_i}|\phi_i\rangle_{AB}\otimes|v_i\rangle_E \tag{6-42}$$

式中，$\sum_{i=1}^{4}\lambda_i=1$；$|v_i\rangle_E$ 是 Eve 手中的一组正交基；$|\phi_i\rangle_{AB}$ 是经过信道传输后，Alice 和 Bob

手中的量子态。根据 Alice 和 Bob 测量结果不同，Eve 手中的量子态可以表示为

$$\begin{aligned}|\varphi_{00}\rangle&=\frac{1}{\sqrt{2}}(\sqrt{\lambda_1}|\upsilon_1\rangle+\sqrt{\lambda_2}|\upsilon_2\rangle)\\|\varphi_{11}\rangle&=\frac{1}{\sqrt{2}}(\sqrt{\lambda_1}|\upsilon_1\rangle-\sqrt{\lambda_2}|\upsilon_2\rangle)\\|\varphi_{01}\rangle&=\frac{1}{\sqrt{2}}(\sqrt{\lambda_3}|\upsilon_3\rangle+\sqrt{\lambda_4}|\upsilon_4\rangle)\\|\varphi_{10}\rangle&=\frac{1}{\sqrt{2}}(\sqrt{\lambda_3}|\upsilon_3\rangle-\sqrt{\lambda_4}|\upsilon_4\rangle)\end{aligned} \tag{6-43}$$

式中，$\left|\varphi_{xy}\right\rangle_{AB}$ 是当 Alice 和 Bob 经典测量结果分别为 x,y 时，$x,y\in\{0,1\}$，Eve 得到的量子态。因此，Alice 和 Bob 测量后整个系统的密度矩阵为

$$\boldsymbol{\sigma}_{XYE}=\sum_{x,y}|x\rangle\langle x|\otimes|y\rangle\langle y|\otimes|\varphi_{xy}\rangle\langle\varphi_{xy}| \tag{6-44}$$

通过对 Bob 系统求迹，可以得到 Alice 系统和 Eve 系统的密度矩阵为

$$\begin{aligned}\boldsymbol{\sigma}_{XE}&=\mathrm{tr}_B(\boldsymbol{\sigma}_{XYE})=\sum_{x,y}|x\rangle\langle x|\otimes|\varphi_{xy}\rangle\langle\varphi_{xy}|=\frac{1}{2}|0\rangle\langle 0|\otimes\begin{pmatrix}\lambda_1&\sqrt{\lambda_1\lambda_2}&0&0\\\sqrt{\lambda_1\lambda_2}&\lambda_2&0&0\\0&0&\lambda_3&\sqrt{\lambda_3\lambda_4}\\0&0&\sqrt{\lambda_3\lambda_4}&\lambda_4\end{pmatrix}+\\&\frac{1}{2}|1\rangle\langle 1|\otimes\begin{pmatrix}\lambda_1&-\sqrt{\lambda_1\lambda_2}&0&0\\-\sqrt{\lambda_1\lambda_2}&\lambda_2&0&0\\0&0&\lambda_3&-\sqrt{\lambda_3\lambda_4}\\0&0&-\sqrt{\lambda_3\lambda_4}&\lambda_4\end{pmatrix}\\&=\frac{1}{2}\begin{pmatrix}\lambda_1&\sqrt{\lambda_1\lambda_2}&0&0&0&0&0&0\\\sqrt{\lambda_1\lambda_2}&\lambda_2&0&0&0&0&0&0\\0&0&\lambda_3&\sqrt{\lambda_3\lambda_4}&0&0&0&0\\0&0&\sqrt{\lambda_3\lambda_4}&\lambda_4&0&0&0&0\\0&0&0&0&\lambda_1&-\sqrt{\lambda_1\lambda_2}&0&0\\0&0&0&0&-\sqrt{\lambda_1\lambda_2}&\lambda_2&0&0\\0&0&0&0&0&0&\lambda_3&-\sqrt{\lambda_3\lambda_4}\\0&0&0&0&0&0&-\sqrt{\lambda_3\lambda_4}&\lambda_4\end{pmatrix}\end{aligned} \tag{6-45}$$

$\boldsymbol{\sigma}_{XE}$ 对应的量子冯 • 诺依曼熵表示为

$$\begin{aligned}S(\boldsymbol{\sigma}_{XE})&=-(\lambda_1+\lambda_2)\log_2\left(\frac{\lambda_1+\lambda_2}{2}\right)-(\lambda_3+\lambda_4)\log_2\left(\frac{\lambda_3+\lambda_4}{2}\right)\\&=1+h(\lambda_1+\lambda_2)\end{aligned} \tag{6-46}$$

通过对 Alice 系统和 Bob 系统求迹，可以得到 Eve 的密度矩阵为

$$\boldsymbol{\sigma}_E = \mathrm{tr}_{AB}(\boldsymbol{\sigma}_{XYE}) = \sum_{x,y}|\varphi_{xy}\rangle\langle\varphi_{xy}| = \begin{pmatrix} \lambda_1 & 0 & 0 & 0 \\ 0 & \lambda_2 & 0 & 0 \\ 0 & 0 & \lambda_3 & 0 \\ 0 & 0 & 0 & \lambda_4 \end{pmatrix} \tag{6-47}$$

该密度矩阵对应的量子冯·诺依曼熵为

$$S(\boldsymbol{\sigma}_E) = -\sum_{i=1}^{4}\lambda_i \log_2 \lambda_i = (\lambda_1+\lambda_2)h\left(\frac{\lambda_1}{\lambda_1+\lambda_2}\right) + (\lambda_3+\lambda_4)h\left(\frac{\lambda_3}{\lambda_3+\lambda_4}\right) + h(\lambda_1+\lambda_2) \tag{6-48}$$

另外，Alice 测量结果和 Bob 测量结果之间的不确定度为

$$H(X|Y) = h(\lambda_1+\lambda_2) \tag{6-49}$$

因此，安全码率为

$$\begin{aligned} R &\geqslant \min_{\lambda_1,\lambda_2,\lambda_3,\lambda_4} S(X|E) - H(X|Y) \\ &= \min_{\lambda_1,\lambda_2,\lambda_3,\lambda_4} S(\boldsymbol{\sigma}_{XE}) - S(\boldsymbol{\sigma}_E) - H(X|Y) \\ &= \min_{\lambda_1,\lambda_2,\lambda_3,\lambda_4} 1 - (\lambda_1+\lambda_2)h\left(\frac{\lambda_1}{\lambda_1+\lambda_2}\right) - (\lambda_3+\lambda_4)h\left(\frac{\lambda_3}{\lambda_3+\lambda_4}\right) - h(\lambda_1+\lambda_2) \end{aligned} \tag{6-50}$$

其中，$\lambda_1,\lambda_2,\lambda_3,\lambda_4$ 与比特错误率 e_b 满足下列关系：

$$\begin{aligned} &\lambda_1+\lambda_2+\lambda_3+\lambda_4=1 \\ &\lambda_2+\lambda_4=e_b \\ &\lambda_3+\lambda_4=e_b \end{aligned} \tag{6-51}$$

当且仅当 $\lambda_4=e_b^2$ 时，安全码率取最小值，即

$$R \geqslant 1-2h(e_b) \tag{6-52}$$

与基于纠缠提纯的安全性证明方法得到的结果式（6-40）一致。

6.5 QKD 系统组成及其实际安全性

在 QKD 系统最初的安全性证明中，要求所有器件都是完美的，量子态的制备、传输与测量，量子信道的建立等均不存在误差。然而，实际器件与理论模型之间不可避免地存在差异（称为安全漏洞），这使得 QKD 系统的实际安全性低于其理想条件下的安全性，为攻击者 Eve 进行量子攻击并获取密钥信息提供了可能。因此，从实际器件出发，研究 QKD 系统中实际器件存在的问题，对于提升实际 QKD 系统的安全性具有极其重要的意义。

本节首先介绍 QKD 系统组成，特别是光源、单光子探测器等常见器件的基本工作原理，然后介绍实际器件存在的安全漏洞及相应的攻防方案。

6.5.1 QKD 系统组成

QKD 系统组成如图 6.7 所示，图 6.7（a）给出的是基于制备测量的 QKD 系统组成，主要包括发送端、信道和接收端 3 个部分。其中，发送端主要包括光源、量子随机数发生器及信号调制装置等；接收端主要包括信号解调装置、探测器、量子随机数发生器、系统运行辅助模块及后处理模块等。图 6.7（b）给出的是基于纠缠的 QKD 系统组成，主要包括纠缠光源、经典信道及接收端，而接收端主要包括探测器、量子随机数发生器及后处理模块。总的看来，可以把 QKD 系统分为光源端、信道及探测端 3 个部分，下面重点介绍 QKD 系统中常见的光源、探测器及量子随机数发生器。

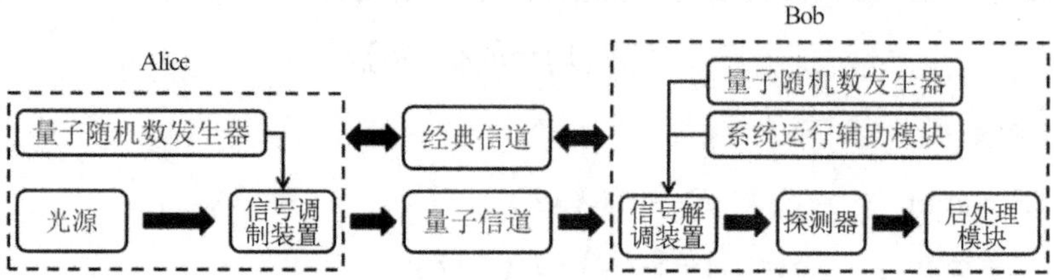

（a）基于制备测量的QKD系统组成

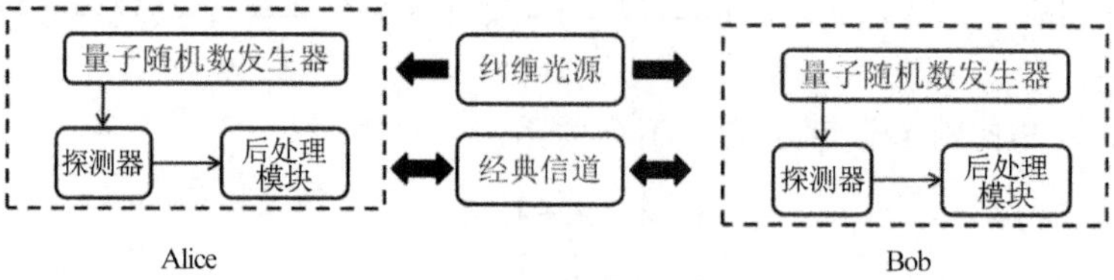

（b）基于纠缠的QKD系统组成

图 6.7　QKD 系统组成

1. 光源

光源作为量子信号的产生装置，拥有极其重要的地位，是实际 QKD 系统不可或缺的组成部分，主要分为单光子光源、纠缠光源及连续变量光源三类，本节主要对单光子光源和纠缠光源进行详细介绍。

1）单光子光源

单光子信号的产生与调制是实现 BB84 类单光子 QKD 协议的核心技术之一。单光子光源主要可以分为两类，一类是目前仍处于研究过程中的单光子枪，另一类是较为成熟的弱相干光源。本节对单光子枪和弱相干光源的基本原理、发展现状等进行介绍。

（1）单光子枪。

单光子枪是理想的单光子光源，当其受到触发时，每次最多发射一个光子，且光脉冲信号之间无法区分，可以保证攻击者无法通过侧信道获取任何光子携带的信息。单光子枪可以分为两类，一类是确定性的单光子枪，另一类是概率性的单光子枪。确定性的单光子枪每次触发时确定性地产生并发射一个光子，而概率性的单光子枪每次触发时按照一定的概率产生并发射一个光子。由于光子在实际传输过程中必然存在损耗，因此确定性的单光子枪在测量时可以等效成概率性的单光子枪。

要实现单光子枪，必须实现对特定二能级系统的独立控制。将二能级系统从低能级态 E_0 激发到高能级态 E_1，系统从高能级态向下跃迁至低能级态时发射出一个频率为 $f=(E_1-E_0)/h$ 的光子。因此，寻找一个合适的二能级系统对于实现单光子枪非常重要。在现有的单光子枪实现方案中，主要包括单原子方案、单离子方案、单分子方案、半导体量子点方案、金刚石色心方案、参量下转换方案等。其中，对于单原子方案、单离子方案、单分子方案、半导体量子点方案及金刚石色心方案，其一般工作在可见光波段，发射光子波长一般不大于 1000nm，而参量下转换方案可以实现红外波段的单光子。虽然各个方案利用的具体材料不同，但其能级结构和基本发光机制类似。单光子枪基本原理如图 6.8 所示。

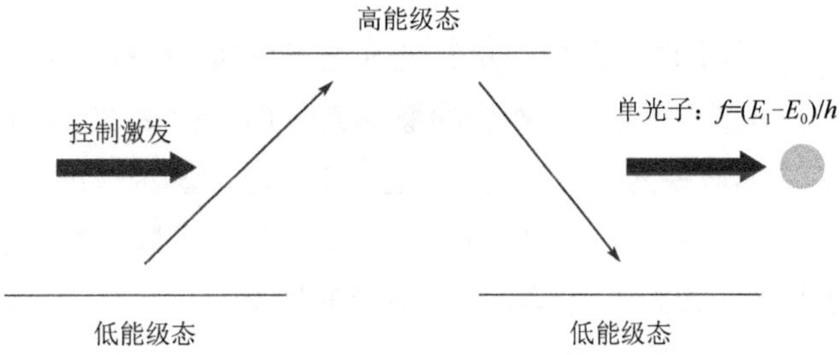

图 6.8　单光子枪基本原理

单光子枪有多个性能指标，包括发射效率、二阶自相关系数、工作温度、波长范围及一致性等，其中，较重要的两个指标是发射效率和二阶自相关系数。发射效率指的是产生单光子信号与实际控制指令的比例；二阶自相关系数描述了产生的信号与单光子信号相近的程度，其定义为

$$g^{(2)}(\tau)=\frac{<I(t)I(t+\tau)>}{<I(t)>^2} \tag{6-53}$$

式中，$I(t)$ 为光场强度随时间变化的函数。理想的单光子光源 $g^{(2)}(0)=0$，$g^{(2)}(0)$ 越接近 1，表明单光子光源质量越差，越倾向于每次发射多个光子。

（2）弱相干光源。

理想的单光子光源仍处于研究过程中，受现有技术制约，实际单光子光源的发射效率相对较低，而且结构相对复杂。因此，实际 QKD 系统通常采用弱相干光源代替单光子光源作为系统的光源，同时结合诱骗态方案，可以有效抵御光子数分流攻击。将相干光（激光器输出）衰减到单光子级别即弱相干光源，在实际 QKD 系统中，大多采用半导体激光器作为光源输出。

半导体激光器采用半导体材料（例如，1550nm 波段常用 InGaAs/InP 材料）作为工作物质进行受激辐射而发射激光。其结构简单、性能稳定、能耗较低、调制高速且易于集成化。半导体激光器通过一定的激励方式，在半导体材料导带与价带之间实现非平衡载流子的粒子数翻转，实现受激辐射过程发射激光。半导体激光器中受激辐射过程产生光子的频率、相位、方向等特性与激发光子一致。如果激发光子是由自发辐射产生的，则输出光子的相位、方向均随机分布；如果激发光子是由外部提供的，则输出光子的相位、方向均与注入光子相关。此外，输出激光强度与激发光子强度正相关。按照激励方式不同，半导体激光器可以分为电注入式半导体激光器、电子束激励式半导体激光器和光泵浦激励式半导体激光器三类。其中，电注入式半导体激光器容易实现电流直接调制输出，是目前使用最广泛的一类半导体激光器。半导体激光器输出特性对工作温度非常敏感，因此大多数半导体激光器工作在控温装置下，以保证工作温度的稳定。

激光输出信号的光子数满足泊松分布，衰减后的弱相干光子数同样满足泊松分布：

$$p(n)=\frac{\mu^n}{n!}\mathrm{e}^{-\mu} \tag{6-54}$$

式中，n 为光子数；μ 为平均光子数；$p(n)$ 表示光子数为 n 时量子态对应的概率。例如，当 n=0 时，表示该量子态不含光子，相应的概率为 $p(0)=\mathrm{e}^{-\mu}$；当 n=1 时，表示该量子态仅含 1 个光子，相应的概率为 $p(1)=\mu\mathrm{e}^{-\mu}$；当 $n\geqslant 2$ 时，表示该量子态含有多个光子，相应的概率为 $p(n\geqslant 2)=1-\mu\mathrm{e}^{-\mu}-\mathrm{e}^{-\mu}$。可以看出，平均光子数 μ 决定了光子数的分布情况，因此可以通过改变 μ 的大小调节单光子信号的概率。

2）纠缠光源

对于 QKD 而言，纠缠光源是 E91 协议不可或缺的核心组成。同时，纠缠光源在量子信息的其他应用中具有重要的意义。在 QKD 中使用的纠缠光源往往利用非线性晶体的参量下转换技术产生。当一束泵浦光入射到非线性晶体时，如偏硼酸钡（Beta Barium Borate，BBO）晶体或周期性极化磷酸氧钛钾（Periodically Poled KTP，PPKTP）晶体等，泵浦光子和非线性晶体相互作用，产生一对低频光子，分别称为信号光和闲频光。该过程满足动量守恒和能量守恒：

$$\begin{aligned}\vec{p}_{\mathrm{p}}&=\vec{p}_{\mathrm{s}}+\vec{p}_{\mathrm{i}}\\E_{\mathrm{p}}&=E_{\mathrm{s}}+E_{\mathrm{i}}\end{aligned} \tag{6-55}$$

式中，$\vec{p}_{\mathrm{p}}$、$\vec{p}_{\mathrm{s}}$、$\vec{p}_{\mathrm{i}}$ 分别表示泵浦光、信号光和闲频光的动量；E_{p}、E_{s}、E_{i} 分别表示泵浦光、信号光和闲频光的能量。

基于参量下转换技术的纠缠源主要包括基于 BBO 晶体的纠缠源和基于 PPKTP 晶体的纠缠源两类。基于 BBO 晶体的纠缠源原理如图 6.9 所示。泵浦光经过 BBO 晶体后，以一定概率发生参量下转换，输出两个圆锥形分布的光束，而受到动量守恒的约束，每次参量下转换过程产生的光子对均出现在对称的位置上。两个圆锥形光束存在两个交点，处于两个交点上光子对的产生过程无法区分，可以认为是信号光和闲频光的叠加态，且

二者偏振量子态相互正交。因此处于两个交点上的量子态可以表示为

$$\frac{1}{\sqrt{2}}\left(|H\rangle|V\rangle+\mathrm{e}^{\mathrm{i}\varphi}|V\rangle|H\rangle\right) \tag{6-56}$$

式中，$|H\rangle$表示水平偏振量子态；$|V\rangle$表示垂直偏振量子态；φ表示两条路径的相位差，取决于 BBO 晶体的双折射效应，可以通过系统设计改变该参数。

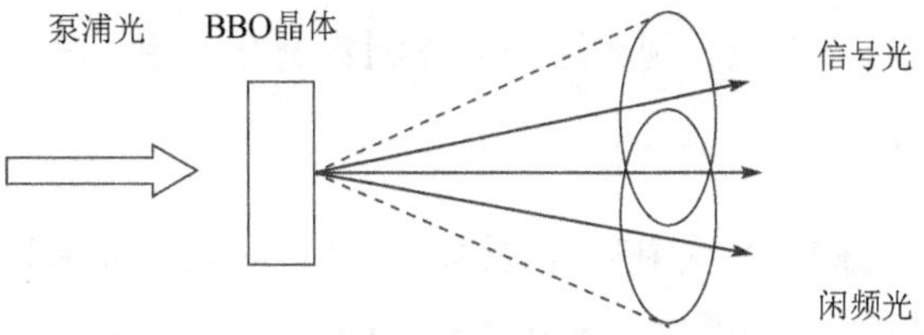

图 6.9　基于 BBO 晶体的纠缠源原理

与 BBO 晶体相比，泵浦光在经过 PPKTP 晶体后产生的信号光、闲频光方向与泵浦光一致。基于 PPKTP 晶体的纠缠源原理如图 6.10 所示。泵浦光经过二向分色镜（当光由左向右传播时，透射；当光由右向左传播时，反射）后，入射到偏振分束器中。由于泵浦光是 45° 偏振的，因此偏振分束器将输出垂直偏振光（1 路）和水平偏振光（2 路）两个光束。1 路上的垂直偏振光经过半波片后，其偏振量子态变为水平方向，接着顺时针入射并泵浦 PPKTP 晶体，产生信号光$|H\rangle_{1\mathrm{s}}$和闲频光$|V\rangle_{1\mathrm{i}}$，其中数字表述路径，s 和 i 分别表示信号光和闲频光。信号光$|H\rangle_{1\mathrm{s}}$经偏振分束器透射到达 3 路，而闲频光$|V\rangle_{1\mathrm{i}}$经偏振分束器反射到达 4 路；2 路上的水平偏振光逆时针入射并泵浦 PPKTP 晶体，产生信号光$|H\rangle_{2\mathrm{s}}$和闲频光$|V\rangle_{2\mathrm{i}}$，经过半波片后，其偏振量子态变为信号光$|V\rangle_{2\mathrm{s}}$和闲频光$|H\rangle_{2\mathrm{i}}$，之后信号光$|V\rangle_{2\mathrm{s}}$经偏振分束器反射到达 3 路，而闲频光$|H\rangle_{2\mathrm{i}}$经偏振分束器透射到达 4 路。这样，最终耦合进 3 路和 4 路的光子对处于量子态

$$\frac{1}{\sqrt{2}}\left(|H\rangle|V\rangle+|V\rangle|H\rangle\right) \tag{6-57}$$

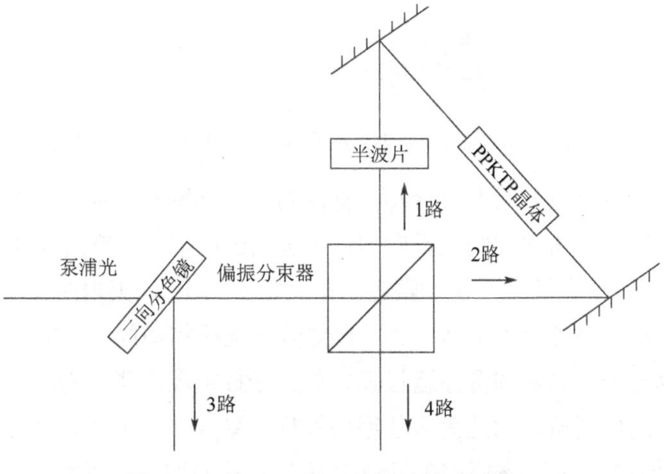

图 6.10　基于 PPKTP 晶体的纠缠源原理

在上述方案中，会有部分泵浦光耦合进 3 路和 4 路，由于泵浦光波长大于信号光和闲频光，因此可以使用滤波器将这部分无用信号滤除。

2. 探测器

针对不同的 QKD 协议，需要使用不同类型的探测器。对于离散变量 QKD 系统而言，其信号探测需要使用单光子探测器，而对于连续变量 QKD 系统来说，信号的探测主要依赖于平衡零拍探测器。下面分别对这两类探测器进行介绍。

1）单光子探测器

单光子探测器在 QKD 系统中起着关键的作用，根据工作原理，常见的单光子探测器主要可以分为雪崩光电二极管（Avalanche Photo Diode，APD）单光子探测器和超导单光子探测器两类。总的来说，这两类单光子探测器各有优缺点。APD 单光子探测器受限于半导体技术，噪声较大且探测效率较低，但是其价格低廉、体积小、便于集成，而且不需要极低温制冷；超导单光子探测器具有低噪声、高探测效率等优势，但其成本昂贵、体积相对较大、工作条件相对苛刻等劣势在一定程度上限制了其应用范围。

（1）APD 单光子探测器。

APD 单光子探测器通常使用砷化镓铟/磷化铟（InGaAs/InP）材料，工作在盖革模式（反向偏压大于雪崩电压）下，当入射的光子被吸收时，会产生一对电子空穴对，电子空穴对在电场的作用下进入倍增层并开始倍增过程，经过几百皮秒的时间，雪崩电流最终形成稳定的宏观电流输出。图 6.11 给出了典型的红外波段 APD 单光子探测器结构示意图。图 6.11 中包含了光子吸收过程及载流子倍增过程。反向偏压的作用是加快载流子的倍增过程。增透膜的作用是减小反射，提升探测效率。

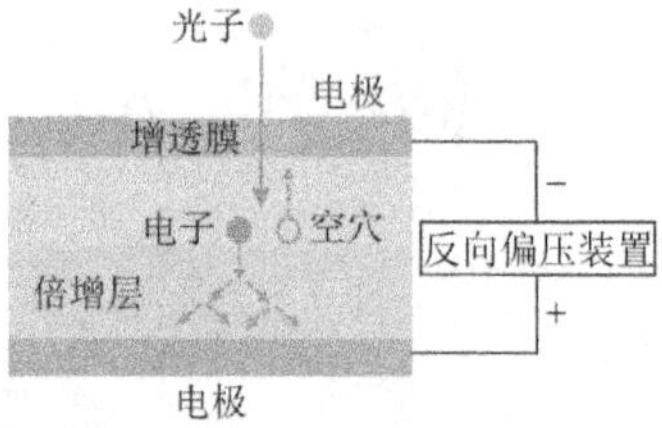

图 6.11　典型的红外波段 APD 单光子探测器结构示意图

为了在探测到雪崩信号后及时冷却，复位到初始态顺利探测下一个光子，APD 单光子探测器还需要淬灭电路来控制其反向偏压。这个过程称为“淬灭”，其效果的好坏直接影响了 APD 单光子探测器的性能。根据工作方式的不同，淬灭电路可以分为主动淬灭电路、被动淬灭电路和门控淬灭电路三类。根据淬灭电路的不同，APD 单光子探测器可以分为门控模式单光子探测器和自由运行模式单光子探测器两类。对于实际 QKD 系统，需要对信号进行同步测量，因此大多使用门控模式单光子探测器。在被动淬灭电路中，APD 通过高阻值镇流电阻（约为 10 万 Ω 量级）与反向偏压装置相连。当雪崩现象出现时，APD 阴极与阳极之间的反向偏压由于镇流电阻分压的上升而下降。当反向偏压下降至雪崩电压以下时，雪崩现象就会得到抑制。对于一个设计良好的被动淬灭 APD 单光子探测器，其淬灭时间约为 1ns 量级。然而，由于较大的 RC 常数，该方案的恢复时间较长（100ns 量级）。为了解决被动淬灭中恢复时间较长的问题，人们提出了主动淬灭技术。利用高速鉴别器件检测雪崩信号的上升沿，及时将 APD 单光子探测器反向偏压置于雪崩电压之下并保持一段时间（死时间）。死时间结束之后，反向偏压复位至初始态。在该方案中，淬灭时间与恢复时间都可以达到几纳秒。门控淬灭广泛应用于需要同步探测单光子的场景中。在该技术方案中，门控信号频率为 f_g，持续时间为 t_g，占空比为 $t_g f_g$。APD 单光子探测器在短暂的门控信号持续时间内处于盖革模式下，因此暗噪声较小。然而，工作在高速门控信号下的 APD 单光子探测器会产生较大的电容响应噪声。因此，如何从大背景噪声中提取有效信号成为高速 APD 单光子探测器面临的一个难题。目前，解决该难题的技术主要包括正弦门技术、自差分技术及谐波消除技术等。

APD 单光子探测器的主要性能参数包括探测效率、后脉冲、暗计数和死时间等。探测效率 η_{detect} 是指当入射一个光子时，探测系统输出一个有效响应的概率。从 APD 单光子探测器结构角度来看，探测效率 η_{detect} 可以表示为

$$\eta_{\text{detect}} = \eta_{\text{coup}} \times \eta_{\text{abs}} \times \eta_{\text{inj}} \times \eta_{\text{ava}} \tag{6-58}$$

式中，η_{coup} 表示耦合效率；η_{abs} 表示吸收效率；η_{inj} 表示注入效率；η_{ava} 表示雪崩效率。耦合效率 η_{coup} 由插入损耗、表面反射及有源区面积等多个因素决定。$\eta_{\text{abs}} = 1 - \mathrm{e}^{-\alpha_{\text{abs}} D}$，其中 α_{abs} 表示吸收系数，D 表示吸收层厚度。

后脉冲是指在雪崩过程中被空穴俘获的少量载流子在初始雪崩结束后延迟释放出来。后脉冲会引起雪崩重复计数，扩大实验误差。后脉冲效应取决于材料，如硅材料（适用于可见光波段）的后脉冲效应一般可以忽略，InGaAs/InP 材料（适用于远距离通信的波长为 1550nm 光信号）的后脉冲效应比较严重。后脉冲概率的大小对 InGaAs/InP APD 的性能影响巨大，是限制 APD 性能最主要的因素之一。虽然提升倍增材料的晶体质量可以有效降低后脉冲概率，但是半导体工艺制造水平不可能在短期内获得巨大的提升。因此，实际中通常采用降低雪崩过程中载流子数量或缩短被俘载流子寿命的方法来降低后脉冲概率 p_{ap}。一般来说，p_{ap} 可以通过下式进行计算：

$$p_{\text{ap}} \propto (c_{\text{d}} + c_{\text{p}}) \times \int_0^{t_{\text{ava}}} V_{\text{ex}}(t)\,\mathrm{d}t \times \mathrm{e}^{-t_{\text{d}}/\tau_{\text{c}}} \tag{6-59}$$

式中，c_{d} 表示 APD 等效电容；c_{p} 表示电路寄生电容；t_{ava} 表示雪崩持续时间；t_{d} 表示死时间；τ_{c} 表示被俘载流子寿命；V_{ex} 表示过量电压，是反向偏压与雪崩电压的差值。通过式（6-59）可以看出，可以通过缩小 c_{p}、限制 t_{ava}、提升 t_{d} 或降低 τ_{c} 等方法来降低 p_{ap}。

暗计数是指 APD 单光子探测器在完全没有光照的条件下，产生、输出脉冲计数。引起暗计数的原因主要有两类，分别是热噪声和隧穿电流。热噪声和隧穿电流主要由环境

温度、偏压等决定。暗计数率大小通常为 10^{-5} 量级。暗计数率与温度及过量电压 V_{ex} 相关。就暗计数产生机制而言，主要有隧穿激发和热激发两种。当温度较低或 V_{ex} 较大时，隧穿激发起主导作用，而在温度较高时，热激发起主导作用。为了降低暗计数率，实际中，APD 单光子探测器通常工作在-60℃～-20℃。

死时间是指 APD 单光子探测器探测到雪崩信号之后不工作的时间间隔，其长短决定了后脉冲的水平并能表征光子计数率的好坏。死时间决定了最大计数率 f_{max}（APD 单光子探测器饱和计数能力的参数）。通常，可以近似把最大计数率看作死时间 t_d 的倒数，即 $f_{max}=1/t_d$。此外，死时间的长短会影响后脉冲概率 p_{ap} 的大小。因此，实际 APD 单光子探测器设计过程中往往要综合考虑 f_{max} 与 p_{ap}。最大计数率与暗计数率之间的比值常用来表示 APD 单光子探测器的动态范围，其也是 APD 单光子探测器的主要性能参数之一。

（2）超导单光子探测器。

超导单光子探测器利用超导体对温度变化敏感的特性，当光子被超导体吸收时，超导体局部发生温度变化，这使得超导体向常规导体转变，进而形成宏观可探测的信号。超导单光子探测器可以分为超导纳米线探测器、超导隧道结探测器和超导传感探测器等不同类型。不同类型的超导单光子探测器在工作原理、基本特性及工作温度等方面均存在一定差异。目前看来，超导纳米线探测器技术相对成熟，应用较为广泛，下面对超导纳米线探测器进行介绍。

超导纳米线探测器主要由超导纳米线构成，通常工作在 4.2K 以下低温环境以保证超导效应的存在。当工作时，超导纳米线偏置电流略低于其超导临界电流。当光子入射时，超导纳米线吸收光子并形成一个热源点。由于热平衡的存在，热源点尺寸膨胀扩大并导致电阻区域的出现，因此超导电流不得不绕行该电阻区域。当电阻区域逐渐变大，超过超导纳米线宽度时，超导电流被破坏，超导纳米线由超导态转变为普通阻性态并在超导纳米线两端产生一个约为 1mV 的电压脉冲，从而实现对光子的探测。热源点的扩散速度非常快，一般可以在 30ps 左右的时间实现超导纳米线的复位，重新从普通阻性态变为超导态，等待下一次光子探测。

实际超导纳米线探测器的性能受到材料和结构的影响。就材料而言，超导纳米线探测器使用蓝宝石或氧化镁作为衬底，用氮化铌或氮化钛铌薄膜制作超导纳米线。对于超导纳米线探测器结构来说，有蜿蜒型、直连型和螺旋型等不同类型。不同类型结构在不同环境下各有优势，如蜿蜒型结构对于多光子探测具有一定的优势，而螺旋型结构对于不同偏振光的量子探测效率几乎一致，对偏振光探测具有独特的优势。

2）平衡零拍探测器

连续变量 QKD 系统将信息编码在光场相空间的 x 方向和 p 方向上，此类连续变量信号的探测一般使用平衡零拍探测器，其原理示意图如图 6.12 所示。由图 6.12 可见，平

衡零拍探测器由信号光、本地光、相位调制器、50/50 分束器、探测器及减法器组成。理想的平衡零拍探测器输出可以表示为

$$X_{\text{out}} = AX_{\text{LO}}(x_{\text{s}}\cos\theta + p_{\text{s}}\sin\theta) \tag{6-60}$$

式中，A 是放大系数；X_{LO} 是本地光的 x 分量；x_{s} 是信号光的 x 分量；p_{s} 是信号光的 p 分量；θ 是本地光与信号光的相位差。由式（6-60）容易看出，通过调节相位调制器，改变 θ 的大小，可以实现对信号光的 x 分量或 p 分量的单独测量，即当需要测量信号光的 x 分量时，调节相位调制器使得 $\theta=0$；当需要测量信号光的 p 分量时，调节相位调制器使得 $\theta=\dfrac{\pi}{2}$。

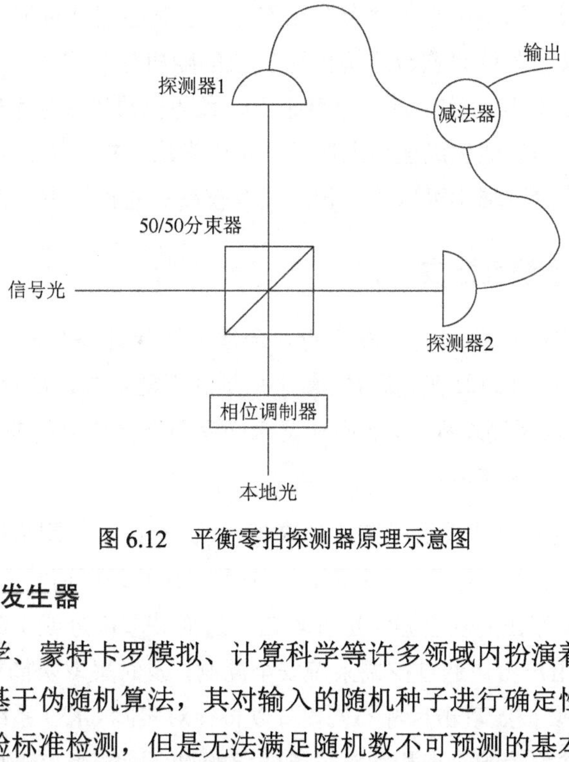

图 6.12　平衡零拍探测器原理示意图

3. 量子随机数发生器

随机数在密码学、蒙特卡罗模拟、计算科学等许多领域内扮演着不可或缺的角色。经典随机数发生器基于伪随机算法，其对输入的随机种子进行确定性的拓展，虽然可以通过现有的随机检验标准检测，但是无法满足随机数不可预测的基本要求。同时，伪随机算法生成的序列存在一定的内在相关性，可能会降低密码的安全性，导致蒙特卡罗模拟中出现错误等。因此，如何生成真的随机数一直以来都是相关领域的研究热点。

利用物理中的随机过程提取随机数似乎成为设计随机数发生器的首选方案。量子随机数发生器（Quantum Random Number Generator，QRNG）利用量子力学的内禀随机性，理论上可以生成真随机数序列。

一个 QRNG 包含量子随机源、探测采样、算法后处理及随机性检测 4 个部分。量子随机源主要分为离散变量随机源和连续变量随机源两类。其中，离散变量随机源主要利用的是光子到达时刻、光子路径选择等信息。其优点是结构简单、后处理方便，适合小

型化；缺点是受到带宽和探测器效率的限制，随机数生成速率较低，并且很难提升。连续变量随机源主要利用相位噪声、放大自发辐射噪声及真空散粒噪声等信息。由于对相位噪声的模型研究较为彻底，因此基于连续变量相位噪声的 QRNG 可以在后处理过程中有效地对随机数提取理论进行分析，得到随机性更好的序列。同时，连续变量随机源的发生效率和测量效率均高于离散变量随机源，因此，连续变量 QRNG 的随机数生成速率远高于离散变量 QRNG。

按照器件可信程度要求不同，可以将 QRNG 分为实用 QRNG、设备无关（Device Independent，DI）QRNG 和半设备无关（Semi Device Independent，SDI）QRNG 三类。其中，实用 QRNG 在器件可信且满足理论模型条件下生成的随机数才是真随机的。然而，实际器件与理论模型之间不可避免地会存在差异，且某些器件可能会被攻击者控制。为了避免 QRNG 因以上器件问题造成输出随机数的随机性不可信，研究人员提出了 DI QRNG 协议。DI QRNG 协议实现起来难度很大，且随机数生成速率较低。因此，研究人员在器件可信程度与随机数生成速率上进行了折中考虑，提出了 SDI QRNG 协议，这样既可以解决光源端或探测端不可信的问题，又有较高的随机数生成速率。

6.5.2 QKD 系统实际安全性

对于任何实际密码系统来说，协议的安全性无法保证整个密码系统的安全。实际 QKD 系统同样面临这个问题，在光源端、量子信道和探测端都可能存在一定的安全漏洞。在信号的制备、传输及探测过程中，实际状况未必完美符合协议的要求，因此，实际 QKD 系统面临多种多样的量子攻击。

近年来，QKD 相关技术发展迅速，越来越多的 QKD 示范网络投入使用，人们越来越关注实际 QKD 系统的安全性。一方面，攻击者，也就是所谓的“量子黑客”，可以利用实际 QKD 系统中存在的安全漏洞进行攻击，进而获取部分或全部密钥信息；另一方面，QKD 合法通信用户希望通过挖掘系统安全漏洞，及时采取防御措施，进一步提升实际 QKD 系统安全性。按照攻击目标不同，可以将针对实际 QKD 系统的攻击分为针对光源端的攻击、针对探测端的攻击和针对量子信道的攻击；按照攻击目的不同，又可以分为获取密钥攻击和引入安全漏洞攻击。表 6.5 给出了目前存在的主要攻防方案。

表 6.5　目前存在的主要攻防方案

攻击名称	攻击目标	攻击目的	利用漏洞	防御方法
光子数分流攻击	光源端	获取密钥	弱相干光	诱骗态方案
相位不随机攻击	光源端	获取密钥	相位不随机	监控相位随机性
时间、波长侧信道攻击	光源端	获取密钥	不同信号波长不同，发射时刻不同	监控信号波长与发射时刻

续表

攻击名称	攻击目标	攻击目的	利用漏洞	防御方法
相位重映射攻击	光源端	获取密钥	相位调制存在 上升沿和下降沿	监控错误率
法拉第镜攻击	光源端	获取密钥	法拉第镜旋光 不完美	主动监控
特洛伊木马攻击	光源端 探测端	获取密钥	器件反射	隔离器
改变相位随机性	光源端	引入安全漏洞	受激辐射特性	隔离器 监控相位随机性
改变波长	光源端	引入安全漏洞	波长与工作 温度相关	隔离器 监控出射波长
改变光强	光源端	引入安全漏洞	受激辐射特性	隔离器 监控出射光强
校准环节攻击	量子信道	引入安全漏洞	校准环节设计 缺陷	完善校准环节 监控探测效率
伪态攻击	探测端	获取密钥	探测器效率 不匹配	四态 Bob 方案 监控到达时刻
时移攻击	探测端	获取密钥	探测器效率 不匹配	四态 Bob 方案 监控到达时刻
致盲攻击	探测端	获取密钥	光电流负反馈	隔离器 监控入射光强
门后攻击	探测端	获取密钥	门后线性模式	隔离器 监控入射光强
死时间攻击	探测端	获取密钥	探测器死时间	逻辑死时间
波长相关攻击	探测端	获取密钥	分束器波长 依赖性	控制入射信号波长

目前看来，实际 QKD 系统中光源和探测器的安全隐患最多，下面将从光源和探测器两个方面，对部分重要的 QKD 攻防方案进行介绍。

1. 针对光源的主要攻防方案

1）光子数分流攻击

离散变量 QKD 协议要求使用理想单光子光源，即每个光脉冲中最多包含一个光子。而理想单光子光源仍处于研究中，目前不具备实用化的条件。因此，实际离散变量 QKD 系统中常使用弱相干光源。弱相干光源光子数满足泊松分布，存在多光子分量，这一安全漏洞使得攻击者 Eve 可以进行光子数分流攻击，其方案示意图如图 6.13 所示。攻击者 Eve 首先对脉冲信号进行量子非破坏性（Quantum Nondemolition，QND）测量，获得脉冲信号中的光子数信息。若脉冲信号中不包含光子，则 Eve 不对其进行任何操作；若脉冲信号中仅包含一个光子，则 Eve 根据线路衰减情况，以一定概率阻止该脉冲信号通过；

若脉冲信号中包含多个光子，则 Eve 从该脉冲信号中分离出一个光子，同时将剩余光子通过无损信道发送给接收方 Bob。最后，Eve 根据发送方 Alice 和 Bob 在经典信道中公开的基矢信息，对手中保留的光子进行测量。通过光子数分流攻击，在 QKD 系统信道衰减足够大时，Eve 有可能获取全部密钥信息而不被合法通信用户发现。

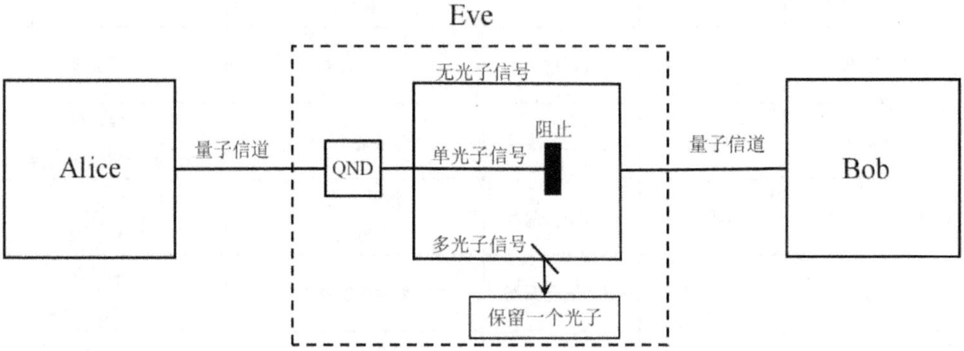

图 6.13　光子数分流攻击方案示意图

为了抵御光子数分流攻击，2003 年，Hwang 等人提出了诱骗态方案，在信号中随机插入诱骗态信号，通过最终不同种类信号的衰减来判断是否存在光子数分流攻击[54]。2004 年，Gottesman 等人给出了著名的计算弱相干光源条件下安全码率的 GLLP 公式，将安全码率公式与单光子计数率的下界 Q_1^{L} 和单光子错误率上界 e_1^{U} 联系起来，其核心思想是安全密钥完全来自单光子信号，而多光子信号携带的信息完全被窃听。2005 年，Lo 小组和 Wang 等人推广并完善了诱骗态方案，可以有效估计实际系统中的 Q_1^{L} 和 e_1^{U}，与 GLLP 公式完美契合，进而有效提升了实际 QKD 系统的安全通信距离[55,56]。

这里以 Weak+Vacuum 诱骗态 QKD 协议为例，介绍该协议安全码率的推导过程。实用 QKD 系统往往使用弱相干光源，其光子数满足泊松分布，如式（6-54）所示。探测器的全局探测效率包含信道传输效率和 Bob 端探测器的等效探测效率。信道传输效率与通信距离相关，其表达式为 $t_{AB}=10^{-\alpha L/10}$。其中，α 是光纤衰减系数，L 是通信距离。Bob 端探测器的等效探测效率为 η_{Bob}，对于给定的系统，η_{Bob} 通常为定值。因此探测器的全局探测效率为 $\eta=t_{AB}\eta_{\mathrm{Bob}}=10^{-\alpha L/10}\eta_{\mathrm{Bob}}$。对于 Alice 发送的 n 光子数信号，引起 Bob 端探测器响应的概率为 $Y_n=d+\eta_n$，其中 d 表示暗计数率，$\eta_n=1-(1-\eta)^n$。相应的计数率为 $Q_n=Y_n\dfrac{\mu^n}{n!}\mathrm{e}^{-\mu}$，错误率为 $e_n=\dfrac{e_0 d+e_{\mathrm{d}}\eta_n}{Y_n}$，其中 $e_0=\dfrac{1}{2}$，e_{d} 表示单个光子入射错误探测器的概率。

在 Weak + Vacuum 诱骗态 QKD 协议中，Alice 随机发送 3 种不同强度的光脉冲，其平均光子数分别为 μ、ν、0。其中，μ 为信号态脉冲的平均光子数，ν 为诱骗态脉冲的平均光子数，$\mu>\nu$。则信号态计数率 Q_μ 为

$$Q_\mu = \sum_{n=0}^{\infty} Y_n \frac{\mu^n}{n!} e^{-\mu} = d + 1 - e^{-\mu\eta} \tag{6-61}$$

诱骗态计数率 Q_ν 为

$$Q_\nu = \sum_{n=0}^{\infty} Y_n \frac{\nu^n}{n!} e^{-\nu} = d + 1 - e^{-\nu\eta} \tag{6-62}$$

诱骗态错误率为

$$E_\nu Q_\nu = \sum_{n=0}^{\infty} e_n Y_n \frac{\nu^n}{n!} e^{-\nu} = e_0 d + e_d (1 - e^{-\mu\eta}) \tag{6-63}$$

Alice 和 Bob 可以根据下式来有效估计单光子的计数率的下界 $Q_1^{\rm L}$ 和错误率的上界 $e_1^{\rm U}$：

$$Y_1^{\rm L} = \frac{\mu}{\mu\nu - \nu^2}(Q_\nu e^\nu - Q_\mu e^\mu \frac{\nu^2}{\mu^2} - \frac{\mu^2 - \nu^2}{\mu^2} d) \tag{6-64}$$

$$Q_1^{\rm L} = \mu e^{-\mu} Y_1^{\rm L} \tag{6-65}$$

$$e_1^{\rm U} = \frac{E_\nu Q_\nu e^\nu - e_0 d}{Y_1^{\rm L} \nu} \tag{6-66}$$

将估计得到的 $Q_1^{\rm L}$、$e_1^{\rm U}$ 代入 GLLP 公式：

$$R \geqslant q\{-Q_\mu f(E_\mu) h(E_\mu) + Q_1^{\rm L}[1 - h(e_1^{\rm U})]\} \tag{6-67}$$

即可估计出安全码率 R 的下界。其中，对于标准的 BB84 协议，$f(x)$ 是纠错效率，$q = 0.5$，$h(x) = -x\log_2(x) - (1-x)\log_2(1-x)$ 是二进制香农熵。

2）相位重映射攻击

相位调制器是基于相位 QKD 系统的核心器件之一。相位调制器一般由电压脉冲信号控制，调制的相位大小正比于加载在相位调制器上的电压大小。理想的电压脉冲信号可以瞬时调节到预期的电压值上，而实际电压脉冲信号往往存在上升沿、稳定区和下降沿 3 个部分。也就是说，电压脉冲信号总是需要一定的时间将电压从 0 调节到预期的电压值上。相位调制器电压脉冲示意图如图 6.14 所示。正常量子信号在电压脉冲稳定区到达相位调制器，从而实现正确的相位调制。攻击者 Eve 可以利用实际相位调制器存在的问题，控制量子信号在电压脉冲上升沿到达相位调制器，进而控制发送方 Alice 的编码，从而获取密钥信息。这种安全漏洞给实际双路“即插即用”QKD 系统造成了巨大的安全隐患，攻击者 Eve 可以将实际加载的相位由 $\{0, \frac{\pi}{2}, \pi, \frac{3\pi}{2}\}$ 重新映射为 $\{0, \frac{\delta}{2}, \delta, \frac{3\delta}{2}\}$，因此这种攻击称为相位重映射攻击。该攻击最早由 Fung 等人于 2006 年提出[57]，后来由徐飞虎等人于 2010 年在 ID Quantique 公司的 ID-500 QKD 系统上进行了实验验证[58]。实验结果表明，攻击者 Eve 可以在保证错误率低于阈值的情况下，获取密钥信息。该攻击会导致较高的错误率，因此“即插即用”系统合法通信用户可以在低错误率场景中及时发现该攻击的存在。

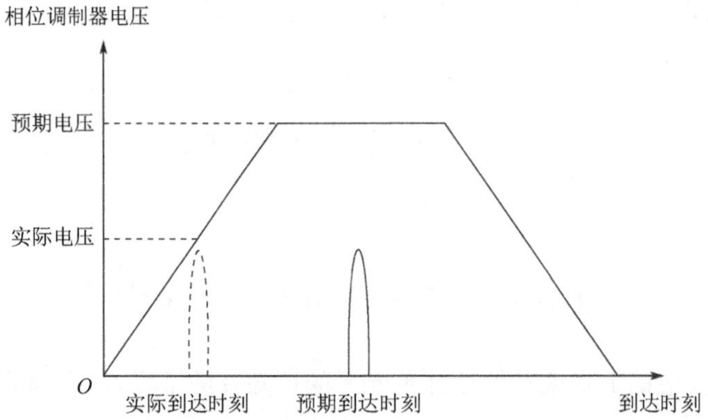

图 6.14　相位调制器电压脉冲示意图

3）光源篡改攻击

离散变量 QKD 协议对实际光源提出了许多要求，如不同种类信号发射时刻一致、光强稳定、波长一致及相位随机等。通常，合法通信用户在进行密钥分发之前，会对 QKD 系统光源的输出特征进行精确的校准与严格的检查，以保证光源的输出特征满足 QKD 协议要求。

然而，在实际应用中，光源的输出特征可以被攻击者 Eve 恶意篡改。利用这类人为引入的安全漏洞，Eve 可以获取最终密钥信息。对于光源篡改攻击来说，最简单也最直接的攻击思想就是利用量子信道向光源端射入光信号，以篡改光源端的某些输出特征。光源篡改攻击方案示意图如图 6.15 所示。2015 年，国防科技大学孙仕海等人提出了光源相位篡改攻击方案并进行了验证实验，通过向激光器发射频率一致的激光脉冲，破坏了光源相位随机的假设[59]；2017 年，Lee 等人利用外部激光器成功提升了 QKD 系统光源的工作温度，进而篡改了光源输出波长[60]。

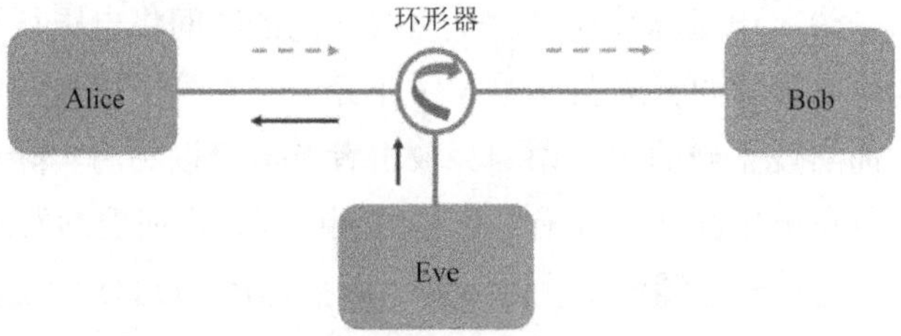

图 6.15　光源篡改攻击方案示意图

利用滤波器等防御器件，可以在一定程度上抵御这类攻击，但无法彻底抵御这类攻击。这是由于 Eve 可以利用与 Alice 输出波长一致的信号进行攻击。目前，针对这类攻击的防御方案主要为主动监控。通过添加主动监控器件，在 QKD 系统整个运行过程中，实时监控光源输出特征是否满足 QKD 协议的要求，即可及时发现该类攻击是否存在。

2．针对探测器的主要攻防方案

1）伪态攻击

实际 QKD 系统接收端通常包含两个工作在门控模式下的 APD 单光子探测器，分别用来探测比特 1 和比特 0。通常，在安全性证明中认为两个探测器的探测效率相等。但是，实际上并非如此。探测器的探测效率是时间、频率、偏振及空间模式等多种因素的函数，因此不同探测器的探测效率往往不相同。例如，广泛使用的 InGaAs/InP 单光子探测器常工作在门控模式下，其探测效率具有很强的时间相关性，可能存在时间相关探测器效率不匹配。图 6.16 给出的是一种可能存在的探测器效率不匹配示意图。其中，横轴表示时间，纵轴表示探测器的探测效率，虚线表示探测器 0 对应的探测效率曲线，实线表示探测器 1 对应的探测效率曲线。假设信号在 t_0 时刻到达探测器，此时探测器 0 的探测效率远高于探测器 1，因此探测器 0 响应的概率也远高于探测器 1。利用图 6.16 中的探测器效率不匹配，攻击者可以利用伪态攻击（Faked State Attack，FSA）获取安全密钥信息[61]。FSA 是由 Makarov 等人提出的一种截取重发攻击方案。在 FSA 中，攻击者 Eve 随机选择测量基矢对发送方 Alice 发送的量子信号进行测量，然后根据测量结果重发伪态信号给接收方 Bob。如果 Eve 测得的结果是 0，则在 t_0 时刻，发送另一组测量基矢下的 1 给 Bob；如果 Eve 测得的结果是 1，则在 t_1 时刻，发送另一组测量基矢下的 0 给 Bob。通过以上 FSA 方案，Eve 将比特信息编码至时间和探测器效率的对应关系中，进而控制 Bob 端探测器的响应。

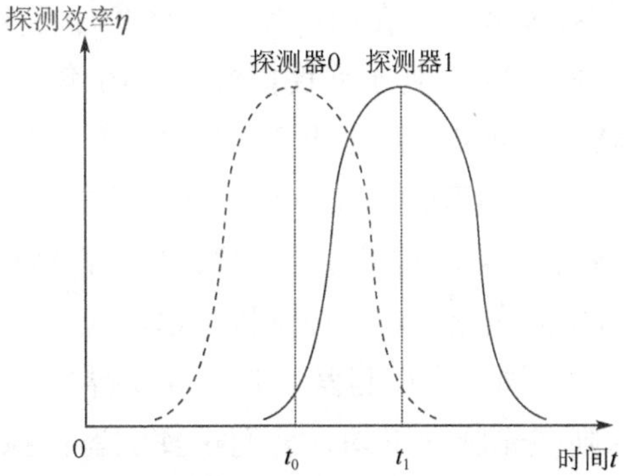

图 6.16　探测器效率不匹配示意图

尽管 FSA 方案设计很巧妙，并且可以通过提升重发光信号强度的方法弥补 Bob 端计数率的下降，降低 Eve 被发现的风险。然而，FSA 作为一种截取重发攻击方案，需要精准获取 Alice 与 Bob 之间的同步信息，同时实际截取测量使用的单光子探测器效率不高，因此目前为止仍没有 FSA 相关演示实验。

为了抵御 FSA，可以采用以下几种防御方案：一是采用四态 Bob 的测量方案，随机调换探测器对应的比特值；二是改进探测器门控信号，保证光子在门的中间阶段到达；三是对光信号到达时刻进行监测，保证 Eve 无法利用探测器效率不匹配进行相关攻击；

四是改进安全性分析方法，将探测器效率不匹配参数纳入安全码率分析中。

2）时移攻击

2005 年，Bing 等人提出了基于探测器效率不匹配安全漏洞的时移攻击方案[62]。在该方案中，攻击者 Eve 通过高速光开关（High-Speed Optical Switch，HOS）控制量子信号随机经过长度不同的光纤，如图 6.17 所示，控制发送方 Alice 发送的量子信号提前或延迟到达 Bob 端探测器，进而获取 Bob 的测量结果信息。相较于伪态攻击，时移攻击不改变原有信号的量子态，因此不会引入额外的错误率，而且实现难度更低。Zhao 等人于 2011 年在 ID Quantique 商用系统上对时移攻击进行了演示验证[63]。为了弥补时移攻击中导致的计数率下降，Eve 可以使用低衰减光纤替换已有光纤。

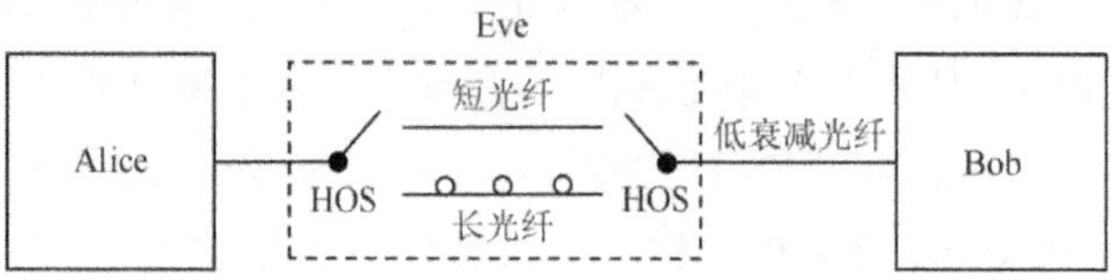

图 6.17　时移攻击方案示意图

时移攻击同样基于探测器效率不匹配，因此，可以用与伪态攻击类似的防御方案进行防御。

3）致盲攻击

通常，APD 工作在门控模式下。在门控信号的持续时间内，APD 处于盖革模式，而当门控信号处于低电压时，APD 处于线性模式。2010 年，Lydersen 等人利用 APD 存在的上述量子态改变提出了著名的致盲攻击方案并进行了实验验证。在致盲攻击中，攻击者 Eve 通过发送强光信号，降低 APD 两端的反向偏压，使 APD 工作模式由盖革模式转变为线性模式。Eve 进行截取重发攻击，发送与测得结果编码一致且强度略大于 APD 线性模式阈值光强 P_{th} 的光脉冲，以控制探测器响应。当 Bob 选择的测量基矢与 Eve 一致时，光脉冲全部入射同一个探测器，则 Bob 获得与 Eve 完全一致的测量结果，如图 6.18（a）所示；否则，光脉冲平均入射两个探测器，探测器不会进行计数，如图 6.18（b）所示。利用这样的攻击方案，Bob 的测量结果与 Eve 的测量结果完全一致且不会增加额外的错误率。因此，致盲攻击一经提出就在领域内引发了极大的轰动。2011 年，Gerhardt 等人进一步对致盲攻击进行了现场演示，成功获取了全部密钥信息而未被合法通信用户发现[64]。

致盲攻击需要向 Bob 端发射强光信号，因此可以在 Bob 端设备入口处放置一个光强检测装置，用于监控 Bob 端入射信号的强度；从硬件角度出发，降低 APD 单光子探测器的阈值电压、去掉偏置电阻、随机改变探测器效率等手段可以用于抵御致盲攻击；此外，考虑到强光入射会引起后脉冲概率增大、热致盲会引起暗计数率增大，因此可以实时监控 APD 单光子探测器的各项指标参数来防御致盲攻击。

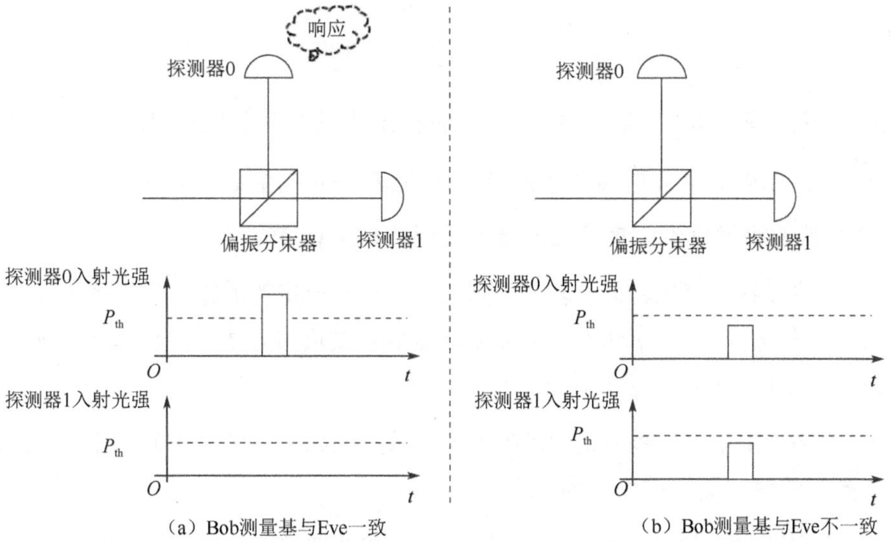

图 6.18　致盲攻击示意图

4）校准环节攻击

大多数安全性证明均假设量子信道的建立是安全的。而在实际 QKD 系统中，在进行密钥分发之前，需要对实际器件进行一系列的校准，以保证量子信号经过长距离的信道传输之后，仍然可以被接收端有效且准确地探测。校准过程可能被攻击者利用，在探测端引入较大的安全漏洞，进而利用漏洞进行攻击，窃取密钥信息。2011 年，Jain 等人首次研究了 QKD 系统校准环节的安全性，利用校准方案设计的不完美，提出了一种针对 Clavis2 商用系统的攻击方案[65]。在该方案中，攻击者 Eve 利用相位调制器件，对校准信号进行干扰，使得校准信号脉冲的前后两个部分分别入射不同的 APD 中，进而人为地引入一个非常大的探测器效率不匹配。Jain 等人的工作第一次将实际 QKD 系统安全性研究拓展至校准环节，具有非常重要的意义。

总之，受到使用器件不完美的影响，实际 QKD 系统安全性低于其理论安全性，因此近年来利用各种实际器件安全漏洞进行量子攻击的相关研究层出不穷，并逐渐形成多种评测标准。首先，相关研究有助于推动实际 QKD 系统构造进行改进，添加防御方案，使其安全性不断接近理论安全性；其次，相关研究有助于促进包含器件不完美性的安全分析方法及新型安全协议的研究，促进 QKD 理论的进步；再次，相关研究有助于推进实际量子器件的改进与发展，促进 QKD 实验的进步并助力其他量子信息相关研究；最后，相关研究有助于权威机构加快 QKD 系统安全标准的建立，加速 QKD 产业的实用化进程。

习题

6.1　计算量子态$|0\rangle$与量子态$\cos\theta|0\rangle+\sin\theta|1\rangle$之间的量子保真度。

6.2　发送端以概率 p 制备量子态$|0\rangle$，以概率 $1-p$ 制备量子态$\cos\theta|0\rangle+\sin\theta|1\rangle$，计算发送端相应的密度算子、量子冯·诺依曼熵及 Holevo 界。

6.3　考虑发送方 Alice 量子态产生基矢信息存在一定的泄露，攻击者 Eve 以概率 p 获取 Alice 基矢选择信息（$p>0.5$），Eve 采取截取重发攻击方案，请计算此情况下的错误率、Alice 与 Eve 之间的量子互信息。

6.4　思考 BB84 协议能否采用其他编码方式。例如，将 Z 基下的两个量子态编码为 1，将 X 基下的两个量子态编码为 0。

6.5　在保证 B92 协议密钥安全的前提下，计算截取重发攻击下可容忍信道损耗的阈值。B92 协议利用了 POVM 测量方法，Bob 可以以一定概率确定 Alice 发送的量子态。攻击者 Eve 完全可以使用与 Bob 相同的测量方法，以确定概率区分 Alice 发送的量子态，接着发送与 Alice 完全一致的量子态给 Bob。这样的操作完全不会引入错误率，仅会导致最终安全码率的降低。当信道损耗较大时，Eve 完全可以通过替换低损耗信道的方法，将截取重发过程的损耗隐藏在信道损耗中，从而实现密钥信息的窃取而不被合法通信双方发现。请计算理想情况下信道损耗阈值，以保证截取重发攻击必然会被发现。

6.6　计算截取重发攻击下 SARG04 协议的错误率。

6.7　从量子互信息角度出发，计算 SARG04 协议截取重发攻击下发送方 Alice 和攻击者 Eve 之间的量子互信息。

后记

如果认为1981年费曼在麻省理工学院举办的第一届计算物理大会上的演讲意味着量子计算概念诞生的话，那么，量子计算如今已步入不惑之年。事实上确实如此，在20世纪80年代最初的几年，量子计算、量子密码还仅是部分物理学家手中的“玩具”。但是，随着20世纪90年代Shor算法、Grover算法等量子算法的相继提出，量子计算先后引起了数学、密码学、计算机科学、信息学等领域研究者的研究热情，量子计算研究成为众多学科交叉融合的前沿方向，并由此进入了大发展时代。与此同时，世界各国政府已明确将以量子计算、量子通信、量子精密测量等为代表的量子技术作为21世纪大国科技竞争的战略制高点。目前，许多国家和组织都制定了关于量子技术的科技规划。例如，美国在2002年制定了《量子信息科学与技术规划》，并在2018年启动了为期10年的国家量子计划，重点研究量子计算机、量子通信、量子精密传感器等；同一年，欧盟启动了为期10年的量子技术旗舰计划。日本、俄罗斯、印度也都制定了相应的量子技术研究路线图。我国在“十三五”“十四五”国家科技创新规划中，都将量子计算、量子通信和量子精密测量列为未来重点发展的科技。可以说，现在已过了讨论要不要发展量子技术的时刻，而是到了发展什么样的量子技术、如何利用相应的量子技术及研究量子时代信息安全问题的时刻。

在量子计算硬件研究中，目前研究较多的有基于超导的量子计算、基于离子阱的量子计算、基于中性原子的量子计算、基于半导体量子点的量子计算、基于线性光学的量子计算、基于NV色心的量子计算、基于拓扑的量子计算等。在这些平台中，近几年以超导、离子阱、光学平台的进展较为亮眼。例如，在超导量子计算方面，2019年谷歌宣布在其“悬铃木”芯片上利用53比特“实现了”量子优越性；2020年9月IBM公布了该公司超导芯片未来10年的路线图，其目标是在2021年、2022年、2023年分别实现127比特、433比特、1121比特规模的超导芯片，并在2030年左右实现百万比特规模的超导芯片。在离子阱量子计算方面，霍尼韦尔公司2020年6月首次发布了其量子体积为64的H0（量子体积是IBM提出的一种衡量量子计算机性能的指标，IBM超导量子计算机的量子体积在当年8月达到了64），并在当年10月发布了10比特的H1量子计算机，2022年发布了具有20个全连通量子比特的H1-2离子阱量子计算机（理论上量子体积可达100万）。离子阱量子计算公司IonQ于2018年推出了其第一代量子计算机原型系统，囚禁的离子规模可达160个，能够对其中的79个离子实施单比特量子操作，并实现了最多 11 个量子比特的纠缠；2020 年，IonQ 发布了其技术路线图，计划到 2028 年运行纠错后的 1024 比特量子算法（实际离子比特数量达到 32768 个）。在光子计算方面，2020 年我国科学家潘建伟院士团队构建了 76 个光子的量子计算原型机“九章”，并在该量子机器上验证了量子优越性；2021 年 10 月，潘建伟院士团队在“九章”基础上推出了“九章二号”，光子数量由 76 个增加到了 113 个，其在处理高斯玻色采样问题上比“九章”快 100 亿倍；同一年，加拿大量子计算公司 Xanadu 推出了一款 8 比特可编程光子计算芯片——X8 光子处理器，并计划在 10 年内实现百万比特规模的光子计算芯片；2022 年，Xanadu 公司推出具有 216 个光子的可编程光子处理器 Borealis，并利用该处理器实现了量子优越性。2021 年，美国量子计算初创公司 PsiQuantum 与晶圆代工厂 GlobalFoundries（除台积电、三星外的世界第三大晶圆代工厂）联合开发光子计算芯片，并计划于 2025 年左右实现百万比特规模的光子计算芯片。在其他技术路线中，如 NV 色心、中性原子、半导体量子点等，近几年比特操控精度、相干时间及比特规模都在稳步提高。然而，在以上这些技术路线中，无论是超导、离子阱、线性光学，还是 NV 色心、中性原子、半导体量子点、拓扑，其都仅能满足 DiVincenzo 五条标准中（不考虑量子计算机连网的话）的部分标准，目前还没有一个平台能够很好地满足所有的五条标准。尽管在各个量子计算物理系统中，各项性能指标都在进步，但目前还没有关于哪种平台能够实现大规模量子计算、哪种平台无法实现大规模量子计算的明确结论。未来的量子计算机有可能是其中的一种物理平台，也有可能是几种物理平台的混合结构。当然，还有一种可能是未来的量子计算机是一种基于其他目前尚未深入研究的物理平台。

未来只要实现成熟的商用量子计算机，理论上可以利用量子算法对现有的一些经典密码系统进行攻击，如本书第 4 章介绍了利用 Shor 算法可以在多项式时间内分解整数、求解离散对数，从而对以这些问题为基础的公钥密码系统进行有效攻击；还可以利用本书第 5 章介绍的 Grover 算法搜索对称密码系统的正确密钥，实现相比经典计算机搜索算法的开平方加速，从而使得现有对称密码系统的安全强度减半。除此之外，还可以利用本书第 3 章介绍的 BV 算法攻击分组密码，利用 2009 年 Harrow 等人提出的 HHL 算法加速某些密码系统代数攻击中线性方程组的求解速度等，使得相应的密码系统在量子时代的安全等级降低。然而，正如在第 4 章中指出的那样，在分解整数、求解离散对数时需要合理设计实现模幂运算的量子线路，这使得分解整数、求解离散对数所需的量子比特规模达到 $6n$（通过其他优化方法，可以降到 $2n$ 规模），如果再考虑实际物理系统中实现大规模量子算法需要纠错，则分解 2048 比特的整数需要的实际量子比特可能达到 2000 万个的规模。2021 年，法国学者 Gouzien 等人发文指出，可以利用 13436 个物理比特和 2800 万个空间模式、45 个时间模式的量子存储器在 177 天内实现对 2048 比特整数的分解。需要指出的是，现阶段无论是比特数量，还是量子存储器的存储规模及存储时间，都无法满足 Gouzien 等人文中分解 2048 比特整数所需的理论要求。对于其他基于量子线路模型的量子算法，同样存在类似的问题，尽管理论上可以实现相对于经典算法的加速，但是由于在实际量子计算机运行过程中存在噪声、量子操控并不精确等因素，在实现大规模量子算法时必须考虑量子纠错。这样一来不可避免地会增加算法所需的实际物理比特数量、线路深度、门操作次数等，因此实现能够展现量子计算优势的有意义量子算法还面临着巨大的挑战。

尽管距离实现成熟的商用量子计算机还需要一定的时间，然而随着近几年来量子技术的进步，人类可有效操控的量子比特数量已越过百比特量级且在可预见的几年内有望达到千比特、万比特量级，我们即将面对一个噪声较大、量子比特相干时间有限、量子比特数量在 100～10000 个之间的“非完美”量子计算机。在即将到来的这一阶段，如何利用、开发“非完美”量子计算机的能力，已成为近几年量子算法领域研究的一个热点。

早在 2001 年，美国科学家 Farhi 等人就提出了一种有别于量子线路模型的新型计算模型——绝热量子计算模型。在这一模型中，量子算法的设计思想是将待求解问题的解编码为目标哈密顿量的基态，然后从一个容易制备基态的初始哈密顿量出发，绝热地将系统哈密顿量从初始哈密顿量调控到目标哈密顿量，量子绝热定理可以保证如果初始时刻系统处于初始哈密顿量的基态，则演化结束时系统将以极大的概率处于目标哈密顿量的基态，即演化结束时通过测量系统的态，就能够以极大的概率测得所求问题的解。早期的研究结果显示，该模型具有较好的抗噪声能力，因此引起了学术界和产业界的关注。Farhi 等人提出这一模型主要是针对组合优化问题的，但是在该量子计算模型提出后，世界各地的研究者相继设计了绝热版本的 Grover 算法、Deutsch-Jozsa 算法、Simon 算法等，并设计了其他线路模型中没有的量子算法，如求解拉姆齐数的绝热算法、求解网页排序问题的绝热算法、分解整数的绝热算法等。2007 年，Mizel 等人证明绝热量子计算模型和量子线路模型是等价的，即两种模型下的量子算法可以在多项式时间内互相模拟，这一结论引起了建造“绝热量子计算机”的热潮。

然而在现实世界中，由于热力学第三定律的限制，量子计算机的温度无法达到绝对零度，并且在实际操作中经常无法保证系统哈密顿量操控时间满足绝热演化条件，因此实际建造的“绝热量子计算机”运行的算法是量子退火算法。2007 年，加拿大 D-Wave 公司率先展示了其用于运行量子退火算法的 16 比特超导芯片，并在 2011 年、2013 年、2015 年分别展示了 128 比特、512 比特、1152 比特的超导芯片，截至 2022 年，D-Wave 公司发布的芯片规模已达 5000 多比特，其于 2022 年 6 月 16 日宣布下一代含有 7000 多比特、比特连通性更好的芯片将于 2023 年—2024 年正式上市（500 多比特的原型机已于 2022 年在其云服务中提供）。尽管 D-Wave 机器的量子芯片已达到数千比特，然而迄今为止利用 D-Wave 机器分解的整数规模始终未达到实用程度。例如，2018 年有学者提出在 D-Wave2X 芯片中可以利用 897 个物理比特实现对 200099（18 比特长）的分解，分解 376289（19 比特长）需要利用 94 个逻辑比特，所需要的物理比特数已经超出了 D-Wave2X 芯片的比特规模（D-Wave2X 芯片中含有 1152 个物理比特）。造成这一局面的原因在于 D-Wave 超导芯片中不是任意两个量子比特之间都是可耦合的，芯片中量子比特之间的耦合图是 Chimera 图，每个量子比特最多和芯片中固定的 6 个量子比特耦合（当前的芯片中连通度为 15，下一代芯片有望达到 20），因此在 D-Wave 量子芯片中运行量子退火算法时通常需要引入大量辅助量子比特。故而 D-Wave 芯片在解决适合其芯片拓扑结构的问题时，问题规模通常能够达到芯片中量子比特的极限，但是在解决一般问题时，问题规模是受限的。

2014 年，Farhi 与其他 3 位学者提出一种量子近似优化算法（QAOA），这一新型算法有望在近期含噪中等规模量子（Noisy Intermediate-Scale Quantum，NISQ）计算时代发挥作用。QAOA 算法的一个主要优点是提供了一个适用于一大类问题的通用计算框架。该算法采用“经典+量子”的混合计算模式，通过将一部分计算任务分担给经典计算机，使得量子计算部分可以在噪声环境下以深度较小的量子线路完成计算任务。该算法目前被广泛应用于金融、化学模拟、人工智能、军事密码、工程应用等各个领域，成为 NISQ 时代量子算法设计的主要工具，有望在 NISQ 时代在具有实际应用的问题上实现量子优越性。

尽管目前没有证据表明在 NISQ 时代，现在广泛使用的公钥密码系统、对称密码系统一定不安全，但为了应对量子计算机对经典密码带来的潜在威胁，密码学领域人士 10 多年前就已积极开展抗量子密码研究。除现有基于数学问题复杂度构造的抗量子密码方案外，QKD 作为一种基于量子力学基本原理的密钥分发方案，已成为量子计算时代实现安全通信的一种备选方案。

从 1984 年 Bennett 和 Brassard 提出 BB84 协议以来，QKD 经历了多年的发展，在理论与实验方面均取得了长足的进步。在理论方面，除已有的 BB84 协议、B92 协议、E91 协议及 SARG04 协议、差分相移协议等外，新型协议不断提出，包括相干态单路（Coherent One Way，COW）协议、循环（Round Robin）DPS 协议、泛光（Floodlight，FL）协议、连续变量协议等；此外，可以有效抵御量子攻击的协议成为研究热点，设备无关（Device Independent，DI）协议与测量设备无关（Measurement Device Independent，MDI）协议应运而生。值得一提的是，最新的研究成果表明，基于 MDI 思想的 Twin Field（TF）QKD 协议，在保证密钥安全的条件下，突破了传统 QKD 协议“码率-通信距离”的极限，引起了巨大的轰动。根据协议所依据的原理，研究人员提出了基于不确定性原理、基于纠缠提纯及基于信息论的 3 类主要的安全性证明方法。除此之外，还有通用可组合（Universal Composable，UC）安全分析框架及基于互补性原理的安全分析方法等。这些安全分析方法从不同角度出发，证明了 QKD 的理论安全性，极大地推进了 QKD 理论的发展并为实际量子器件的制造指明了方向。

在实验方面，从最初的 BB84 原理验证性实验到如今多种不同协议设备的长期运行测试，技术越发成熟，逐渐逼近理论上的极限安全通信距离。最新研究结果显示，基于光纤的离散变量 QKD 通信距离已经突破 830km。除用光纤作为量子信号传输媒介外，其他场景的实验，如自由空间及水下场景的实验，也成为研究的热点。在自由空间方面，星地间量子通信是研究的前沿，利用卫星作为可信中继可以实现数千千米级广域范围内的密钥分发。我国在星地间量子通信领域处于国际领先地位。早在 2013 年，中国科学技术大学研究小组就在青海湖进行了地面与热气球之间的 QKD 实验，对星地通信可行性进行了验证。2016 年，在“墨子号”量子科学实验卫星升空以后，中国科学技术大学潘建伟小组连续发表最新的实验结果，包括卫星跟踪、完整的诱骗态通信、星地纠缠分发及星地间量子隐形传态等，将自由空间 QKD 通信距离拓展至 1200km 以上。在 QKD 网络化方面，如今世界许多国家和地区均建成了具有代表性的 QKD 网络，其中包括美国 DARPA 网络、欧洲 SECOQC 网络、日本东京高速 QKD 网络、瑞士 Swiss QKD 网络及我国京沪干线网络等。这些网络均进行了长期运行测试，验证了 QKD 网络长期运行的稳定性，为构建全球性量子网络进行了稳定性验证。相较于其他 QKD 网络，我国的京沪干线网络规模更大。京沪干线建成于 2017 年，其传输距离长达 2000km，拥有北京、济南、合肥、上海 4 个主要节点，且北京节点与“墨子号”量子科学实验卫星相连，全线路码率大于 20kbit/s。

虽然 QKD 理论上具有可证明安全的特点，但实际系统中使用的器件与理论模型之间难免存在差异，这导致系统实际安全性低于其理论安全性，使得针对实际系统的攻击成为可能。为解决实际系统安全性问题，科学家提出了 DI QKD 的想法，但真正实用的 DI 协议仍处于研究过程中，因此实际系统安全性不可避免地受到量子黑客攻击威胁。自光子数分流攻击提出以来，陆续出现了数十种针对实际 QKD 系统的量子黑客攻击方法，相应量子黑客攻击研究与实际 QKD 系统形成了一种既对立又互助的微妙关系。一方面，研究量子黑客攻击可以促进包含器件不完美性的安全分析方法及新型安全协议的研究，促进 QKD 理论的进步；可以推进实际量子器件的改进与发展，促进实验的进步并助力其他量子信息相关研究；可以帮助权威机构加快 QKD 系统安全标准的建立，加速相关产业的实用化进程。另一方面，新型协议及系统的提出为量子黑客攻击提供了研究对象，促进了量子黑客攻击研究领域的发展。在这种相互促进的研究过程中，实际 QKD 系统的安全性必将逐步接近其理论安全性，最终实现实用化的安全系统，这可以视为 QKD 研究领域的矛与盾。

总之，随着量子技术的不断进步，量子计算机、量子算法、量子密码研究会越来越丰富，这一领域的研究成果将会逐步走进人们的日常生活，必将会带来更好的网络安全服务和更多的网络安全需求。量子时代的矛与盾仍在继续！

参考文献

[1] 张焕国，韩文报，来学嘉，等．网络空间安全综述[J]．中国科学：信息科学，2016，46(02)：125-164.

[2] DENT A W. A designer's guide to kems. In Paterson, K.G. ed. Proceedings of Cryptography and Coding: 9th IMA International Conference, December 16-18 2003[C]. Cirencester, Springer, 2003.

[3] HOFHEINZ D, HÖVELMANNS K, KILTZ E. Proceedings of Theory of Cryptography-15th International Conference, November 12-15, 2017[C]. Kalai, Springer, 2017.

[4] 冯登国．安全协议：理论与实践[M]．北京：清华大学出版社，2011.

[5] SHOR P W. Polynomial-time algorithms for prime factorization and discrete logarithms on a quantum computer[J]. SIAM Journal on Computing , 1996, 26:1484-1509。

[6] GROVER L K. Proceedings of the twenty-eighth annual ACM symposium on Theory of computing, May 22-24, 1996[C]. Philadelphia, ACM, 1996.

[7] BRASSARD G, HØYER P, TAPP A. Proceedings of Theoretical Informatics: Third Latin American Symposium, April 20-24, 1998 [C]. Campinas, Springer, 1998.

[8] BENNETT C H, BRASSARD G. Proceedings of IEEE International Conference on Computers, Systems and Signal Processing, December 1984[C]. Bengaluru , IEEE Computer Society Press, 1984.

[9] EKERT A K. Quantum cryptography based on Bell's theorem[J]. Physical Review Letters, 1991, 67 (6): 661-663.

[10] PETER P, JOSEPH F, ALEXEI G. Quantum walks with encrypted data[J]. Physical Review Letters , 2012, 109:150501.

[11] FISHER K, BROADBENT A, SHALM L K, et al. Quantum computing on encrypted data[J]. Nature Communications, 2014, 5:3074.

[12] BROADBENT A, JEFFERY S. Proceedings of Advances in Cryptology —

CRYPTO 2015, August 16-20, 2015[C]. Santa Barbara, Springer, 2015.

[13] DULEK Y, SCHAFFNER C, SPEELMAN F. Proceedings of Advances in Cryptology - CRYPTO 2016, August 14-18, 2016[C]. Santa Barbara, Springer, 2016.

[14] NIKOLOPOULOS G M. Applications of single-qubit rotations in quantum public-key cryptography[J]. Physical Review A, 2008, 77 (3): 032348.

[15] NIKOLOPOULOS G M, IOANNOU L M. Deterministic quantum-public-key encryption: Forward search attack and randomization[J]. Physical Review A, 2009, 79 (4): 042327.

[16] SEYFARTH U, NIKOLOPOULOS G M, ALBER G. Symmetries and security of a quantum-public-key encryption based on single-qubit rotations[J]. Physical Review A, 2012, 85 (2): 022342.

[17] KAWACHI A, KOSHIBA T, NISHIMURA H, et al. Computational Indistinguishability Between Quantum States and its Cryptographic Application[J]. Journal of Cryptology, 2011, 25 (3): 528-555.

[18] DUNJKO V, WALLDEN P, ANDERSSON E. Quantum digital signatures without quantum memory[J]. Physical Review Letters, 2014, 112(4): 040502.

[19] COLLINS R J, DONALDSON R J, DUNJKO V, et al. Realization of Quantum Digital Signatures without the Requirement of Quantum Memory[J]. Physical Review Letters, 2014, 113 (4): 040502.

[20] MELISSA C, DAVID D, STEVEN G, et al. Proceedings of the 2017 ACM SIGSAC Conference on Computer and Communications Security, October 2017[C]. New York, ACM, 2017.

[21] DANIEL J B, JOHANNES B, ERIK D. Post-Quantum Cryptography[M]. Berlin: Springer, 2009.

[22] MIKIO N, TETSUO O. Quantum Computing-From Linear Algebra to Physical Realizations[M]. Florida: CRC Press, 2004.

[23] NIELSEN M A, CHUANG I L. Quantum Computation and Quantum Information[M]. London: Cambridge University Press, 2010.

[24] BELL J S. On the Einstein-Podolsky-Rosen paradox[J]. Physics, 1964, 1(3): 195-200.

[25] NICOLAS B, DANIEL C, Stefano P, et al. Bell nonlocality[J]. Review of Modern Physics, 2014, 86:419.

[26] BOYKIN P O, MOR T, PULVER M, et al. Proceedings of the 40th Annual Symposium on Foundations of Computer Science, October 17-18, 1999[C]. Washington DC, ACM, 1999.

[27] DEUTSCH D, JOZSA R. Solution of Problems by Quantum Computation[J]. Proceedings of the Royal Society A: Mathematical Physical & Engineering Sciences, 1992,439:553-558.

[28] BERNSTEIN E, VAZIRANI U. Proceedings of the 25th annual ACM symposium on the theory of computing, May 16-18, 1993[C]. New York, ACM, 1993.

[29] SIMON D R. Proceedings of the 35th Annual Symposium on the Foundations of Computer Science, November 20-22, 1994[C]. Santa Fe, IEEE Computer Society Press, 1994.

[30] SHOR P. Proceedings of 35th Annual Symposium on Foundations of Computer Science, November 20-22, 1994[C]. Santa Fe, IEEE Computer Society Press, 1994.

[31] GROVER L. Quantum mechanics helps in searching for a needle in a haystack[J]. Physical Review Letters, 1997, 78: 325-328.

[32] YAN S Y. Quantum Computational Number Theory[M]. Cambridge: Springer, 2015.

[33] HARDY G H, WRIGHT E M, WILES A. An Introduction to the Theory of Numbers, Sixth Edition[M]. London: Oxford University Press, 2008.

[34] VEDRAL V, BARENCO A, EKERT A. Quantum networks for elementary arithmetic operations[J]. Physical Review A, 1996, 54:1.

[35] BRASSARD G, HØYER P, TAPP A. Proceedings of International Colloquium on Automata, Languages, and Programming. Springer, July 13-17, 1998[C]. Berlin, Heidelberg, 1998.

[36] ZALKA C. Grover's quantum searching algorithm is optimal[J]. Physical Review A, 1999, 60(4): 2746.

[37] BENNETT C H, BERNSTEIN E, BRASSARD G, et al. Strengths and weaknesses of quantum computing[J]. SIAM journal on Computing, 1997, 26(5): 1510-1523.

[38] JAQUES S, NAEHRIG M, ROETTELER M, et al. Proceedings of Advances in Cryptology - EUROCRYPT 2020, May 10-14, 2020[C]. Zagreb, Springer, 2020.

[39] GRASSL M, LANGENBERG B, ROETTELER M, et al. Proceedings of PQCrypto 2016, February 22-23, 2016[C]. Fukuoka, Springer, 2016.

[40] KIM P, HAN D, JEONG K C. Time-space complexity of quantum search algorithms in symmetric cryptanalysis: applying to AES and SHA-2[J]. Quantum Information Process, 2018, 17: 339.

[41] ZOU J, WEI Z, SUN S, et al. Proceedings of ASIACRYPT 2020. December 7-11, 2020[C]. Daejeon, Springer, 2020.

[42] WANG Z G, WEI S J, LONG G L. A quantum circuit design of AES requiring fewer quantum qubits and gate operations[J]. Frontiers of Physics, 2022, 17: 41501.

[43] BONNETAIN X, NAYA-PLASENCIA M, Schrottenloher A. Quantum Security Analysis of AES[J]. IACR Transactions on Symmetric Cryptology, 2019, 2:55-93.

[44] ALMAZROOIE M, SAMSUDIN A, ABDULLAH R, et al. Quantum reversible circuit of AES-128[J]. Quantum Information Processing, 2018, 17(5): 1-30.

[45] LEANDER G, MAY A. Proceedings of Advances in Cryptology - ASIACRYPT 2017, December 3-7, 2017[C]. Hong Kong, Springer, 2017.

[46] BENNETT C H. Quantum cryptography using any two nonorthogonal states[J]. Physical Review Letters, 1992, 68(21):3121.

[47] BRUSS D. Optimal eavesdropping in quantum cryptography with six states[J]. Physical Review Letters, 1998, 81(14):3018.

[48] SCARANI V, ACÍN A, RIBORDY G, et al. Quantum cryptography protocols robust against photon number splitting attacks for weak laser pulse implementations.[J]. Physical Review Letters, 2004, 92(5):057901.

[49] CERF N J, LEVY M, ASSCHE G V. Quantum Distribution of Gaussian Keys with Squeezed States[J]. Physical Review A, 2000, 63(5):535-540.

[50] GROSSHANS F, GRANGIER P. Continuous Variable Quantum Cryptography Using Coherent States[J]. Physical Review Letters, 2002, 88(5):057902.

[51] LO H K, CHAU H F. Unconditional security of quantum key distribution over arbitrarily long distances[J]. Science, 1999, 283(5410):2050-2056.

[52] SHOR P W, PRESKILL J. Simple Proof of Security of the BB84 Quantum Key Distribution Protocol[J]. Physical Review Letters, 2000, 85(2):441-444.

[53] RENNER R, GISIN N, Kraus B. Information-theoretic security proof for quantum-key-distribution protocols[J]. 2005, 72(1):573-573.

[54] HWANG W Y. Quantum key distribution with high loss: toward global secure

communication[J]. Physical Review Letters, 2003, 91(5):057901.

[55] LO H K, MA X F, CHEN K. Decoy state quantum key distribution[J]. Physical Review Letters, 2005, 94: 230504.

[56] WANG X B. Beating the Photon-Number-Splitting Attack in Practical Quantum Cryptography[J]. Physical Review Letters, 2005, 94: 230503.

[57] FUNG C H F, QI B, TAMAKI K, et al. Phase-remapping attack in practical quantum-key-distribution systems[J]. Physical Review A, 2006, 75(3):723-727.

[58] XU F H, BING Q, LO H K. Experimental demonstration of phase-remapping attack in a practical quantum key distribution system[J]. 2012, 12(11):63-66.

[59] SUN S H, XU F, JIANG M S, et al. Effect of source tampering in the security of quantum cryptography[J]. Physical Review A, 2015, 92(2):022304.

[60] LEE M S, WOO M K, JUNG J, et al. Free-space QKD system hacking by wavelength control using an external laser[J]. Optics Express, 2017, 25(10):11124.

[61] MAKAROV V, Hjelme D R. Faked states attack on quantum cryptosystems[J]. Journal of Modern Optics, 2005, 52(5):691-705.

[62] BING Q,CHI-HANG F F, HOI-KWONG L, et al. Time-shift attack in practical quantum cryptosystems[J]. Quantum Information & Computation, 2005, 7(1):73-82.

[63] ZHAO Y, FUNG C H F, QI B, et al. Quantum Hacking: Experimental demonstration of time-shift attack against practical quantum key distribution systems[J]. Physical Review A, 2011, 78(4):4702-4705.

[64] GERHARDT I, LIU Q, LAMAS-LINARES A, et al. Full-field implementation of a perfect eavesdropper on a quantum cryptography system[J]. Nature Communications, 2010, 2(1):349.

[65] JAIN N, WITTMANN C, LYDERSEN L, et al. Device calibration impacts security of quantum key distribution[J]. Physical Review Letters, 2011, 107(11):110501.